21 世纪生物技术系列

蛋白质理论与技术

第 3 版

主　编　王廷华　张云辉　邹晓莉

科　学　出　版　社

北　京

内 容 简 介

本书是《21世纪生物技术系列》的一个分册,全书分上、下篇,共19章。上篇系统介绍了蛋白质的合成、转运、加工与修饰、结构与功能,阐述了蛋白质分离纯化,蛋白质定性、定量检测的基本理论,以及蛋白质的生物信息学、蛋白质组学和蛋白质芯片理论与进展等;下篇介绍了蛋白质样品的准备、蛋白质电泳技术、层析技术、蛋白质活性及定性和定量检测的方法与应用,并在生物信息学预测蛋白质序列技术方面进行了实验性阐述。此外,对最近较为热门的蛋白质组技术包括考马斯亮蓝染色、银染色及质谱分析技术以及蛋白质定量检测技术 ELISA and Western blot 进行了实例介绍。

本书可供生物医学专业研究生、本科生及从事蛋白质研究的科研人员阅读和实验时参考。

图书在版编目(CIP)数据

蛋白质理论与技术 / 王廷华,张云辉,邹晓莉主编 . —3 版 . —北京:科学出版社,2013.6
(21 世纪生物技术系列)
ISBN 978-7-03-038010-4

Ⅰ. 蛋… Ⅱ. ①王… ②张… ③邹… Ⅲ. 蛋白质-研究 Ⅳ. Q51

中国版本图书馆 CIP 数据核字(2013)第 136206 号

责任编辑:刘丽英 沈红芬 / 责任校对:赵桂芬
责任印制:赵 博 / 封面设计:范璧合

科 学 出 版 社 出版
北京东黄城根北街 16 号
邮政编码:100717
http://www.sciencep.com

北京富资园科技发展有限公司印刷
科学出版社发行 各地新华书店经销

*

2005 年 3 月第 一 版 开本:787×1092 1/16
2013 年 6 月第 三 版 印张:16 1/2
2025 年 1 月第十次印刷 字数:402 000

定价:65.00 元
(如有印装质量问题,我社负责调换)

《21世纪生物技术系列》第3版编审委员会

《蛋白质理论与技术》第3版编写人员

《21世纪生物技术系列》前言

21世纪是生命科学飞速发展的时代。如果说20世纪后半叶是信息时代，那么21世纪上半叶，生命科学将成为主宰。我国加入WTO后与世界科技日益接轨，技术的竞争已呈现出其核心地位和作用。正是在此背景下，为适应我国21世纪生物技术的发展和需求，科学出版社于2005年组织编写了一套融基础理论和实践技术为一体、独具特色、主要面向一线科技人员的学术著作——《21世纪生物技术丛书》，包括《组织细胞化学理论与技术》、《神经细胞培养理论与技术》、《蛋白质理论与技术》、《分子杂交理论与技术》、《PCR理论与技术》、《基因克隆理论与技术》、《抗体理论与技术》和《干细胞理论与技术》共8个分册。本丛书自2005年3月问世以来，即受到了广大生物技术科技工作者的喜爱，2006年1月进行了重印；2009年出版了第2版。本丛书对满足我国日益扩大的科研人员及研究生实践需求，以及推动我国21世纪生物技术的普及和发展起到了积极的作用。

生物技术发展迅速，为了满足广大科技工作者的需求，本丛书于2013年推出第3版。在第2版的基础上，第3版主要对实验技术中的经验体会部分进行了全面增补，同时补充了新的理论技术，包括免疫荧光染色、诱导型干细胞理论与培养、基于病毒载体的转基因及RNA干扰技术、免疫共沉淀与蛋白质相互作用、蛋白芯片等实用技术，并对各技术的相关实践经验进行了更全面的总结。重要的是，为了应对和满足前沿技术的发展需要，推出第3版的同时还增补了4个分册，即《基因沉默理论与技术》、《电生理理论与技术》、《生物信息学理论与技术》和《神经疾病动物模型制备理论与技术》，并将丛书名更改为《21世纪生物技术系列》。至此，本丛书已达12个分册，从行为、形态、细胞、分子生物学、电生理和生物信息等多个层面介绍了目前常用生物技术的基本理论、进展及其相关技术与应用，是我国21世纪生物技术著作中覆盖面最广、影响最大的一套著作。本丛书从培养科学思维能力和科研工作能力的目标出发，以实用性和可操作性为目的，面向我国日益增多的研究生和广大一线科研人员。在编写方式和风格方面，力求强调对基本概念和理论进行简明扼要的阐述，注重基本技术实践，认真总结了编者的实验经验和体会，并提供了大量原版彩图，使丛书在兼顾理论的同时更具实用价值。

本丛书由王廷华教授牵头，邀请国内外一批知名专家教授参加编写和审阅。本丛书是全体参编人员实践经验的总结，对从事科研的研究生和一线研究人员有很好的参考价值。

由于编写时间有限，加之科学技术发展迅速，书中的错误和不足之处在所难免,恳请各位读者批评指正。

　　值本丛书出版之际,感谢为我国生物技术及科学发展孜孜不倦、奉献一生的老一辈科学家,他们的杰出工作为我国中青年一代的发展奠定了基础;感谢国内外一批知名专家教授对丛书的指导和审阅;感谢编者们所付出的辛勤劳动;感谢中国解剖学会长期以来对本丛书组织工作的支持;感谢各位同道给予的鼓励和关心!

《21世纪生物技术系列》编审委员会

2013年4月8日

目　录

上篇　蛋白质理论

下篇　蛋白质技术

上　篇　蛋白质理论

第一章　蛋白质研究历史回顾

生物学是研究生命现象、生命本质、生命活动及其规律的科学。生物学发展到今天,已经在分子水平、细胞水平和整体水平三个层次上研究生命活动及其规律。生命科学发生巨变,起于20世纪之初。由于化学、物理和数学领域的广泛渗透,给现代生命科学奠定了坚实的基础。特别是1953年,Watson和Crick借助几个实验室的研究成就,根据DNA的X线衍射图谱,由A、T、G、C的物理化学数据,建立了DNA双螺旋模型。之后,从20世纪70年代开始,分子生物学逐步形成,使生命科学进入了崭新的阶段,从而在本质上揭示了生命活动的真谛。

构成生命活动最重要的物质无疑是蛋白质和核酸,每一生命活动都是由基因表达产物——蛋白质的特定群体来执行。在生命科学探索的长征途中,"蛋白质组"研究的时代已经到来。此外,蛋白质是生物体的基本组成成分之一,也是含量最丰富的高分子物质,约占人体固体成分的45%。生物体内蛋白质的分布较为广泛,几乎所有组织、器官都含有蛋白质。

第一节　蛋白质研究的初级阶段

18世纪中叶至20世纪初是生物化学的初级阶段,主要研究了生物体的化学组成,特别是对氨基酸、糖类及脂类的性质进行了较为系统的研究。化学合成简单的多肽、酵母发酵过程、生物体内的各种化学反应等,几乎都是在特异的生物酶的催化下完成的。

18世纪中期,瑞典化学家Scheele研究了生物体各种组织的化学组成。德国著名化学家Fischer应用有机化学的方法对生物体内的糖类、脂类、蛋白质和氨基酸等进行了比较详尽的研究,确定了蛋白质是氨基酸通过肽键连接起来的。后来,又成功地用化学方法合成了由18个氨基酸组成的肽。在酶与底物的相互作用上提出了"锁钥"学说,证明了酶催化的高度特异性。德国生理学家Seyler成功地从血液中分离出血红蛋白,并制备成结晶。

18世纪中后期,对酶的研究也有了一些进展。酶学知识来源于生产实践,酶的系统研究始于19世纪中叶对发酵本质的探讨。法国著名科学家巴斯德(Pasteur)认为发酵是完整酵母细胞生命活动的结晶。而1897年,德国科学家Hans Bichner和Eduard Buchner兄弟首次用不含细胞的酵母提取液实现了发酵,从而证实发酵过程并不需要完整的细胞,这一贡献打开了通向现代酶学与现代生物化学的大门。这一阶段主要是客观地描述生物体的化学组成,习惯上称为叙述性生物化学阶段。

值得一提的是,1859 年,Charles Darwin 在 *On the Origin of Species* 一书中创立了物种进化的自然选择学说,这就是著名的达尔文进化论。该学说认为世界上复杂的植物和动物都是由最初的原始生物经过可持续的进化过程衍生而来的,第一次指出了生物性状的可遗传性,在自然选择压力下的可变性以及不同物种之间的相关性。1865 年,Mendel 在分析豌豆性状的杂交实验结果时认为,生物体内有某种遗传颗粒或遗传单位,能够从亲代传到子代,这种遗传单位控制着特定的生物学性状。1879 年,Walter Flemming 在研究细胞分裂时发现染色体。1900 年,人们开始把这种控制遗传性状的遗传单位称为基因(gene)。

在我国,古代劳动人民在饮食、营养和医药等方面的创造和发明,也在实践上为生物化学的诞生和萌芽做出了贡献。早在公元前 23 世纪夏禹时期,仪狄已能做酒,以曲为媒使五谷为酒,就是利用酒母作为媒介物,促进谷物中的糖类转化为酒。公元前 12 世纪,运用发酵原理制造酱、醋等食品。公元前 2 世纪汉淮南王刘安会制作豆腐,这说明我们祖先在当时已经会从豆类中提取蛋白质。公元 4 世纪的晋代,用海藻酒作为医治地方性甲状腺肿的特效药,因为海藻酒含碘比较丰富。公元 7 世纪,唐代孙思邈则首先用富含维生素 A 的猪肝治雀目,用富含维生素 B_1 的车前子、防风、杏仁、大豆、槟榔等治疗维生素 B_1 缺乏病(脚气病)。公元 10 世纪起,我国开始用动物的脏器治疗疾病,例如,用紫河车做强壮剂、用蟾蜍治创伤、羚羊角治脑卒中等,可见古人对含内分泌物质的脏器在临床上的应用,已有一定的感性认识。综上所述,我国古代在生物化学的发展上也做出过积极的贡献。

第二节　蛋白质研究的发展阶段

从 20 世纪初期开始,生物化学进入了蓬勃发展阶段。在物质代谢方面,由于化学分析及放射性核素示踪技术的发展与应用,对生物体内主要物质的代谢途径已经基本确定,包括糖代谢的酶促反应过程、脂肪酸 β 氧化、尿素合成途径及三羧酸循环等;在内分泌学方面,发现了多种激素,并将其分离、人工合成;在酶学方面,脲酶结晶获得成功;在营养学方面,发现了人类必需氨基酸、必需脂肪酸及多种维生素。20 世纪上半叶,体内各种主要物质的代谢途径均已基本研究清楚,人们将这个时期称为动态生物化学阶段。

1926 年,Sumner 从刀豆提纯了脲酶,制成结晶纯品,首次证明酶的化学本质是蛋白质。1932 年,英国化学家 Krebs 等提出合成尿素的鸟氨酸循环的多酶反应途径。1937 年,Krebs 公布了三羧酸循环的研究成果,这是糖、脂类和氨基酸彻底氧化的多酶反应途径。1940 年,德国生化学家 Embclen 和 Megerbof 公布了糖酵解途径。随后,脂肪酸氧化和核苷酸代谢等途径也相继被阐明。在这一时期,我国生物化学家吴宪等提出蛋白质变性学说,这是当时最完备的学说。其基本论点,迄今为止仍然是正确的。他在血液化学方面创立的无蛋白血滤液的制备方法及血糖的测定等方法,迄今还为人们所采用。

1902 年,Sutton 提出了染色体遗传学说,即细胞核内的染色体一般是二倍体。最使人感兴趣的是生殖细胞在减数分裂时,每个配子得到其中一套染色体(单倍体),该学说认为基因是染色体的一部分。1910 年,Morgan 证实了基因的确存在于染色体上。1944 年,Avery

和他的同事们通过实验证实 DNA 是携带遗传信息、构成染色体的生物大分子。

第三节　蛋白质研究的分子生物学阶段

1953～1970 年,是分子生物学的理论和技术体系逐步形成的时期,Watson 和 Crick 于 1953 年提出的 DNA 双螺旋结构模型,为揭示遗传信息传递规律奠定了基础,是生物化学发展进入分子生物学时期的重要标志。它用分子结构的特征,解释了生命现象最基本问题之一的基因复制规律,从而真正开始了从分子水平研究生命活动。

在这个时期内,先后发现了 mRNA、DNA 聚合酶和 RNA 聚合酶;DNA 半保留复制机制,操纵子学说等也先后被提出;遗传密码被发现,其通用性被证明,并于 1966 年破译了全部 64 个密码子。密码子的发现和破译证实了遗传信息的流动方向是 DNA→RNA→蛋白质,这就是生物遗传学的中心法则。中心法则的建立,使分子生物学作为一门科学初步形成了它的理论体系。

DNA 双螺旋模型已经预示出 DNA 复制的规则,Kornberg 于 1956 年在大肠杆菌($E.\ coli$)的无细胞提取液中实现了 DNA 的合成。他从 $E.\ coli$ 中分离出的能使四种 dNTP 连接成 DNA 的 DNA 聚合酶 I,DNA 的复制需要以一个 DNA 作为模板来进行。1958 年,Meselson 和 Stahl 用精彩的实验证明,DNA 复制时 DNA 分子的两股链要先行分开,他们用 ^{15}N 放射性核素及密度梯度超速离心证实 DNA 复制是一种半保留复制。

1954 年,物理专家 Gamow 认为遗传信息是由 DNA 分子以含氮碱基非重叠三联体密码来携带的。1961 年,Crick 及其同事用 T_4 噬菌体的实验确认遗传信息是以非重叠的碱基三联体线性顺序的形式而存在的,三联体之间不存在间隔物。Nirenberg 和 Matthaei 以及 Knorand 等以后的工作最终破译了遗传密码。

早在 1953 年,Zamecnik 及其同事在无细胞系统中发现蛋白质的合成场所为核糖体(ribosome),他们还证明蛋白质的合成需要 ATP 作为肽链形成的能源。1960 年以后,他们利用 T_4 噬菌体感染 $E.\ coli$ 作为系统,发现一种 RNA 能携带的 DNA 信息并将其转移到核糖体上合成蛋白质,故称其为信使 RNA(mRNA)。Hurwitz 等发现 RNA 聚合酶,这种酶以 DNA 为模板利用 ATP、GTP、CTP 和 UTP 等合成 RNA,这个过程称为 DNA 转录。

在遗传信息决定蛋白质结构方面,是 DNA 的碱基序列决定 mRNA 核苷酸信息顺序(转录),而 mRNA 的核苷酸顺序又决定多肽的氨基酸序列(翻译),这一学说称之为中心法则。同时,Temin 和 Baltimore 还发现反转录酶,证实了从 RNA 到 DNA 的相对于中心法则的逆向信息流的存在,从而补充了中心法则的完整性。

不同的体细胞有相同的基因组,但它们所合成的蛋白质种类并不一定相同。从受精卵增殖而来的高等动物细胞的发育、生长和分化过程受到遗传信息的调控。1961 年,Jacob 和 Monod 提出的 $E.\ coli$ 乳糖操纵子学说为人们理解动物细胞基因表达调控提供了理想的模型。Sanger 发现胰岛素中氨基酸的排列序列,显示多肽链中氨基酸残基的特定序列与蛋白质分子的空间结构的关系。1965 年,我国王应睐等用化学方法合成有生物活性的牛胰岛素,实现了世界上首次人工合成蛋白质的梦想。

总之,DNA 双螺旋模型的建立,遗传密码的破译和乳糖操纵子学说的提出是 20 世纪生物学界的巨大成果。

1970 年以后,分子生物学飞速发展,理论体系和技术体系不断扩展。近 20 年来,几乎每年的诺贝尔生理学/医学奖以及一些诺贝尔化学奖都授予从事生物化学和分子生物学的科学家,这个事实本身就足以说明生物化学和分子生物学在生命科学中的重要地位和作用。

20 世纪 70 年代初,随着限制性内切酶的发现和 DNA 分子杂交技术的建立,分子生物学进入技术化时代,基因工程学也有所发展。1970 年,Khorana 首次在试管内合成了基因。1972 年,Berg 首次将不同的 DNA 片段连接起来,并且将这个重组的 DNA 分子有效地插入到细菌 DNA 之中。重组的 DNA 进行扩增,于是产生了重组 DNA 克隆。1973 年,重组 DNA 技术的问世极大地推动了人类遗传学和医学遗传学的发展。1977 年,Sanger 应用酶学技术和 Gilbert 采用化学方法建立的 DNA 测序方法,使我们得以了解到基因甚至基因组的结构。到 1977 年,美国成功应用基因工程方法生产出生长激素抑制素,这一突破性的成果震撼了全世界。

1977 年,Shine 克隆人类第一个基因。Kan(1976 年)、Wong(1978 年)和 Dozy 等(1979年)应用 DNA 实验技术对胎儿羊水细胞 DNA 做检测,得出了 α-地中海贫血出生前诊断。1978 年,Kan 等利用胎儿羊水细胞也得出了镰状细胞贫血出生前诊断,从而使得许多遗传性疾病能在 DNA 水平上得出诊断。1986 年,Cech 发现了核酶(ribozyme),表明 RNA 除具有原先人们认识的功能外,还具有催化功能。同年,Mullis 等建立的聚合酶链式反应(polymerase chain reaction,PCR)技术,使分子生物学的发展进入了一个崭新的阶段。20 世纪 90 年代初,基因治疗(gene therapy)进入临床试验阶段。值得一提的是,1983 年王德宝等用化学方法合成了有生物学功能的酵母丙氨酸转运核糖核酸,标志着我国生物化学的研究在某些方面已经达到世界领先水平。

1990 年,开始实施的人类基因组计划(human genome project)是生命科学领域有史以来最庞大的全球性研究计划,它将确定人基因组的全部序列,以及人类约 10 万个基因的一级结构。人类基因组(human genome)指的是单倍体染色体(22 条染色体以及 X 和 Y 性染色体)中所含的全部连锁群(linkage groups)的基因,它包含一套完整的人类基因。人类基因组计划对生物进化的研究、疾病机制的阐明和生物医学基础研究均具有重大的意义,并且对疾病基因的克隆具有很大的潜在商业价值,因此,引起了全世界的极大关注。美国、欧共体、意大利、日本、俄罗斯、法国、加拿大、澳大利亚和中国相继启动人类基因组研究。

人类基因组研究是人类史上伟大的科学工程,它的完成解决了 30 亿对核苷酸的物理位置,但这仅是研究的开始。而弄清楚人类基因组的功能与它所表达的时空调控机制以及解释不同序列的意义,则将使研究进入高级阶段,即人类的基因组学研究。

在生命科学探索的长河中,"后基因组学"的时代已经到来,它将是 21 世纪生物学上最重要的内容。1997 年,英国"多莉"羊的诞生足以说明"后基因组学"时代的提前到来。正如 19 世纪末期,近代自然科学始于物理学的革命,21 世纪自然科学的大转变,将始于生物学的革命。

(高志宇　王廷华)

参 考 文 献

冯作化.2001.医学分子生物学.北京:人民卫生出版社

来茂德.1999.医学分子生物学.北京:人民卫生出版社

李亚娟,李荣,阎宏山.1999.生物化学.北京:人民军医出版社

周爱儒.2000.生物化学.北京:人民卫生出版社

第二章　蛋白质的合成、转运、加工与修饰

第一节　蛋白质的合成

生物细胞以基因的 DNA 链为模板,以 NTP 为原料,在 RNA 聚合酶的作用下,按照 A-U 和 G-C 的碱基配对原则生成 mRNA、tRNA、rRNA 的过程,称为 DNA 转录。其中,mRNA 是指导蛋白质合成的直接模板。基因表达的最终产物是蛋白质、tRNA 和 rRNA。

一、信　使　RNA

多肽合成的模板是信使 RNA(messenger RNA,mRNA)。mRNA 的发现是分子生物学发展中的一件重大事件。由于 mRNA 在细胞总 RNA 中所占的比例很小,因此,在过去还没有建立合适的分离技术时,很难把它分离出来。mRNA 的概念首先是从理论上提出来的,然后再用实验给予证实。Jaiob 和 Monod 早在 1961 年就提出 mRNA 的假设。他们认为,蛋白质是在胞质中合成的,但是编码蛋白质的信息载体 DNA 却在胞核内,因此,必定有一种中间物质用来传递 DNA 上的信息。他们对这种中间物质的性质做了如下的预言:

(1) 信使是一种多核苷酸。

(2) 信使的碱基组成应与相应的 DNA 的碱基组成相一致。

(3) 信使的长度应是不同的,因为由它们所编码的多肽链的长度是不同的。

(4) 在多肽合成时,信使应与核糖体做短暂的结合。

(5) 信使的半衰期很短,所以信使的合成速度应该是很快的。

mRNA 的假设提出后,还必须用实验来证明这种假设是否正确。Brenner 等设计一组实验,用噬菌体 T_2 感染大肠杆菌后,发现几乎所有在细胞内合成的蛋白质都不再是细胞本身的蛋白质,而是噬菌体所编码的蛋白质。噬菌体感染后不久,大肠杆菌内出现了少量半衰期很短的 RNA,它们的碱基组成与噬菌体 DNA 是一致的。

他们通过研究发现,噬菌体感染大肠杆菌后并没有引起大肠杆菌内出现新的核糖体,但出现另一些新类型的 RNA,其代谢速度极快。后来,Spiegelman 又用分子杂交技术证明经噬菌体感染后的新合成的 RNA 可以与噬菌体 DNA 相杂交,但大肠杆菌细胞内的其他类型 RNA 则不能与噬菌体 DNA 杂交。从而证明新合成的 RNA 是由噬菌体 DNA 编码的、序列与之互补的mRNA。

二、遗　传　密　码

据认为天然蛋白质有 $10^{10} \sim 10^{11}$ 种,但是组成蛋白质的氨基酸却只有 20 种。这 20 种

氨基酸排列组合的不同,则形成各种各样的蛋白质。然而蛋白质中氨基酸排列顺序又是如何决定的呢?

如果 mRNA 采用每三个相邻碱基为一个氨基酸编码,则四种碱基对的组合($4^3=64$),可以满足 20 种编码的需要,所以这种编码方式的可能性最大。应用生物化学和遗传学研究技术,已经证明就是三个碱基编码一个氨基酸,所以称它为三联体密码(triplet code)或密码子(codon)。1965 年,Nirenberg 等经过 4 年的研究,将遗传密码完整地编排在表 2-1 中。

表 2-1　遗传密码与氨基酸的关系

第一个核苷酸(5′)	第二个核苷酸				第三个核苷酸(3′)
	U	C	A	G	
U	苯丙氨酸	丝氨酸	酪氨酸	半胱氨酸	U
	苯丙氨酸	丝氨酸	酪氨酸	半胱氨酸	C
	亮氨酸	丝氨酸	终止密码(赭石型)	终止密码(蛋白石型)	A
	亮氨酸	丝氨酸	终止密码(琥珀型)	色氨酸	G
C	亮氨酸	脯氨酸	组氨酸	精氨酸	U
	亮氨酸	脯氨酸	组氨酸	精氨酸	C
	亮氨酸	脯氨酸	谷氨酰胺	精氨酸	A
	亮氨酸	脯氨酸	谷氨酰胺	精氨酸	G
A	异亮氨酸	苏氨酸	天冬酰胺	丝氨酸	U
	异亮氨酸	苏氨酸	天冬酰胺	丝氨酸	C
	异亮氨酸	苏氨酸	赖氨酸	精氨酸	A
	蛋氨酸	苏氨酸	赖氨酸	精氨酸	G
G	缬氨酸	丙氨酸	天冬氨酸	甘氨酸	U
	缬氨酸	丙氨酸	天冬氨酸	甘氨酸	C
	缬氨酸	丙氨酸	谷氨酸	甘氨酸	A
	缬氨酸	丙氨酸	谷氨酸	甘氨酸	G

在表 2-1 的 64 个密码中,61 个密码分别代表各种氨基酸,一种氨基酸少的只有 1 个密码,多的可有 6 个,但以 2 个和 4 个的居多。UAA、UAG 和 UGA 为肽链的终止密码子(terminator codon),不代表任何氨基酸。琥珀(amber)、赭石(ochre)和蛋白石(opal)分别为 3 个终止密码的特殊名称。UAG 作为终止密码子,是由 Bernstein 等发现的,琥珀是德语 Bernstein 的词义,因而 UAG 又称为琥珀型无意义密码子(即终止密码子)。密码 AUG 不仅代表蛋氨酸,还因为它位于 mRNA 起动部位,是肽链合成的起动密码子(initiator codon),因此,AUG 称起始密码。遗传密码的特点如下:

(一) 连续性(commaless)

密码的三联体是不间断的,须三个一组连续读下去。mRNA 链上碱基的插入或缺失,可造成框移(frame shift),使下游翻译出的氨基酸完全改变。

（二）通用性（universal）

从最简单的生物（如病毒），一直到人类，在蛋白质的生物合成中都使用同一套遗传密码，这一点为地球上的生物是来自同一起源的进化学说提供了有力的依据。但近年来发现在哺乳动物线粒体的蛋白质合成体系中有例外，如 UAG 不代表终止密码子而是代表色氨酸，CUA 不代表亮氨酸而是代表苏氨酸，AUA 不代表亮氨酸而是代表蛋氨酸。

（三）简并性（degeneracy）

遗传密码中，除色氨酸和蛋氨酸（甲硫氨酸）仅有 1 个密码子外，其余氨基酸有 2 个、3 个和 4 个或多至 6 个三联体为其密码。有两个以上密码的氨基酸，三联体上一、二位碱基大多是相同的，只有第三位不同。这些密码子第三位碱基如出现了突变，并不影响其翻译的氨基酸。遗传密码的简并性是指密码子上第三位碱基的变化往往不会影响原有氨基酸的翻译。同一氨基酸有多个密码子，其中会有一两个是被优先选用的，称为翻译过程对密码子的"偏爱性"。

（四）摆动性（wobble）

翻译过程氨基酸的正确加入，需靠 mRNA 上的密码与 tRNA 上的反密码子相互以碱基配对辨认。密码子与反密码子配对，有时会出现不遵从碱基互补配对的规律，称为遗传密码的摆动现象，这一现象更常见于密码子的第三位碱基与反密码子的第一位碱基之间，两者虽不严格互补，也能相互辨认（表 2-2）。

表 2-2　密码子、反密码子配对的摆动现象

tRNA 反密码子碱基	I	U	C
mRNA 密码子碱基	A,C,U	A,G	C,G,U

（五）不重叠性（non-overlapping）

假设 mRNA 上的核苷酸序列为 ABCDEFGHIJKL……按不重叠规则读码时应读为 ABC，DEF，GHI，JKL……每三个碱基编码一个氨基酸，碱基的使用不发生重复。如果按完全重叠规则读码时，则应该是 ABC 编码氨基酸 1，BCD 编码氨基酸 2，CDE 编码氨基酸 3……

目前已经证明，在绝大多数生物细胞中基因的读码规则是不重叠的。但是在少数大肠杆菌噬菌体（如 R_{17}、QB 等）的 RNA 基因组中，部分基因的遗传密码却是重叠的。

三、核糖体——蛋白质合成的场所

核糖体（ribosome）是一种非膜性细胞器，由核糖核酸和蛋白质组成，故又称为核糖核酸蛋白体。核糖体普遍存在于原核细胞和真核细胞内，是细胞合成蛋白质的重要场所。在具有分泌功能的细胞中，核糖体的数量随着细胞的功能状态而变化，因此，又有动质（ergastoplasm）之称。1955 年，Palade 在动物细胞中首先看到了这种颗粒，并称之为 Palade 颗粒。

直到 1958 年,Roberts 才将它命名为核糖体。

（一）核糖体的形态结构与存在形式

核糖体是一种葫芦形的小体,由大小两个亚基组成。大亚基的体积为小亚基的两倍,在大小亚基的结合面上有一条隧道,是 mRNA 穿过的通道。在大亚基的中央有一条中央管,是新合成的多肽链释放的通道。核糖体上有四个活性部位(图 2-1):①受位,又称 A 位是接受氨酰-tRNA 的部位;②供位,称 P 位是肽基-tRNA 移交肽链后,tRNA 被释放的部位;③肽基转移酶位,是肽链合成过程中催化氨基酸之间形成肽键的酶活性部位;④GTP 酶位,可水解 GTP,为催化肽基-tRNA 由 A 位转到 P 位提供能量的酶活性部位。

核糖体若以单体形式存在,称为核糖体单体,无蛋白质合成功能。核糖体单体若由 mRNA 串联在一起,则称为多聚核糖体(poly-ribosome),是合成蛋白质的功能单位。多聚核糖体若以游离的形式存在于细胞质中,则称为游离核糖体(free ribosome),多聚核糖体也可以附着在内质网膜外表面,称为结合核糖体(fixed ribosome)。

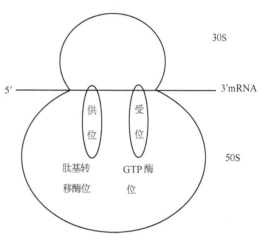

图 2-1　核糖体活性部位示意图

（二）核糖体在原核细胞和真核细胞的理化性质

核糖体的理化性质在原核细胞和真核细胞不完全相同,见表 2-3。

表 2-3　原核细胞与真核细胞的区别

		原核细胞	真核细胞
小亚基	rRNA	16S-rRNA	18S-rRNA
	蛋白质	21 种	33 种
大亚基	rRNA	5S-rRNA	5S-rRNA
		23S-rRNA	28S-rRNA
			5.8S-rRNA
	蛋白质	34 种	49 种

原核细胞核糖体的沉降系数为 70S,其大、小两个亚基分别为 50S 和 30S。真核细胞核糖体的沉降系数为 80S,其大、小两个亚基分别为 60S 和 40S。

（三）核糖体的功能

核糖体是细胞内合成蛋白质的重要场所,它在蛋白质生物合成中执行两项任务:一是使 mRNA 不断与 tRNA 分子结合,二是控制着正在生长中的肽链。大、小亚基在蛋白质生物合成中分工协作,各自执行其特定的功能。小亚基的功能是:①将 mRNA 结合到核糖体上,稳定 mRNA 与核糖体的结合;②提供一部分 tRNA 的结合部位;③充当 tRNA 被释放的部位即

P 位。大亚基的功能是:①提供另一部分 tRNA 的结合部位;②提供肽基转移酶,催化肽键的形成;③提供能量;④提供生长肽链的释放通道(中央管)。

根据核糖体的存在形式不同,其合成的蛋白质可分为两大类:一类是游离核糖体合成的结构蛋白质(structural protein),另一类是结合核糖体合成的输出蛋白质(export protein)。结构蛋白质又称内泌性蛋白质(endogenous protein),是指用于细胞本身或参与组成细胞自身结构的蛋白质,即细胞代谢所需要的蛋白质。输出蛋白质又称分泌蛋白质(secretory protein),是指专门输送到细胞外面,以发挥生物作用的蛋白质,包括某些酶、抗体和蛋白类激素。

四、tRNA 及氨酰-tRNA 合成酶

转运核糖核酸(transfer RNA, tRNA)占细胞中 RNA 总含量的 10% ~ 15%,在蛋白质合成时起搬运氨基酸的作用。与 mRNA 及 rRNA 相比,tRNA 分子质量最小,其沉降系数约为 4S。tRNA 对不同的氨基酸有特异性,一种 tRNA 只能搬运一种氨基酸,而一种氨基酸则可有一种以上的 tRNA,所以,tRNA 的种类比氨基酸多。

真核细胞与原核细胞的 tRNA 结构很相似。在翻译过程中行使"起动"作用的 tRNA,存在于真核细胞胞质内,此种"起动" tRNA 称蛋氨酰 tRNA。在线粒体或原核细胞中,此种"起动" tRNA 则为甲酰蛋氨酸 tRNA。"起动" tRNA 能特异地识别作为起动信号的密码子 AUG。

除了在肽链合成时起起动作用的蛋氨酰 tRNA 外,细胞内还存在另一种对蛋氨酸特异的 tRNA。虽然它也能识别密码子 AUG,但其所携带的蛋氨酰,不能被蛋氨酰 tRNA 转甲酰基酶所酰化。此类 tRNA 只能识别非起动信号的 AUG,所携带的蛋氨酰只能参与形成多肽链起始端以外的肽链部分。

氨基酸在掺入肽链以前必须活化(activation)以获得额外的能量。活化反应是在氨酰-tRNA 合成酶(aminoacyl-tRNA synthetase)催化下进行的。活化的氨基酸与 tRNA 形成氨酰-tRNA,这一反应是在可溶性的细胞质内完成。步骤如下:

1. 氨基酸-AMP-酶复合物的形成

$$ATP+氨基酸\xrightarrow{\text{酶 } Mg^{2+}}氨基酸\text{-}AMP\text{-}酶+PPi$$

这一反应需要 Mg^{2+} 或 Mn^{2+}。ATP 水解后释放出无机焦磷酸(PPi),氨酰腺苷酸复合物中,氨基酸的羧基通过酸酐键与 AMP 上的 5′-磷酸基相连接,形成高能酸酐键,从而使氨基酸的羧基得到活化。氨酰腺苷酸本身很不稳定,但是与酶结合后变得较为稳定。

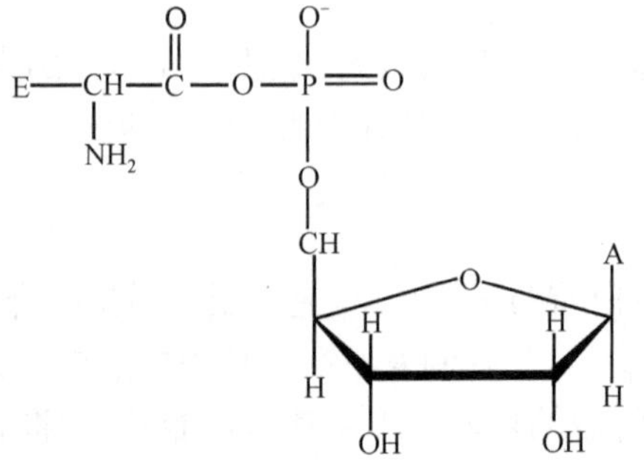

2. 氨基酸从氨基酸-AMP-酶复合物转移到相应的 tRNA 上

$$氨基酸\text{-}AMP\text{-}酶+tRNA \longrightarrow 氨酰\text{-}tRNA+AMP+PPi$$

故氨基酸是连接在 tRNA 的 3′-末端的 AMP 上,总反应为:

$$氨基酸+tRNA+ATP \longrightarrow 氨酰\text{-}tRNA+AMP+PPi\cdots\cdots$$

氨酰-tRNA 合成酶具有很高的专一性,主要表现在两方面:一是对氨基酸有极高的专一性,每种氨基酸都有一个专一的酶;二是只作用于 L-氨基酸,不作用于 D-氨基酸。有的酶对氨基酸的专一性并不很高,但对 tRNA 却具有极高的专一性,氨酰-tRNA 合成酶的这种极严格的专一性大大减少了多肽合成中的差错。

五、蛋白质生物合成过程

RNA 的碱基序列是从 5′-端自左向右书写至 3′-端的,肽链的氨基酸序列是从 N-端自左向右书写至 C-端。翻译过程从读码框架的 5′-AUG 开始,按 mRNA 模板三联体的顺序延长肽链,直至终止密码出现。活化的氨基酸由 tRNA 搬运,通过名为"核糖体循环"的机制,依照 mRNA 的指令,依次合成肽链。核糖体循环可人为地分为起动、肽链延长和终止三个阶段。

(一) 起动阶段——起始复合物的生成

翻译起始即把带有蛋氨酸的起始 tRNA 连同 mRNA 结合到核糖体上,生成翻译起始复合物(translational initiation complex)。此过程需各种起始因子参加,原核生物与真核生物所需的起始因子不相同,但都需要包括核糖体与 mRNA 及起动 tRNA 的结合,都需要三磷酸核苷酸供给能量,大致是一样的。

1. 起始复合物的生成 这里以原核细胞为例,起始复合物形成可分为四个步骤(图 2-2):

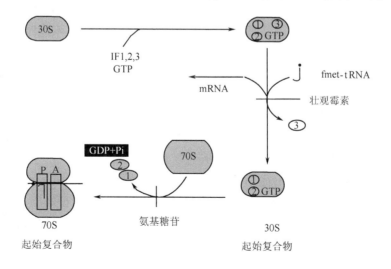

图 2-2 真核细胞的翻译起始复合物形成示意图

（1）核糖体亚基的拆离：翻译过程是在核糖体上连续进行的。翻译进行中,核糖体大、小亚基是连结成整体的。翻译终止的最后一步,实际上也是下一轮起始的第一步,核糖体大、小亚基必须先分开,以利于 mRNA 和 fmet-tRNA 先结合到小亚基上。

（2）mRNA 在核糖体小亚基上就位：研究发现多种原核细胞 mRNA 的碱基序列,在翻译起始密码子 AUG 的上游,相距 8～13 个核苷酸处往往有一段由 4～6 个核苷酸组成的富含嘌呤的序列,这一序列以……AGGA……为核心,称为 S-D 序列。后来又发现,原核细胞核糖体小亚基上的 16S-rRNA,在其近 3′-末端处,有一段短序列是 S-D 序列的互补区。mRNA 上的 S-D 序列又称为核糖体结合位点（ribosomal binding site, RBS）。紧接 AGGA 的小段核苷酸,又可以被核糖体小亚基蛋白（rps-1）辨认结合。原核细胞就是靠这种核酸-核酸、核酸-蛋白质之间的辨认结合,而把 mRNA 联结到核糖体小亚基上的。

（3）fmet-tRNA 的结合：此过程与 mRNA 在核糖体小亚基就位的同时发生,fmet-tRNA 只能辨认和结合于 mRNA 的起始密码子 AUG 上,推动了 mRNA 的前移,保证了 mRNA 就位的准确性。

（4）核糖体大亚基的结合：最后,在已有 mRNA 和 fmet-tRNA 的小亚基上,加入核糖体的大亚基,成为一个已经准备好的翻译系统整体,即翻译起始复合物。此时,核糖体的 P 位已被 fmet-tRNA 和 mRNA 上的 AUG 所占据,但 A 位是留空的,而且 mRNA 上仅次于 AUG 的第二个三联体已相应于 A 位上,所对应的氨酰-tRNA 即可加入 A 位而进入延长阶段。

2. 起始因子 IF 和 eIF　原核细胞的翻译起始因子（initial factor, IF）有三种,即 IF-1、IF-2 和 IF-3。翻译起始时 IF-3 结合到核糖体 30S 亚基靠近 50S 亚基的边界,使大、小亚基拆离。IF-1 协助 IF-3 的结合和亚基拆离,使单独的 30S 亚基易与 mRNA 及起始 tRNA 结合。mRNA 与核糖体小亚基的结合是靠 RBS 序列与 16S-rRNA 互补及 rPS-1 与其识别序列的相互辨认的,而 fmet-tRNA 结合 mRNA 及核糖体,则需起始因子 IF-2。IF-2 先与 GTP 结合,再结合起始 tRNA 并生成 fmet-tRNA-IF2-GTP 复合物,同时还可以推动 mRNA 在 30S 亚基上前移,使起始 tRNA 到达 P 位,是一个耗能过程,IF-1 也促进这一结合的作用。mRNA 和起始 tRNA 都结合了 30S 亚基后,IF-3 先脱落。连有 IF-3 的 30S 亚基,是不能结合 50S 亚基的。接着 IF-2 和 IF-1 才相继脱落。

真核细胞的起始因子（eIF）共发现有十种之多,形成起始复合物的步骤与原核细胞的大致相同,但所需因子较多。

3. 真核细胞翻译起始的特点　真核细胞翻译起始过程比原核细胞相对复杂,真核细胞核糖体为 80S,可解离成 60S 与 40S 两个亚基。真核细胞核糖体的分子质量为 4200kDa,而原核细胞的分子质量只有 2700kDa。40S 亚基含有 18S-rRNA,60S 亚基含有 5S,5.8S 及 28S-rRNA。真核细胞多肽合成的起始氨基酸为蛋氨酸,而不是 N-甲酰蛋氨酸。起始 tRNA 为 met-tRNA,此 tRNA 分子不含 T$_4$C 序列,这在 tRNA 家族中是十分特殊的。起始密码子为 AUG,它的上游 5′-端也不含富嘌呤的序列。通常,在 mRNA-5′末端的 AUG 密码子所在的部位也就是多肽合成的起点。40S 核糖体与 mRNA 5′-端的帽子相结合后,向 3′-方向移动,以便寻找 AUG 密码子。这一过程要消耗 ATP。met-tRNA^{met} 上的反密码子与 40S 亚基结合,并与 mRNA 上的 AUG 形成互补碱基对。真核细胞 mRNA 通常只有一个 AUG 密码子,每种 mRNA 只翻译出一种多肽。真核细胞翻译起始所需因子较多,其中 eIF$_2$ 是形成起始复合物首先必需的蛋白质因子,它是真核细胞蛋白合成调控的关键物质,也是作为众多生物活性物质、代谢抑制物和抗生素等物质作用的靶点。

(二)肽链的延长

每次核糖体循环又可分三个步骤:进位(entrance)[又称注册(registration)]、成肽(peptide bond formation)和转位(translocation)。循环一次,肽链延长一个氨基酸,如此不断重复,直至肽链合成终止。

1. 进位 与起始复合物受位(A位)上的mRNA密码相对应的氨酰-tRNA进入A位,形成复合物,此步骤需要GTP、Mg^{2+}和EFT_1。

2. 成肽 大亚基的给位(P位)上有转肽酶(transpeptidase)存在,可催化肽键形成。在转肽酶的催化下,P位上的tRNA所携的蛋氨酰基或肽链转移给A位上新进入的氨酰-tRNA,形成肽链,此步骤需Mg^{2+}及K^+的存在。原在给位上的、脱去蛋氨酰基的tRNA,从复合物中迅速脱落,使P位留空。

3. 转位 在A位的二肽连同mRNA从A位进入P位,实际是整个核糖体的相对位置移动。催化转位作用的是转位酶(translocase)。现在证明:转位酶的活性存在于延长因子G(EFG),由于肽-tRNA-mRNA与核糖体位置的相对变更,此时,肽-tRNA-mRNA占据了P位,A位是留空的,并对应着mRNA链上第三号三联体密码,于是,第三氨基酸就按密码的指引进入A位注册,从而开始下一循环。

肽链上每增加一个氨基酸残基,就按进位(新的氨酰-tRNA进入受位)、成肽(形成新的肽键)和转位(核糖体移动的同时,原处于受位带有肽链的tRNA随之而转到给位)这三个步骤一遍一遍地重复,直至肽链增长到应有的长度。肽链合成到一定长度的同时,在蛋氨酸氨基肽酶的作用下,氨基端的蛋氨酸残基从肽链上被水解而脱落。

在肽链延长阶段,每生成一个肽链都需要直接从两分子高能磷酸键GTP(进位和转位时各一)获得能量,即消耗两个GTP。考虑到氨基酸被活化生成氨酰-tRNA时,已消耗了两个高能磷酸键,所以在蛋白质合成过程中,每生成一个肽键,实际上共需消耗四个高能磷酸键。

(三)肽链合成的终止

肽链合成的终止包括:终止密码子的辨认,肽链从肽酰-tRNA水解释放出来,mRNA从核糖体中分离及大小亚基的拆开。终止过程需要蛋白质因子,被称为释放因子(RF和RR)。RF的作用是辨认终止密码子和促进肽链C端与tRNA 3'-OH酯键的水解,使肽链从翻译中的核糖体上释放下来。RR的作用是把mRNA从核糖体上释放。RF现至少发现有三种:RF-1和RF-2都能辨认VAA终止密码子,而RF-1也辨认UAG,RF-2也辨认UGA。RF-3是酯酶的激活物,酯酶水解肽-tRNA之间的酯键。

(1)当翻译至A位出现mRNA的终止密码子时,因无AAcyl-tRNA与之对应,即A位不能接纳AAcyl-tRNA。RF-1或RF-2能识别终止密码子,进入A位。

(2)RF-3激活核糖体上的转肽酶。转肽酶受RF-3作用后发生变构,表现出酯酶的水解活性,从而使P位上的肽与tRNA分离。

（3）在 RR 的作用下,tRNA、mRNA 及 RF 均从核糖体脱落,然后在 IF 的作用下,核糖体大、小亚基分离,大、小亚基可再进入翻译过程,循环使用。

第二节 蛋白质合成后的定向输送

在核糖体上新合成的蛋白质被送往细胞的各个部分,以行使各自的生物功能。合成后的蛋白质去向为下列三者之一:保留在胞质;进入细胞核、线粒体或其他细胞器;分泌到体液中,然后输送至该蛋白质应起作用的靶细胞或靶器官。蛋白质合成后,定向到达其执行功能的目标地点,称为蛋白质靶向输送(protein targeting)或蛋白质定向输送。上述后两种情况,蛋白质都必须先越过膜性结构,才能到达目的地。从细胞出来到达其他组织细胞的蛋白质,统称为分泌性蛋白质。分泌性蛋白质的转运系统由什么组成和如何运作,目前有多种不同学说。其中以信号假说(signal hypothesis)较为被接受。

一、蛋白质移位装置的必需组合

(一) 信号识别颗粒

信号识别颗粒(signal recognition particle,SRP),是一类游离在细胞质的核蛋白颗粒,由一条单一的 7S-RNA 分子和 6 条多肽链组成,每条多肽链都具有丰富的碱性氨基酸。SRP 的组装形式类似于核糖体蛋白与 rRNA 之间的关系,即 1 个蛋白质与 RNA 的连接启动了与其他 5 个蛋白质的相互结合。SRP 的作用是识别新生肽链上的信号肽并与之结合。

(二) SRP 受体

SRP 受体(SRP-receptor,SRP-R)也称对接蛋白(docking protein)。SRP-R 是一种内质网膜整合蛋白,分子质量为 72kDa 的一个异二聚体,由 1 条 α 链和 1 条 β 链组成,这两条链均具有 GTP 酶活性区域。

二、蛋白质跨膜移位的机制

(一) SRP 对信号序列的识别

翻译开始之后,新生肽链最初形成的即为信号肽序列。信号肽(signal peptide)即信号序列,它并不是一条独立的多肽链,而只是新生蛋白质(多肽链)上一段特殊的氨基酸序列,位于氨基端的末端,含有较大比例的疏水性氨基酸,但在不同蛋白质中信号肽的长度和氨基酸种类并非固定不变。一旦信号肽序列从核糖体大亚基的狭小通道中浮现出来,细胞质中的信号识别颗粒(SRP)能迅速识别信号肽并与之结合,形成复合体,从而引起肽链延长的暂时终止(图 2-3)。

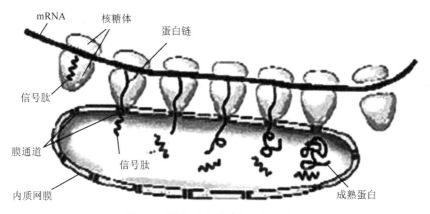

图 2-3　蛋白质跨膜移位机制示意图

(二) SRP 与 SRP-R 的识别

随后,SRP 能特异性地被位于内质网膜上的 SRP-R 所识别,并迅速结合,核糖体即附着于内质网上。核糖体-SRP 与 SRP 受体之间的结合可能是短暂的,仅使 SRP-阻遏核糖体对准内质网膜上的一个特异的移位受体作用点。一旦核糖体准确地选中内质网的目标,SRP 和 SRP-R 都游离出来,参加 SRP 循环。

(三) 蛋白质通道的形成

一旦 SRP 与 SRP-R 结合之后,即引起 SRP-54 的 GTP 酶活性区域和 SRP-R 的两个亚基上的 GTP 酶活性区域被激活,进而引起 SRP 从核糖体上释放出来,SRP-R 将核糖体转附在通道蛋白——移位子(translocon)上。移位子是嵌附在内质网上的一种蛋白复合体,它与形成蛋白质穿越内质网的管道直接相关。采用附着在人工信号顺序上的特殊荧光染料进行研究,可观察到充满液体的管道是由移位子和核糖体大亚基上的通道共同形成的。

(四) 蛋白质进入内质网管腔

在翻译复合物向移位子转移的同时,信号肽从与 SRP 的结合状态中释放出来,并与镶嵌在内质网膜上的信号序列结合蛋白结合,SRP 重新游离到细胞质中,翻译又重新开始。随着多肽链的延长,信号肽被信号肽酶水解,新生肽链直接进入内质网管腔。当翻译到达终止密码子时,核糖体从 mRNA 上脱落,并且蛋白质的最后一个氨基酸残基穿过内质网膜,整条多肽链完全进入内质网管腔中。

第三节　蛋白质合成后的加工与修饰

单纯蛋白质是由一条多肽链或数条多肽链构成的。复合蛋白质则除多肽链之外,还含有多种辅基。所以肽链合成的结束,并不意味着具有功能的蛋白质业已生成。多种蛋白质在肽链合成后,还需要经过一定的加工(processing)或修饰(modification)。由几条多肽链构成的蛋白质和带有辅基的蛋白质,其多个亚单位必须互相聚合,才能成为结构完整的蛋白质分子。

一、一级结构的修饰——共价修饰

蛋白质的共价修饰主要包括两个方面:一是蛋白质前体多肽链的剪切;二是多肽链中某些氨基酸侧链的修饰等。这些修饰主要在内质网、高尔基复合体或其他细胞器中进行,也有的不是在细胞器中而是在器官的管腔中进行,如一些外分泌蛋白质前体的活化。

(一) 蛋白质前体的剪切

分泌性蛋白质除含有特征性的信号肽外,几乎所有的蛋白质都有其前体即原蛋白(proprotein)。它含有前导肽或插入肽,这些需最终切除的肽段是在蛋白质合成、转运以及形成独特生理活性所需的空间结构所必需的,一旦其相应的作用完成,该肽段便被切除。现以胰岛素的成熟过程为例阐述分泌性蛋白的剪切过程。

胰岛素除了合成过程中有一段信号肽外,合成完毕未修饰前还有一段 C 肽。含信号肽和 C 肽的胰岛素前体称为前胰岛素原(preproinsulin)。前胰岛素原在内质网腔切除信号肽后称为胰岛素原(proinsulin),胰岛素原被切除 A、B 链间的 C 肽后才形成有生理功能的胰岛素。信号肽的作用是使多肽链转入内质网腔,而 C 肽的作用是使 A、B 链间的半胱氨酸间形成正确的二硫键。如果将有生理功能的胰岛素(只有 A、B 链)还原和变性,然后在温和条件下再复性、氧化,A、B 链间也能形成二硫键。但二硫键的形成是随机的,胰岛素的结构和功能都不会因此得到恢复。若用胰岛素原使结构变性和复性,胰岛素原的结构是可以完全得到恢复,这说明 C 肽的存在是必须的。

(二) 氨基酸侧链的共价修饰

作为蛋白质组成的编码氨基酸只有 20 种,但到目前为止,大约有 120 种氨基酸衍生物在各种蛋白质中存在,它们当中大多数都是通过氨基酸侧链的共价修饰而实现的。

蛋白质内的脯氨酸和赖氨酸残基经过羧化,常出现羧脯氨酸和羧赖氨酸。不少酶的活性中心上有磷酸化的丝氨酸、苏氨酸和酪氨酸,这些含—OH 基团的氨基酸是翻译后才被磷酸化的。多肽链内或肽链之间往往可由两个半胱氨酸的—SH 形成的二硫键,这是常见的维系蛋白质结构的化学键。常见的还有乙酸化和甲基化等。

(三) 去除 N-甲酰基或 N-蛋氨酸

翻译过程以 fmet-tRNA 作为第一个注册的起始物,在蛋白质合成过程中,N-端氨基酸总是 fmet(甲酰蛋氨酸),其 α-氨基是甲酰化的。但天然蛋白质大多数不以蛋氨酸为 N-端第一位氨基酸。细胞内的脱甲酰基酶或氨基肽酶可以除去 N-甲酰基、N-端蛋氨酸或 N-端的一段肽。这个过程不一定等肽链合成终止时才发生,有时也可边合成边进行加工。

（四）水解修饰

真核细胞中往往会遇到一条已经合成的多肽链经翻译后加工产生多种不同活性的蛋白质或肽的情况,最典型的例子如阿片促黑皮素原(pro-opio-melano-cortin,POMC)。POMC由265个氨基酸残基组成,经水解修剪,可生成促肾上腺皮质激素(ACTH,39肽)、β-促黑激素(β-MSH,18肽)、β-内啡肽(β-endophin,11肽)和β-脂酸释放激素(lipotropin,β-LT,91肽)等活性物质。

二、高级结构的修饰

（一）分子伴侣与蛋白质折叠

分子伴侣(molecular chaperone)是以热休克蛋白(heat shock protein, HSP)为代表的一大类参与蛋白质的转运、折叠、聚合和解聚、错误折叠后的重新折叠、水解以及原始蛋白质活性的调控等一系列功能的保守蛋白质家族。现已发现约200种不同的分子伴侣,分为若干分支家族,如HSP等,现以HSP为例讨论其作用。由于HSP最初被观察到是在高温状态下能够使变性未折叠的蛋白质重新折叠而得名,它包括HSP70、HSP110、HSP40、HSP90、HSP100和小热休克蛋白簇(small HSP,sHSP)。

蛋白质的折叠条件大致分为三类:①不需要分子伴侣的作用;②仅仅依赖分泌肽伴侣(HSP70)的折叠;③在一系列的分子伴侣协助下完成折叠。大多数蛋白质的折叠有一关系紧密的暂时的"溶解状态"。在这种状态下,某些二级结构而不是三级或四级结构被观察到,其特征是暴露出一个疏水区域,在这种状态下蛋白质更易于聚合。分子伴侣总的作用就是与这些暴露的疏水区域稳定结合。这种结合降低了局部未折叠蛋白质的浓度并防止其非特异性的不可逆的聚合和错误折叠;同时保存了多肽链折叠的能力,当折叠过程不成功时,可以重新进行折叠。

（二）蛋白质亚基的聚合

具有四级结构的蛋白质由两条以上的肽链通过非共价键聚合,形成寡聚体(oligomer)。蛋白质各个亚单位相互聚合时所需信息,蕴藏在肽链的氨基酸序列之中。这种聚合过程往往有一定顺序,前一步骤常可以促进后一步骤的进行。例如,正常成人血红蛋白(HbA)是由两条α链、两条β链及四个血红素构成。α链合成结束后可与尚未从核糖体释放的β链相连,然后一并从核糖体上脱下,形成游离的α、β二聚体。此二聚体与由线粒体合成的两个血红素结合,形成半分子血红蛋白,两个半分子血红蛋白相互结合才成为有功能的HbA(α_2、β_2血红素)。

（三）辅基链接

蛋白质分为单纯蛋白质和结合蛋白质两大类。常见的糖蛋白、脂蛋白、色蛋白以及各种带辅酶的酶,都是重要的结合蛋白质。其辅基或辅酶与肽链的结合是复杂的生化过程,很多细节尚在研究中。不少生物活性物质当用基因工程技术表达出其肽链后,尚不具备生物活性。糖蛋白的糖基化,是目前基因工程中一个未解决的关键问题。

(高志宇 王廷华)

参 考 文 献

沈同,王锐岩.1991.生物化学.第2版.北京:高等教育出版社
徐晓利,马涧家.1998.医学生物化学.北京:人民卫生出版社
杨抚华,胡以平.2002.医学细胞生物学.北京:科学出版社
周爱儒.2000.生物化学.第5版.北京:人民卫生出版社

第三章　蛋白质的结构与功能

第一节　蛋白质结构概念的提出

许多科学家很早就关注蛋白质结构的研究,并提出了多种假说,但一直没有一个令人满意的理论。直到 1952 年丹麦生物化学家 Linderstrom-Lang 第一次提出蛋白质三级结构的概念,才使蛋白质结构的研究走上了正确的道路。Linderstrom-Lang 的三级结构概念包括:一级结构指多肽链中氨基酸的序列,靠共价键维持多肽链的连接,而不涉及其空间排列;二级结构指多肽链骨架的局部空间结构,不考虑侧链的构象及整个肽链的空间排列;三级结构则是指整个肽链的折叠情况,包括侧链的排列,也就是蛋白质分子的空间结构或三维结构。这一概念提出之后,立即被各国科学家所接受。1958 年,英国晶体学家 Bernal 在研究蛋白质晶体结构时发现,并非所有蛋白质的结构都达到三级结构水平,而有些蛋白质则有更复杂的结构,即由几个蛋白质的亚基结合成几何状排列。许多蛋白质是由相同的或不同的亚基组成,靠非共价键聚合在一起,他将这种结构称为四级结构。而今,蛋白质的一、二、三和四级结构的概念已由国际生物化学与分子生物学协会(IUBMB)的生化命名委员会采纳并做出正式定义。

目前,已知的蛋白质的一级结构,已由 Sanger 提出的第一个胰岛素序列发展到几万种蛋白质。对三级结构的研究也由 Kendrew 和 Perutz 提出的肌红蛋白及血红蛋白的开创性研

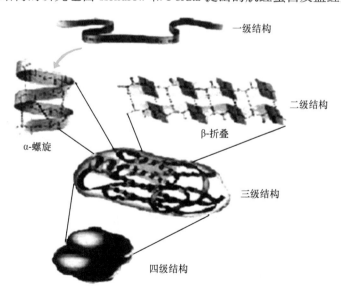

图 3-1　蛋白质的四级结构示意图

究迅速发展起来。现已有 9000 多种蛋白质的三维结构利用 X 线衍射及磁共振技术在不同
分辨率水平上得到了阐明。这不仅大大丰富了人们对蛋白质结构的认识,还加深了对蛋白
质空间结构规律的认识。至今,蛋白质四级结构水平的概念已不能满足人们的要求。因此,
近年来蛋白质化学家又在四级结构水平的基础上增加了两种新的结构层次,即超二级结构
(supersecondary structure)和结构域(structural domain)。超二级结构是 1973 年 Rossman 提
出的,是指几种二级结构的组合物存在于各种结构中。近几年,超二级结构又得到了深入的
研究。结构域的概念是由免疫化学家 Porter 提出的,是指蛋白质中那些明显分开的球状部
分,如动物的免疫球蛋白(IgG)含有 12 个结构域。这两种新的概念目前已被生物化学家及
分子生物学家所公认。图 3-1 表示蛋白质结构的几种水平。

第二节　蛋白质的结构生物学

蛋白质的分子结构是了解其生物学功能的基础,分子结构的阐明对理解该分子功能的
最好例子是 DNA。1953 年,DNA 双螺旋结构的发现开创了分子生物学的新时代。蛋白质
结构的研究相对慢一些,研究得比较早的蛋白质之一是血红蛋白,其结构测定比 DNA 晚 10
年。之后又解析出许多蛋白质的空间结构。进入 20 世纪 90 年代以来,结构生物学
(structural biology)飞速发展,结构生物学作为一门新的学科正在兴起,受到科学界的高度
重视。

结构生物学是研究生物大分子包括蛋白质、核酸和脂质的三维结构与功能的科学。只
有从生物大分子的三维结构上才能理解它们的功能和作用机制,进而揭露生命活动的本质。
生物大分子的三维结构主要是靠 X 线晶体学取得的。近年来发展的核磁共振(NMR)以及
电子晶体学也对研究生物大分子的溶液构象及三维构象做出了贡献。

蛋白质晶体的第一个 X 线图像是 60 多年前由 Bernal 和 Crowfoot 于 1934 年测定出来
的,这些图像提示蛋白质分子含有丰富的结构信息。第一个测定出的蛋白质晶体结构的是
肌红蛋白,它是 1957 年由 Kendrew 解析出来的。1959 年,Perutz 解析出血红蛋白的晶体结
构。第三个晶体结构是溶菌酶,是 1965 年由 Phillips 解析出的。1967 年,核糖核酸酶、糜蛋
白酶和羧肽酶都先后被解析出来。自此以后,用 X 线晶体学解析出来的蛋白质逐年增加,
1975 年以后呈指数上升。1985 年达到 200 种,1992 年达到 3000 种。蛋白质结构解析的速
度大大加快,据报道,全球约每两天解析出 3 个蛋白质的立体结构。1997 年底,纽约
Brookhavan 国家实验室国际蛋白质结构数据库(PDB)的蛋白质立体结构的数量已有 6100
多种,目前已达到 9000 多种。

蛋白质功能的研究比起结构的研究还要慢得多和难得多。以酶为例,要阐明酶分子的
作用机制,需要了解酶与底物的复合物以及中间产物、最后产物、酶与辅酶的复合物以及酶
与抑制剂的复合物等的三维结构,然后才能阐明酶分子的作用机制。而酶的这些结构解析
只有用共结晶的方法才能解决。迄今,了解得比较清楚的是异构酶(allosteric enzyme),其
中,以对血红蛋白的解释最为清楚。

人们对蛋白质结构和功能的认识不断深化,无论在基础研究,还是应用研究中都取得了
很大的进步。最重要的技术进展之一是创建了蛋白质工程,任意希望获取的氨基酸序列已

知的蛋白质都可以通过基因的合成、表达和克隆来得到。一级结构可以通过基因的定向诱变来改变。计算机模拟技术和蛋白质结构预测方法的发展近年来取得重要的进展。

由于各国集中力量研究蛋白质的结构生物学,将使蛋白质结构与功能的研究进一步加速。相信在不久的将来会看到核糖体的高分辨率三维结构,可以清楚地了解生物是如何制造蛋白质的详细过程,那将是生物学的一个新的里程碑。

第三节　蛋白质的基本结构单位

蛋白质是一种含有由 DNA 编码的 20 种 L-α-氨基酸,通过 α 碳原子上的取代基间形成的酰胺键连成的,具有特定空间构象和生物功能的肽链构成的生物大分子。只含有肽链的蛋白质是简单蛋白,肽链和其他组分还能形成复合蛋白。蛋白质和与其本身的肽链的差别在于折叠的方式。一条肽链只有通过折叠成特定的空间构象后,才能称为蛋白质。因此,蛋白质是经过折叠后具有特定空间构象的肽链;肽链是去折叠(unfolding)、无特定空间构象的蛋白质。常见的松散肽链是从核糖体上释放出来的新生肽链或是蛋白质经较剧烈条件处理后得到的肽链。

组成蛋白的元素主要有碳(50%~55%)、氢(6%~7%)、氧(19%~24%)、氮(13%~19%)和硫(0~4%)。有些蛋白质还含有少量磷或金属元素铁、铜、锌、锰、钴和钼等,个别蛋白质还含有碘。各种蛋白质的含氮量很接近,平均为16%。由于蛋白质是体内的主要含氮物,因此,测定生物样品的含氮量就可按下式推算蛋白质的大致含量。

每克样品含氮克数×6.25×100,就得到100g样品中蛋白质的大致含量。

一、氨　基　酸

蛋白质由氨基酸组成。自然界的氨基酸有 300 余种,但从现已分析的生物体内蛋白质的发现,由基因编码的仅有 20 种 L-α-氨基酸。这些氨基酸结构的共同特征是:①与羧基相邻的 α 碳原子(C^{α})上都有氨基,故称为 α-氨基酸,其具有两性解离的性质;②与 C^{α} 接连的 4 个原子或基团是不同的,故 C^{α} 是不对称碳原子(甘氨酸除外);③α-氨基酸有 L-和 D-两种构型(configuration)的立体异构体。两种构型互为对映体,一种构型必须在其共价键断裂后才能形成另一种构型。组成蛋白质的 α-氨基酸多是 L-构型。D-型氨基酸只存在于某些抗生素和植物的个别生物碱中。

组成体内蛋白质的 20 种氨基酸,根据其侧链的结构和理化性质可分成三类:①非极性疏水氨基酸;②不解离的极性氨基酸;③解离的极性氨基酸三类(表3-1)。

表3-1　氨基酸分类

结构式	中文名	英文名	三字符号	一字符号	等电点(pI)
1. 非极性疏水性氨基酸					

H—CH—COO⁻
      |
     ⁺NH₃
	甘氨酸	glycine	Gly	G	5.97

结构式	中文名	英文名	三字符号	一字符号	等电点(pI)
H$_3$C—CHCOO$^-$ $^+$NH$_3$	丙氨酸	alanine	Ala	A	6.00
H$_3$C—HC—CHCOO$^-$ H$_3$C $^+$NH$_3$	缬氨酸	valine	Val	V	5.96
H$_3$C—CH—C—CHCOO$^-$ CH$_3$ H$_2$ $^+$NH$_3$	亮氨酸	leucine	Leu	L	5.98
H$_3$C—C—CH—CHCOO$^-$ H$_2$ CH$_3$ $^+$NH$_3$	异亮氨酸	isoleucine	Ile	I	6.02
⬡—C—CHCOO$^-$ H$_2$ $^+$NH$_3$	苯丙氨酸	phenylalanine	Phe	F	5.48
环状结构 CHCOO$^-$ NH$_2^+$	脯氨酸	proline	Pro	P	6.30

2. 不解离的极性氨基酸

结构式	中文名	英文名	三字符号	一字符号	等电点(pI)
吲哚环—CH$_2$—CHCOO$^-$ $^+$NH$_3$	色氨酸	tryptophan	Trp	W	5.89
HO—C—CHCOO$^-$ H$_2$ $^+$NH$_3$	丝氨酸	serine	Ser	S	5.68
HO—⬡—C—CHCOO$^-$ H$_2$ $^+$NH$_3$	酪氨酸	tyrosine	Tyr	Y	5.66
HS—C—CHCOO$^-$ H$_2$ $^+$NH$_3$	半胱氨酸	cysteine	Cys	C	5.07
H$_3$C—S—C—C—CHCOO$^-$ H$_2$ H$_2$ $^+$NH$_3$	蛋氨酸	methionine	Met	M	5.74
H$_2$N—C—C—CHCOO$^-$ ‖ H$_2$ $^+$NH$_3$ O	天冬酰胺	asparagines	Asn	N	5.41
H$_2$N—C—C—C—CHCOO$^-$ ‖ H$_2$ H$_2$ $^+$NH$_3$ O	谷氨酰胺	gkytamine	Gln	Q	5.65
H$_3$C—CH—CHCOO$^-$ OH $^+$NH$_3$	苏氨酸	threonine	Thr	T	5.60

续表

结构式	中文名	英文名	三字符号	一字符号	等电点(pI)
3. 解离后的极性氨基酸					
$HO-\underset{O}{\overset{\parallel}{C}}-\underset{H_2}{C}-\underset{{}^+NH_3}{CHCOO^-}$	天冬氨酸	aspartic acid	Asp	D	2.97
$HO-\underset{O}{\overset{\parallel}{C}}-\underset{H_2}{C}-\underset{H_2}{C}-\underset{{}^+NH_3}{CHCOO^-}$	谷氨酸	glutamic acid	Glu	E	3.22
$H_2N-\underset{H_2}{C}-\underset{H_2}{C}-\underset{H_2}{C}-\underset{H_2}{C}-\underset{{}^+NH_3}{CHCOO^-}$	赖氨酸	lysine	Lys	K	9.74
$H_2N-\underset{NH}{\overset{\parallel}{C}}-\underset{H}{N}-\underset{H_2}{C}-\underset{H_2}{C}-\underset{H_2}{C}-\underset{{}^+NH_3}{CHCOO^-}$	精氨酸	arginine	Arg	R	10.76
$H_2N-\underset{NH}{\overset{\parallel}{C}}-\underset{H}{N}-\underset{H_2}{C}-\underset{H_2}{C}-\underset{H_2}{C}-\underset{{}^+NH_3}{CHCOO^-}$	组氨酸	histidine	His	H	7.59

(一) 非极性疏水氨基酸

这7种氨基酸的R侧链是脂肪烃或芳香烃,烃链越长疏水性越大。Kyte和Doolittle根据氨基酸在有机溶剂和水中的分配系数及氨基酸在蛋白质结构中的分布,总结其疏水性由强到弱的顺序是 IVLFCMAGTSWYPH(ENQD)KR 氨基酸。疏水氨基酸常因相互疏水作用而处于球状蛋白内部或生物膜的跨膜双脂层中。

(二) 不解离的极性氨基酸

表3-1中这8种氨基酸的R侧链是带有极性的羧基、疏基和酰胺基团,故有亲水性,但不解离。

(三) 解离的极性氨基酸

天冬氨酸和谷氨酸的R侧有羧基,可解离而带负电荷,又称为酸性氨基酸;赖氨酸的ε-氨基、精氨酸的胍基和组氨酸的咪唑基都可解离而带正电荷,又称为碱性氨基酸。带负电荷的酸性氨基酸残基常与带正电荷的碱性氨基酸残基在蛋白质分子内形成盐键。这些极性强的氨基酸常出现在蛋白质分子的表面,与环境中水分子形成氢键。

以上20种由基因编码的氨基酸称为编码氨基酸,在蛋白质分子中还有非编码氨基酸,是在蛋白质生物合成后经乙酰化、磷酸化、羟化或甲基化等修饰形成的。在20种编码氨基酸中有3个氨基酸是最有个性的。一是脯氨酸,属于亚氨基酸,它的氨基和其他氨基酸的羧基形成的酰胺键有明显的特点,较易变成顺式的肽键。二是甘氨酸,它是唯一在α碳原子上只有两个氢原子、没有侧链的氨基酸,它既不能和其他残基的侧链相互作用,也不产生任何位阻现象,进而在蛋白质的立体结构形成中有特定的作用。三是半胱氨酸,它的个性不仅表现在其侧链有一定的大小和具有高度的化学反应活性,还在于两个半胱氨酸能形成稳定的带有二硫键的胱氨酸。二硫键不仅可以在肽链内,也可以在肽链间存在,更有甚者,同样的一对二硫键还能具有不同的空间取向。

二、蛋白质肽链的特征

蛋白质是氨基酸以肽键相互连接的线性序列,肽键是一个氨基酸的 α-氨基和另一个氨基酸的 α-羧基之间形成的化学共价键。当两个氨基酸通过

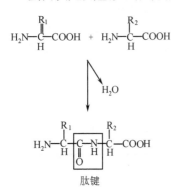

图 3-2 肽与肽键

肽键相互连接形成二肽,在一端仍然有游离的氨基而另一端有游离的羧基,每一端能依次连接更多的氨基酸。因而,氨基酸能以肽键相互连接形成长的、不带支链的寡肽(25 个氨基酸残基以下)和多肽(多于 25 个氨基酸残基)。习惯上肽链的写法是,游离 α-氨基在左,游离 α-羧基在右,在氨基酸之间用"—"表示肽键。

肽键从结构来看就是酰胺键,只是它不是单纯的羧基和氨基的反应产物,而是两个 α-氨基酸间的酰胺键,是一组靠得很近的酰胺键。这样的酰胺键很自然被视为一种特别的酰胺键,即肽键(图 3-2)。

在蛋白质中天冬氨酸和谷氨酸除了 α-羧基外,还分别带有 β 和 γ-羧基。赖氨酸除了 α-氨基外,侧链上还有一个 ε-氨基。这两类侧链之间,以及它们和 α-氨基或 α-羧基之间也可能形成酰胺键,则被称为异肽键。在天然蛋白质中很少出现这类酰胺键。血液凝固时,血纤维蛋白原变为可溶的血纤维蛋白的聚合物后,在凝血因子ⅩⅢ的作用下,血纤维蛋白中一些谷氨酸的 γ-羧基和另一些赖氨酸的 ε-氨基间形成异肽键,进而成为不溶性的血纤维蛋白的聚合物。

20 世纪 30 年代末, Panling 和 Corey 应用 X 线衍射技术研究氨基酸和寡肽的晶体结构,其目的是要获得一组标准键长和键角,以推导肽的构象,最终提出了肽单元(peptide unit)概念。参与肽键的 6 个原子——Ca_1, C, O, N, H, Ca_2 位于同一平面,Ca_1 和 Ca_2 在平面上所处的位置为反式(trans)构型,此同一平面上的 6 个原子构成了所谓的肽单元(图 3-3)。其中肽键(C—N)的键长为 0.132nm,介于 C—N 单键长(0.149nm)和双键长(0.127nm)之间,所以有一定程度的双键性能,不能自由旋转。而 Ca 分别与 N 和羧基碳相连的键都是典型的单键,可以自由旋转。也正由于肽单元上 Ca 所连的两个单键的自由旋转角度,决定了两个相邻的肽单元平面的相对空间位置。

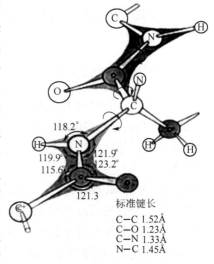

标准键长
C—C 1.52Å
C—O 1.23Å
C—N 1.33Å
N—C 1.45Å

图 3-3 肽单元

第四节 蛋白质的一级结构

蛋白质分子有一、二、三和四级结构层次。一级结构(primary structure)是指由肽链连接的多肽中氨基酸的排列顺序,即线性序列(linear sequence of amino acid),是决定空间结构的基础,故又称基本结构。在基因编码的蛋白质中,这种序列是由核苷酸碱基序列所决定的。一个蛋白质分子是由一条或多条多肽链组成的。每条肽链是由其组成的氨基酸按一定顺序以肽键首尾相连而成。

一个氨基酸的羧基与另一个氨基酸的氨基脱水生成肽键,而连接成二肽,二肽还有自由的氨基和羧基,还可与其他氨基酸形成三肽、四肽……以至多肽,其骨架是由 $-\overset{O}{\overset{\|}{C}}-\overset{H}{\overset{|}{N}}-$ 的重复肽单位排列而成,称为主链骨架。

组成肽链的氨基酸,由于参加肽键的形成而不再是完整的分子,故称为氨基酸残基(residue)。而第一个和最后一个氨基酸残基和其他残基不同,分别有一个游离的氨基和羧基,分别称为氨基末端(amino terminal,简称 N-末端)和羧基末端(carboxyl terminal,简称 C-末端)。氨基酸序列是从 N-末端氨基酸残基开始一直至 C-末端氨基酸残基为止。

一级结构中除了肽键外还存在其他共价键(covalent bonds),如半胱氨酸残基之间的一级二硫键(disulfide bonds),它们在空间上是相邻的,但在线性氨基酸序列中是不相邻的。这些不同多肽链之间或同一条肽链不同部位之间的共价交联是通过半胱氨酸残基上—SH的氧化作用而形成的,这些残基在空间上是并列的。产生的二硫化合物则称为胱氨酸(cystine)残基。另外,在赖氨酸(Lys)残基的侧链之间也形成共价交联。

组成的氨基酸有 20 种,故由几个氨基酸残基构成的肽链,就可能有 20^n 种序列,这也解释了为何千万种不同序列的蛋白质能够担负各种各样不同的生物学功能。第一个氨基酸序列是 Sanger 于 1953 年开始用了 8 年时间测出由 51 个氨基酸残基组成的胰岛素。20 世纪 70 年代起氨基酸自动分析仪和 cDNA 克隆技术等的应用,加快了蛋白质一级结构测定的步伐。过去大多数蛋白质的氨基酸序列是从它的基因 cDNA 克隆核苷酸序列推导而来,因为基因克隆和测序比直接检测蛋白质氨基酸序列容易。迄今约有 20 万个序列储存于蛋白质序列库(protein sequence database)中。

第五节 蛋白质的二级结构

蛋白质二级结构是指肽链中局部肽段的构象(conformation),它们是完整肽链构象(三级结构)的结构单元,是蛋白质复杂的空间构象的基础,故它们也可称为构象单元。各类二级结构的形成几乎全是由于肽链骨架中的羰基上的氧原子和亚胺基上的氢原子之间的氢键所维系。其他的作用力如配位键、范德瓦尔斯力也有一定的作用。某一肽段或某些肽段间的氢键越多,它们形成的二级结构就越稳定,即二级结构的形成有一种协同的趋势。蛋白质的二级结构包括有规律的 α-螺旋和 β-折叠,部分有规则的 β-转角和 Ω 环,以及无序结构等。

一、规则的二级结构

（一）α-螺旋

α-螺旋（α-helix）首先是在 α-角蛋白中观察到的，其多肽链主链骨架围绕中心轴一圈一圈地螺旋上升，其特点是：①螺旋每上升一圈向上平移 0.54nm（即螺距），故每圈螺旋包括 3.6 个氨基酸残基；②相邻螺旋间形成链内氢键，即每个肽平面的亚氨基（—NH）的 H 与前方第三个肽平面上羰基（C=O）的 O 形成氢键；③Φ=-57°，ψ=-47°，每个氨基酸残基沿螺旋中心轴旋转 110°而向上平移 0.15nm。氢键的取向与螺旋中心轴几乎平行，（NH……O）三原子在一直线上。肽链中所有—NH 和 C=O 都按此方式形成链内氢键，是维持 α-螺旋的主要力量。R 侧链位于螺旋外侧（图 3-4）。

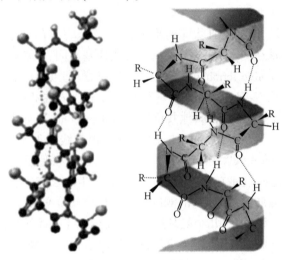

图 3-4　α-螺旋

肌红蛋白和血红蛋白分子中有许多肽链段落呈 α-螺旋结构。毛发的角蛋白、肌肉的肌球蛋白以及血凝块中的纤维蛋白，它们的多肽链几乎全长都卷曲成 α-螺旋结构。数条 α-螺旋状的多肽链尚可缠绕起来，形成缆索，从而增强其机械强度，并具有可伸缩性（弹性）。

（二）β-折叠

β-折叠是肽链主链伸展的另一种有规则的构象，其特点是相邻两个肽平面间折叠 110°呈折扇状（图 3-5）。几条肽链或同一肽链自身回折的两股肽段，平等排列成 β-片层（β-pleated sheet）结构。从 N-端或 C-端同方向排列的称为顺向平行（parallel），反之称反向平行（antiparallel）。相邻平行的肽链之间的—NH 和 C=O 形成氢键。顺向平行的氢键间隔一致，但交错倾斜；反向平行的氢键间隔有疏有密，但—NH 和 O 三个原子在同一直线上，故氢键最强，比顺向平行稳定。R 侧链则交替位于肽平面的上方和下方，并与肽平面交线几乎垂直，避免相邻侧键间的空间位阻。

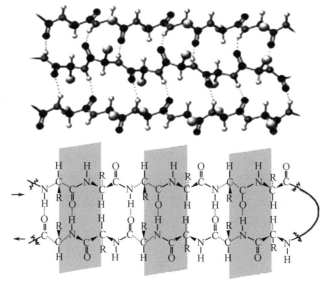

图3-5　β-折叠

二、部分规则的二级结构

α-螺旋和β-折叠都是规则的周期性结构,平均由 12 个残基组成,这些结构之间常由 180°回折的β-转角或 Ω 环连接,使多肽链频频回折成紧密的球状结构。β-转角和 Ω 环是部分有规则的结构,但不重复。

（一）β-转角

β-转角(β-turn)常发生于肽链进行 180°回折时的转角上。β-转角通常由 4 个氨基酸残基组成,其第一个残基的羰基氧(O)与第四个残基的氨基氢(H)可形成氢键。β-转角的结构较特殊,第二个残基常为脯氨酸,其他常见残基有甘氨酸、天冬氨酸、天冬酰胺和色氨酸。

根据第二和第三肽单位的两面角不同,β-转角主要分为 Ⅰ 型和 Ⅱ 型(表 3-2)。

表 3-2　β-转角的两面角

β-转角类型	Φ_2	Ψ_2	Φ_3	Ψ_3
Ⅰ 型	−60°	−30°	−90°	0°
Ⅱ 型	−60°	120°	80°	0°

中间肽平面的 O 与相邻的 R_2 和 R_3 呈反式者为 Ⅰ 型。该 O 与 R_2 和 R_3 呈顺式的为 Ⅱ 型,一般较不稳定,只有当 R_3 是小的 H,即第三个残基为甘氨酸时才存在,故又称甘氨酸转角。

（二）Ω 环

Ω 环（Ω loop，简称环，loop）是近 10 年来才提出的一类二级结构。早年认为，在蛋白质的某些肽段是以无规卷曲（random coil）的构象形式出现的。然而，进一步研究发现其中有相当的部分，虽然不像 α-螺旋和 β-折叠那样有规则，但是仍有一定的规律可循，故认为是有序或准有序的结构。因为这类肽段的外形和希腊字母"Ω"相似，故称为 Ω 环。从形式上看，Ω 环可以看成是转角的延伸。

Ω 环的特征有以下两个方面：①由不超过 10 个氨基酸残基（最常见的是由 6 ~ 8 个残基）组成的肽段，尤其以 8 个残基的小环最多；②这个肽段改变了蛋白质肽链的走向。构成 Ω 环的首尾两个残基间的距离小于 10Å，一般介于 3.7 ~ 10Å，多数是 5 ~ 7Å，最常见的距离是 5 ~ 5.5Å。Ω 环的可变性比转角更大，也很难分类。

三、无序结构

无序结构是指长度和走向没有确定规律性的区域，可能由于其能不断地运动，或该区域具有不同构象的缘故，该区域约占蛋白质分子中 10% 的氨基酸残基。但该区域在蛋白质折叠中也不是完全任意的。如对同一类蛋白质结晶分析时，不同实验室测出的 α-螺旋、β-折叠、β-转角和 Ω 环相同，其无序结构也是一样的。有些蛋白质的无序结构在结合配体时可转变为有序结构，暴露在介质中带电荷的赖氨酸和精氨酸常与蛋白质的结合功能和催化功能有关，故这种构象称为特定卷曲（specific coil）较为恰当。

四、二级结构的可变性

蛋白质中含有的一些构象单元的二级结构是可变的，环境可以引起肽段二级结构的改变，尤其在最近几年对疯牛病病因的研究中，更引起了蛋白质化学家对这一问题的兴趣。

（一）影响蛋白质二级结构改变的因素

早年利用多聚氨基酸作为模型化合物时，已经对影响肽链二级结构的因素进行了系统的研究。pH 能改变肽链的二级结构，因为 pH 改变侧链基团的电荷而引起构象的变化。多聚赖氨酸在 pH 11.0 时赖氨酸侧链不带电荷，整条肽链形成 α-螺旋；在中性 pH，赖氨酸的侧链带正电荷，此时肽链就转变成为任意的无规卷曲。多聚谷氨酸在带负电的 pH 7.0 时，呈现任意的无规卷曲，在侧链羧基不电离的 pH 4.0 时，也表现为 α-螺旋。温度也影响多聚赖氨酸的构象，同样在碱性 pH 11.8 时，处于 4℃ 的多肽链是 α-螺旋，温度升高至 52℃，多肽链的构象转化为 β-折叠。

一些蛋白质在不同的溶剂体系中，一些规则的二级结构的含量可以发生明显的改变。胰岛素的 B 链的 1 ~ 7 氨基酸残基在单体中是 β 结构，但在四锌胰岛素（六聚体）中变为 α 结构。胰高血糖素也可以有 a 和 b 两种形式：水溶液中是形式 a，其中 α-螺旋有 32%，β-折叠约21%;形式 b 出现在胶状或纤维状态,不具有 α-螺旋,β-折叠约52%。伴刀豆球蛋白 A,在水溶液中 α-螺旋含量仅2%,但在70%氯乙醇溶液中可升高至55%。

在一些极端的变性条件下,蛋白质的肽链完全松散,各种二级结构的构象单元不复存在,全都变成了无规卷曲。

(二) 两可肽

蛋白质中存在着某些肽段,它们的序列相同,但是却可以形成不同的构象。例如,VAHAL 这一段五肽在丙糖酸异构酶和灰色链霉菌蛋白水解酶 A 的序列中分别处于112~116位和25~29位。然而这两段肽,分别以 α-螺旋和 β-折叠的形式存在。出现这种现象的原因目前还不清楚,但可从两个方面加以考虑。一方面,由于这些五肽邻近的氨基酸残基不同而造成的;另一方面则要从蛋白质的整个分子着眼,既要考虑肽链中远程肽段的影响,又要考虑这些肽段是处于分子表面的亲水环境中,还是被包埋在分子内部的疏水区域中。研究发现,一些肽段形成 α-螺旋和 β-折叠这两种构象的可能性都比较大,而且很接近。无论是从结构的比较,还是结构的预测,一些有可能形成 α-螺旋和 β-折叠这两种不同形式的二级结构肽段被称为两可肽。

有学者通过对由牛海绵体脑病引起关注的朊病毒(prion protein,PrP)的研究,提供蛋白质中某些肽段二级结构构象转变的一些例证。用圆二色性和傅里叶变换红外光谱研究都表明,正常的 PrP(PrP^c)只含有 α-螺旋,但是,病变的 PrP(PrP^{sc})却含有约40%的 β-折叠。转基因研究提示,PrP^c 的一些异构形式在 PrP^{sc} 形成过程中,分子内的一些螺旋在解折叠后再折叠为 β 片层。提示在牛海绵体脑病病变过程中,一些肽段的二级结构发生变化。引起牛海绵体脑病的原因目前并不清楚,但上述的研究结果表明蛋白质中一些肽段的二级结构是可以因环境的改变而转换的。

第六节　蛋白质的超二级结构和结构域

一、蛋白质超二级结构

相邻的几个二级结构相互作用形成有规则的组合体称为超二级结构(supersecondary structure),是特殊的序列或结构的基本组成单元,又称为基序或模体(motif)。它可进一步组建成结构域。超二级结构主要有 αα、ββ 和 βαβ 三种组合方式。

(一) αα 组合

EF 手型是第一个被发现的基序,由 E 和 F 两条 α-螺旋通过环连接的结构(图3-6)。1~2个氨基酸残基组成的 Ω 环通过酸性的天冬氨酸、谷氨酸和天冬酰胺的羧基和含羟基的丝氨酸的氧原子和 Ca^{2+} 形成5个配位键,Ω 环两旁各由8个残基组成的 E 和 F 两条 α-螺旋互相垂直,像右手的示指和拇指,包括肌钙蛋白(troponin)和钙调素(calmodulin)等在内的钙结合蛋白家族,都有两个或4个这种钙结合区。

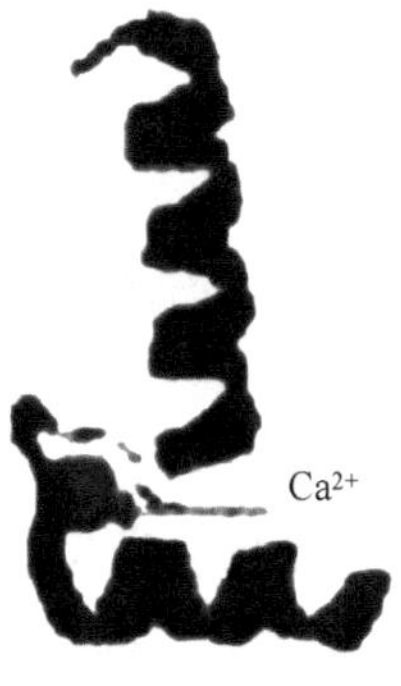

图3-6　α-环α-结构

亮氨酸拉链(leucine zipper)基序的每 7 个氨基酸残基的第一个残基都是亮氨酸,故每隔两圈螺旋的同一位置出现的亮氨酸可排成一行。两个平行的 α-螺旋间通过内侧亮氨酸间的疏水相互作用形成类似交叉的拉链,因此得名。亮氨酸拉链是 DNA 结合蛋白常见的基序。

(二) ββ 组合

氨基酸的 L-构型使 β-折叠最显著的特点之一是右手方向扭曲而形成右手连接(图 3-7 b)。两股 β-链之间也都是右手连接,在反平行 β-折叠中的链间连接为发夹形,即一股 β-链的 C-端和另一股 β-链的 N-端在平面的同一端连接,而在顺向平行 β-折叠中则是交叉连接,即在平面的不同端连接(图 3-7c)。

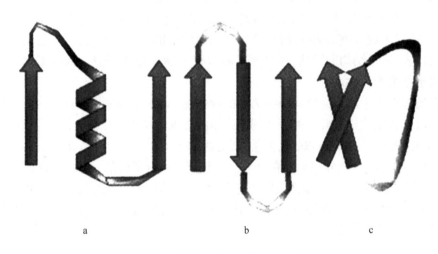

图 3-7 超二级结构示意图

(三) βαβ 组合

两条平行的 β-链通过一条 α-螺旋和两个环连接而成(图 3-7a),即 β-L_1-α-L_2-β(简写为βαβ)组合。整个基序也是松散的右手螺旋,其中 L_1 环常是结合位点或活性位点。βαβ 组合是最常见的基序。

二、蛋白质的结构域

在蛋白质分子结构中,几个或多个超二级结构基序(motif)在组合成复杂的基序之后,常常与一些二级结构单元进一步组合,形成紧密的球形结构,称之为结构域(domain)。结构域是由二级结构单元 α-螺旋、β-折叠、无规卷曲和超二级结构基序的不同组合而形成的高级结构。当蛋白质被酶水解成结构域的肽链片段时,仍能折叠成稳定的结构,甚至还保留生物活性。如梭菌蛋白酶(clostripain)的脱辅基肌红蛋白(apomyoglobin)被限制性水解成 32 ~ 139 序列的肽片段时,甚至仍能形成 α-螺旋,并强烈地以 1 : 1 的比例与血红素结合。

　　结构域常由 100 ~ 200 个残基组成。大的蛋白质可有多个结构域,如免疫球蛋白是第一个被发现的含 12 个结构域的蛋白质,其中轻链各两个,重链各 4 个(图 3-8);每个结构域由约 120 个残基组成。通常在结构域之间有裂隙,是结合位点或活性位点。

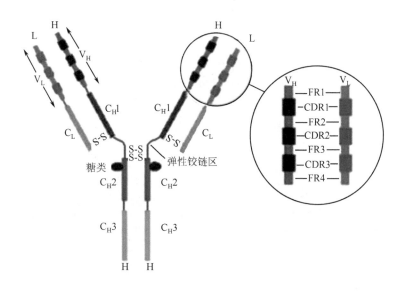

图 3-8　由 12 个结构域组成的免疫球蛋白分子

　　按组成的 α-螺旋和 β-折叠的类型、数量、组合方式及拓扑构像等,结构域的结构类型有 4 种。①全 α 蛋白:蛋白质分子结构基本上是由 α-螺旋形成的;②全 β 蛋白:其分子结构中 β-折叠链含量较高;③α/β 蛋白:分子结构中 α-螺旋和 β-折叠相间交叉排布;④α+β 蛋白:蛋白质分子结构中,α-螺旋和 β-折叠分隔排布。

　　按照 1995 年国际上发表的论文定义,蛋白质的四种折叠类型的定义分别是:

　　全 α 蛋白——α-螺旋含量大于 40%(α≥40%),β-折叠含量小于 5%(β≤5%)。

　　全 β 蛋白——α-螺旋含量小于 5%(α≤5%),β-折叠含量大于 40%(β≥40%)。

　　α+β 蛋白——α≥15%,β≥15%,并且多数(多于 60%)折叠链反平行排列。

　　α/β 蛋白——α≥15%,β≥15%,并且多数(多于 60%)折叠链平行排列。

第七节　蛋白质的三级结构和四级结构

　　在二级结构,超二级结构和结构域的基础上,多肽链相隔较远的侧链相互通过次级键盘绕折叠成球状,形成包括主链和侧链在内所有原子的特定空间排布,称为蛋白质的三级结构(tertiary structure),即指整条肽链中全部氨基酸残基的相对空间位置,也就是整条肽链所有原子在三维空间的排布位置。疏水残基多数埋藏在球状蛋白质内部,而多数亲水残基则分布在分子表面与水接触。蛋白质三级结构稳定的形成主要靠次级键——疏水作用、离子键(盐键)、氢键和范德瓦尔斯力等。

肌红蛋白(myoglobin,Mb)是第一个被确定三级结构的蛋白质,它是由一个结构域组成的紧密扁平的球状蛋白质。153 个残基组成的单一多肽链中,75% 的残基组成 A ~ H 8 段 α-螺旋,螺旋间通过无序结构连接,以 AB、CD、EF、FG、GH 双字母表示(图3-9)。血红素结合于 E 和 F 螺旋区构成的疏水口袋中,以避免 Fe^{2+} 氧化而成无运氧功能的 Fe^{3+}。Fe^{2+} 和血红素 4 个吡咯环形成 4 个配位键,还与 F 组氨酸咪唑基配位,第六个配位体是可逆性结合的 O_2。

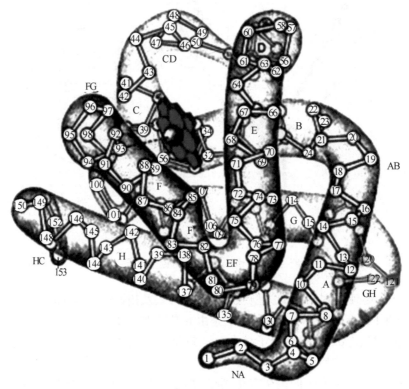

图 3-9　肌红蛋白的三级结构

对蛋白质分子的二、三级结构而言,只涉及由一条多肽链卷曲而成的蛋白质。在体内有许多蛋白质分子含有两条或多条多肽链,才能全面地执行功能。每一条多肽链都有其完整的三级结构,称为蛋白质的亚基(subunit),亚基与亚基之间呈特定的三维空间排布,并以非共价键相连接。蛋白质的四级结构(quaternary structure)是由多个相同或不同的,具有三级结构的亚基借次级键维持一定空间排布的聚合体。相同亚基组成的称纯聚体,不同亚基组成的称杂聚体。组成蛋白质亚基的数目多数为偶数,少数为奇数。亚基间的空间排布一般是对称的。

血红蛋白(Hb)是第一个用 X 线衍射法测得完整四级结构的蛋白质,也是第一个与其特异的运氧生物功能相联系的蛋白。蛋白质的变构现象和协同效应也是从 Hb 中发现并深入其机制研究。

Hb 是两个 α 亚基($α_1$ 和 $α_2$)和两个 β 亚基($β_1$ 和 $β_2$)组成。每个亚基的三级结构与肌红蛋白极为相似,每个亚基的疏水性口袋埋入辅基血红素,以范德瓦斯力和口袋周围以疏水性为主的 20 个残基和 85 个原子接触,以避免血红素的 Fe^{2+} 氧化成无运氧功能的 Fe^{3+},但 α 亚基的口袋比 β 亚基大,故氧合作用总是从 α 亚基开始的。Hb 是 $α_1β_1$ 和 $α_2β_2$ 两个二聚体组成的对称结构(图 3-10),其中 $α_1β_1$(或 $α_2β_2$)间接触面大,故较稳定。而 $α_1β_2$(或 $α_2β_1$)间接触面较少,故不牢固,在氧合时易滑动。

图 3-10 血红蛋白的四级结构

每个亚基 C-端都可与其他亚基 N-端或肽链中带电残基形成盐键,这 8 个盐键与 Hb 运氧功能密切相关。氧与 α 亚基的血红素结合后盐键断裂,亚基构象改变并通过 C-端残基移位而与另一个 α 亚基间的盐键也断裂,使其变构,从而对氧亲和力增大,同样再影响两个 β 亚基的构象及其氧结合能力。故变构的顺序是 $α_1→α_2→β_1→β_2$。$α_1α_2$ 和 $β_1β_2$ 两个二聚体彼此相对滑动 15°。

第一个亚基与配体(O_2)结合后,促进下一个亚基与配体的结合,称为正协同效应(positive cooperative effect),使氧的解离曲线呈"S"形,与只有三级功能结构的肌红蛋白的氧解离曲线比较,显然有利于 Hb 的运氧效果。与肌红蛋白相比,具有四级结构的 Hb 还具有一些新的功能:①与 CO_2 和 H^+ 结合,故 Hb 还运输 CO_2 和 H^+,将代谢终产物 CO_2 排出体外,并参与酸碱平衡调节;②氧合作用受 CO_2、H^+、2,3-二磷酸甘油酸的变构调节,以适应环境的变化。

第八节 蛋白质的生物学功能

生物体是由多种复杂成分组成的。其中有许多的有机分子、金属、非金属离子,也有各种各样的生物大分子,如多糖、脂质、蛋白质、核酸和生物膜。但是蛋白质和核酸的作用最重要。蛋白质在生物体的生命活动中起着重要作用。生物体内的蛋白质种类极其繁多,分布极其广泛,所担负的任务也是多种多样的。据人类基因组研究估计,人类共有 2 万~2.5 万个基因,这些基因能编码 10 万种蛋白质。现将蛋白质在生物过程中所起的作用简略地叙述如下:

一、酶 的 催 化

构成生物体新陈代谢的几乎所有化学反应都是由具有催化功能的蛋白质——酶所催化。这些反应有的较简单,有的很复杂。例如,肌球蛋白具有三磷腺苷酶(ATPase)的作用,能分解 ATP,产生 ADP 和无机磷(Pi):

$$ATP+H_2O \xrightarrow{ATP\ 酶} ADP+Pi$$

与此同时,ATP 的高能磷酸键还能产生能量。当肌肉收缩时,肌球蛋白与肌动蛋白相互作用,将化学能转变成机械力,使肌肉收缩。因此,肌球蛋白也可称为化学机械酶(chemomechanical enzyme),现在也称马达蛋白(motor protein)。几乎所有的酶都表现出巨大的催化能力,它们可把反应速率提高 100 万倍。没有酶的催化作用,化学转化在活体中是十分困难的。因此,可以说,蛋白质扮演了一个惟一能决定生物体系中化学转化模式的角色。

二、机 械 支 持

蛋白质在生物体中起着机械支持作用。例如,皮肤和骨骼的高抗张强度,是基于称为胶原的一种纤维状蛋白质在生物体所起的机械支持作用。在所有真核细胞中都存在细胞骨架,它是由肌动蛋白组成的微丝、由微管蛋白组成的微管和由角蛋白组成的中间纤维构成的网状结构,使细胞具有一定的形状和结构。

三、运 输 和 储 存

很多小分子和离子是由专一蛋白质来运载和储存物质的。例如,血红蛋白在红细胞中运输氧,而铁蛋白作为复合体将铁储存起来。现已证明,在神经细胞中一些营养物质包装在囊泡中,靠一种称为动力蛋白(dynein)的蛋白质沿着微管运送到远处。

四、协 调 动 作

在一些生命活动中,两种或几种蛋白质协调作用,完成某种生物活动功能。例如,肌肉的收缩是通过两类蛋白质组成的肌丝(粗肌丝和细肌丝)的滑动来完成的。此外,有丝分裂中染色体的运动以及精子鞭毛的运动等,是由蛋白质组成的微管产生的运动来实现的。

五、免 疫 保 护

抗体是高度专一的蛋白质,能识别抗原、病毒、细菌以及其他有机体的细胞异物,并与之结合,从而在区别自身和非自身方面起着重要的作用。

六、生 长 和 分 化 的 控 制

遗传信息的受控和按顺序的表达,对细胞有序生长和分化十分重要,因为细胞的基因组中每次只有少部分基因表达。在细菌中,参与基因表达调控的阻遏蛋白质是使细胞的 DNA中某些特殊基因不表达的重要调制组分。

七、神经冲动的产生和传递

神经细胞对特定刺激的反应是由受体蛋白传递的。例如,在突触处,神经冲动信号的传递是通过神经递质触发突触后膜上的受体蛋白质来实现的。

八、细胞内信号转导

生物体能够对外界刺激做出反应归因于蛋白质的生物学作用。生物感受到外界的信号如光、气味、激素、神经递质和生长因子之后,即与细胞表面的受体结合成复合物,随后受体又与 G 蛋白相互作用,使 G 蛋白的 α、β 和 γ 亚基解离,然后 G 蛋白又与细胞内的效应物如酶、信号蛋白和离子通道等相互作用,从而使细胞做出各种反应。因此,蛋白质在参与细胞内信号转导中有重要作用。

九、跨　膜　运　输

细胞从外界吸收的各种离子(如 Ca^{2+},K^+)和水分子都是通过细胞膜上的离子通道,进行跨膜运输的。现已证明,离子通道和水通道都是由蛋白质组成的。

十、电　子　传　递

有些蛋白质能进行电子的传递,简单的如铁氧化蛋白能传递电子,复杂的如线粒体上的呼吸链及能进行光合作用的叶绿体上的光合链。在呼吸链上和光合链上有很多电子传递蛋白,如细胞色素 a、b、c 等能传递电子,从而实现某种生物学功能。

（王廷华　闵晓黎）

参 考 文 献

阎隆飞,孙之荣.1999.生物大分子结构和功能.北京:清华大学出版社
周爱儒.2000.生物化学.第 5 版.北京:人民卫生出版社

第四章　蛋白质分离纯化的基本理论

蛋白质由氨基酸组成,其理化性质必然与氨基酸相同或相关,诸如两性电离及等电点,紫外吸收性质,呈色反应等。无论蛋白质还是其他生物大分子物质,具有胶体性质、沉淀、变性和凝固等特点。根据蛋白质的这些理化特性,采用盐析、透析、电泳、层析及超速离心等,均可对蛋白质进行分离纯化。本章介绍蛋白质分离纯化基本理论。

第一节　蛋白质的理化性质

一、蛋白质的两性电离

蛋白质分子除了两端的氨基和羧基可以解离外,侧链中某些基团在一定的溶液 pH 条件下都可解离成带负电荷或正电荷的基团。当蛋白质溶液处于某一 pH 时,蛋白质解离成正、负离子的趋势相等,即成为兼性离子,净电荷为零,此时溶液的 pH 称为蛋白质的等电点(pI)。当蛋白质溶液的 pH 大于等电点时,该蛋白质带负电荷,反之则带正电荷。

蛋白质的阳离子　　　　　蛋白质的兼性离子　　　　　蛋白质的阴离子

体内各种蛋白质的等电点不同,但大多数接近于 pH 5.0。所以在人体体液 pH 7.4 的情况下,大多数蛋白质解离成阴离子带负电。少数蛋白质含碱性氨基酸较多,其等电点偏于碱性,被称为碱性蛋白质,如鱼精蛋白、神经营养因子和组蛋白等。也有少量蛋白质含酸性氨基酸较多,其等电点偏酸性,被称为酸性蛋白质,如胃蛋白酶和丝蛋白等。

二、蛋白质的胶体性质

蛋白质是高分子物质,其相对分子质量一般从一万到几百万。蛋白质在溶液中形成的颗粒直径为 1~100nm,属于胶体颗粒的范围,所以蛋白质是胶体物质,溶液是亲水胶体溶液。蛋白质形成亲水性胶体溶液的稳定因素,主要是分子表面的水化层和电荷层。在蛋白质表面有不少的亲水基团,能与水发生水合作用。水分子受蛋白质极性基团的影响,定向排列在蛋白质分子的周围,形成水化层,将蛋白质颗粒分开,不致相聚而沉淀。蛋白质在偏离等电点的溶液中,形成电荷层,同性电荷相斥,防止蛋白质颗粒相聚沉淀。因此,蛋白质的水溶液是稳定的亲水胶体溶液。如果破坏水化层和电荷层,蛋白质则因分子间引力聚积而沉淀。

蛋白质溶液具有胶体溶液的性质,如溶液扩散慢,黏度大,不能透过半透膜。蛋白质的胶体性质是某些蛋白质分离纯化方法的基础。最简单的纯化蛋白质方法是将蛋白质放入半透膜内,小分子物质可透过半透膜,蛋白质分子则保留在半透膜内,这种方法称透析法。利用透析法可除去蛋白质溶液中的无机盐等小分子物质。蛋白质分子不易透过半透膜的性质,决定了它在维持生物体内的体液平衡中起重要作用。

三、蛋白质的变性、沉淀和凝固

蛋白质的结构决定了它的性质和功能,在某些物理或化学因素的作用下,使蛋白质的空间构象破坏(但不包括肽链的断裂等一级结构变化),导致蛋白质若干理化性质、生物学性质的改变,这种现象称为蛋白质变性(denaturation)。

使蛋白质变性的因素很多,如高温、高压、紫外线、X 线照射、超声波、剧烈震荡与搅拌等物理因素;强酸、强碱、重金属盐、有机溶剂、浓尿素和十二烷基硫酸钠(SDS)等化学因素。这些理化因素都可使蛋白质变性,球状蛋白质变性后的明显改变是溶解度降低。本来在等电点时,能溶于水的蛋白质经过变性就不再溶于原来的水溶液。蛋白质变性后,其理化性质的改变,如结晶体消失、黏度增加、呈色性增加和易被蛋白水解酶水解等与蛋白质的空间结构破坏、结构松散、分子伸长、分子的不对称性增加以及氨基酸残基侧链外露等密切相关。结构的破坏必然导致生物学功能的丧失,如酶失去催化活性;激素不能调节代谢反应;抗体不能与抗原结合等。但生物学活性的丧失并不一定完全是变性的结果,如蛋白质肽链水解断裂,去除辅基和应用抑制剂,均可导致蛋白质失活。

大多数蛋白质变性时其空间结构破坏严重,不能恢复,称为不可逆变性。但有些蛋白质在变性后,除去变性因素仍可恢复其活性,称为可逆变性。例如,核糖核酸酶经尿素和 β 巯基乙醇作用变性后,再透析去除尿素和 β 巯基乙醇,又可恢复其酶活性。又如,被强碱变性的胃蛋白酶也可在一定条件下恢复其酶活性;被稀盐酸变性的血红蛋白,也可在弱碱溶液里变回天然血红蛋白。但在 100℃ 变性的胃蛋白酶和血红蛋白就不能恢复活性。若蛋白质变性程度较轻,去除变性因素后,有些蛋白质仍可恢复或部分恢复其原有的构象和功能,称为复性(renaturation)。

蛋白质变性后,疏水侧链暴露在外,肽链融合相互缠绕,继而聚集,因而从溶液中析出,这一现象称蛋白质沉淀。变性的蛋白质易于沉淀,有时蛋白质发生沉淀,但并不变性。

蛋白质被强酸或强碱变性后,仍能溶于强酸或强碱溶液中,若将此强酸或强碱溶液的 pH 调至等电点,则变性蛋白质立即结成絮状的不溶解物,这种现象称为变性蛋白质的结絮作用(flocculation),结絮作用所生成的絮状物仍能再溶于强酸或强碱中。如再加热,则絮状物变为比较坚固的凝块,此凝块不易再溶于强酸或强碱中,这种现象称为蛋白质凝固(protein coagulation)。鸡蛋煮熟后本来流动的蛋清变成固体状;豆浆中加少量氯化镁即可变成豆腐,这都是蛋白质凝固的典型例子。蛋白质变性后结构松散,长肽链状似乱麻,或互相缠绕,或互相穿插,扭成一团、结成一块,不能恢复其原来的结构,即是凝固。可以说凝固是蛋白质变性后进一步发展的一种结果。

四、蛋白质的紫外吸收

由于蛋白质分子中含有共轭双键的酪氨酸和色氨酸,因此,在280nm波长处有特征性吸收峰。在此波长范围内,蛋白质的 A_{280} 值与其浓度呈正比关系,因此,可做蛋白质定量测定。

五、蛋白质的呈色反应

(一) 茚三酮反应

蛋白质经水解后产生的氨基酸可发生茚三酮反应(ninhydrin reaction)。茚三酮水合物被还原,其还原物可与氨基酸加热分解产生的氨结合,再与另一分子茚三酮缩合成为蓝紫色的化合物。

(二) 双缩脲反应

蛋白质和多肽分子中肽键在稀碱溶液中与硫酸铜共热,呈现紫色或红色,称为双缩脲反应(biuret reaction)。用尿素直接加热时,放出氨,产生双缩脲。

$$2H_2N-\overset{\overset{O}{\|}}{C}-NH_2 \xrightarrow{加热} H_2N-\overset{\overset{O}{\|}}{C}-\underset{\underset{H}{}}{N}-\overset{\overset{O}{\|}}{C}-NH_2 + NH_3$$

尿素 　　　　　双缩脲 　　　氨

蛋白质和多肽中均有肽键,故它们都具有这一呈色反应,因为氨基酸无此反应,当蛋白质溶液中蛋白质的水解不断加强时,氨基酸浓度上升,其双缩脲呈色的深度就逐渐下降,因此,双缩脲反应可检测蛋白质的水解程度。

第二节　利用溶解度差别分离蛋白质的方法

蛋白质在水中的溶解度及其稳定程度,取决于蛋白质分子的解离状况、离子基团带电荷的性质及其水合程度。凡是能够影响蛋白质分子的带电性质和水合程度的因素,均能改变其溶解度,如溶液的pH、溶剂的极性、溶液中存在的蛋白质沉淀剂及其盐离子的浓度。

一、溶液pH的影响

蛋白质分子是两性电解质,在不同的pH中,各解离基团解离的程度不同,可能显示带正电、负电或电中性状况,当溶液的pH与蛋白质的等电点相同时,蛋白质分子呈现出电中性,分子间无排斥力,易于积聚和沉淀,蛋白质的溶解度最小;溶液的pH高于等电点,蛋白质分子带负电;反之,低于等电点,则带正电。带同种电荷的蛋白质分子间存在排斥力,不易积聚和沉淀。因此,溶液的 pH 可以通过影响蛋白质分子的解离状态,即带电状况而改变其溶解度。

不同的蛋白质由不同的氨基酸组成,因此,其等电点也不同。利用蛋白质这一特性,可以通过改变溶液的 pH,使要分离的蛋白质大部或全部沉淀下来,而其他蛋白质仍留在溶液中,达到粗分蛋白质组分的目的。这样分离的蛋白质仍能保持其天然的生物学活性。

二、某些蛋白质沉淀剂的作用

有些离子型的表面活性剂,可以通过改变蛋白质带电性质使其沉淀下来。如鱼精蛋白、硫酸链霉素、丹宁酸、依沙吖啶(利凡诺)等是多价阳离子物质,能中和蛋白质分子上大部分的阴离子,并和蛋白质形成复合物而共同沉淀下来。

还有一些水溶性的非离子型聚合物也可以使蛋白质沉淀。这类物质包括葡聚糖硫酸钠、聚乙二醇(PEG)等,它们使蛋白质沉淀的原理目前还不太清楚。

三、溶液中盐离子浓度的影响

盐离子对蛋白质溶解度的影响随其浓度不同而不同。在低盐浓度的蛋白质溶液中,由于静电作用,使蛋白质分子外围聚集了一些带相反电荷的离子,从而加强了蛋白质和水的作用,减弱了蛋白质分子间的作用力,故增加了蛋白质的溶解度。这种由于加入中性盐而使蛋白质溶解度增加的现象称为盐溶作用。但随着盐浓度增加,盐离子可与蛋白质离子竞争溶液中的水分子,从而降低了蛋白质分子的水合程度。失去水化层的裸露的蛋白质分子易于积聚而沉淀,此现象称为盐析。不同的蛋白质分子发生盐析所要求的盐离子的浓度不同,因此,可以通过在蛋白质溶液中加入不同量的中性盐,使要分离的蛋白质与杂质分离开来。

硫酸铵本身在水溶液中的溶解度大,而且受温度的影响小,所以常作盐析的中性盐。实际应用中,多采用硫酸铵的百分比浓度,即其饱和浓度的百分数来表示,应用起来比较方便。

实际操作过程中,可以试用硫酸铵分级沉淀法,以确定所要分离的蛋白质存在于硫酸铵的哪个百分比浓度段。先用某段的低盐浓度将先行沉淀的杂蛋白去掉,再将盐浓度调到该段高浓度处,使欲分离的蛋白质沉淀出来。这种盐析方法是纯化蛋白质最初步骤中有效的手段。和蛋白质一起盐析出来的中性盐可以用透析或凝胶过滤的方法除去。

四、溶剂极性的影响

溶剂的极性对蛋白质溶解度的影响包含两方面内容:一是加入能与水混溶的有机溶剂,减少了水和蛋白质间的作用力,使蛋白质脱水;二是有机溶剂的加入降低了溶液的介电常数,在低介电常数环境中,增强了蛋白质分子间的作用力,使蛋白质分子易于凝集沉淀。加入有机溶剂沉淀蛋白质是粗提蛋白质常用的方法之一,但应用时一定要注意控制温度,因温度较高时蛋白质分子易变性。

五、温度的影响

温度对蛋白质溶解度的影响,随蛋白质分子的种类不同而异。一般情况下,蛋白质的溶解度随温度的升高而增加。但也并不完全如此,当温度升高到一定程度时,再升高则可能导致蛋白质的热变性。变性的蛋白质溶解度变小,并从溶液中沉淀出来。所以除耐热蛋白质可在常温下分离纯化外,大多数蛋白质的分离纯化均应在4℃左右进行。

第三节　利用分子大小不同的分离纯化方法

蛋白质分子为高分子化合物,由于其种类数以万计,故其分子结构、空间构型差别亦很大。据此可设计一些分离纯化的方法。

一、透　　析

透析是利用蛋白质分子比较大,不能穿过半透膜的性质设计的。半透膜具有不同的膜孔,对通过的分子大小有一定选择性。半透膜一般采用赛璐璐和赛璐酚等材料做成的透析袋,透析袋使用前要处理,以消除附着的重金属、蛋白水解酶和核酸酶。处理时,将透析袋放入0.5mol/L 的 EDTA 溶液中煮0.5h,弃去溶液,换上水,再煮几次,储存在含0.01% 的 NaN₃水中(4℃)。使用时,只能用镊子或戴手套操作。

在透析过程中,大分子的蛋白质不能通过半透膜而滞留在透析袋内。小分子的物质可以自由进出透析袋,直到它在透析袋内外的浓度相同,即达到平衡。此时,需更换透析液再透析,如此反复多次,以使小分子物质被较完全地去除。透析过程中可测定透析外液中某种小分子物质的浓度,以检查透析结果。采用硫酸铵分级沉淀蛋白后,需用透析法除去蛋白液中的硫酸铵,此时可用氯化钡(BaCl₂)溶液检查透析外液,若透析较完全,则加入 BaCl₂ 溶液后无任何变化,否则会有白色沉淀产生。

为保持蛋白质在透析过程中的稳定性,透析液不选用水而选用一定 pH 的缓冲液,温度应保持在4℃。透析过程是个较慢的扩散过程,所以比较耗时,至少要10h,甚至几天。为缩短透析时间,透析液要不断地搅拌并且勤换。

利用透析袋还可浓缩蛋白质稀溶液。浓缩蛋白质稀溶液时透析液采用高浓度的高分子惰性物质(如 PEG4000 等)。此时由于膜内蛋白质溶液稀,膜外高分子惰性物质浓度高,造成横跨膜浓度梯度所形成的作用力,不仅使一部分小分子物质穿出透析膜,同时也使一部分水分子从膜内流向膜外,离开了蛋白质溶液,而膜外的大分子物质则不能穿过透析膜,因而浓缩了蛋白质溶液。

二、超　过　滤

超过滤亦称微过滤,其原理是利用压力使样品溶液通过半透膜,滤过水和其他小分子溶质,使大分子的蛋白质等留在膜内,从而达到浓缩蛋白质的目的。

三、离 心 分 离

该技术根据物质不同的分子、大小、形状和质量,在离心场中表现出不同的行为而达到相互分离的目的。利用离心机分离物质主要采用两种方式:一是沉降速度法;二是沉降平衡法。

沉降速度法主要用于分离沉降系数不同的物质,这种方法采用差速离心,即逐步分级加大离心力。开始在一个较低的速度下离心,使其沉降系数大的物质沉淀,其他物质仍保留在溶液中。取上清在更大的离心场中再离心,又会获得一些沉淀物质,如此反复多次,便可使混合物逐级被分开。

沉降平衡法用于分离密度不同的物质。首先,在离心管中造成一个密度环境(单一密度、连续密度或梯度密度),使介质的最大密度大于分离物的最大密度。而后加入待分离物,在离心力的作用下,当分离物的密度与介质密度相等时,分离物即停留在与其密度相同的区域,从而达到分离目的。为了使分离物完全达到它们的平衡常数,要求离心的时间应足够长,常用于形成密度介质的物质有氯化铯、蔗糖和甘油等。

第四节　电泳技术

电泳是指在外界电场的作用下,带电的物质向其所带电荷的相反电极方向移动。各种物质由于所带净电荷的种类和数量不同,因而在电场中的迁移方向和速度不同。电泳技术主要用于物质性质的研究、种类的鉴定、分离纯化、纯度分析等,已成为生物化学、分子生物学、医学、药学、农业、食品、卫生和环保等领域不可缺少的重要工具。

一、影响蛋白质电泳迁移率的因素

(一)缓冲液

缓冲液应选用使分离的蛋白质稳定,而且不与其发生反应的体系。缓冲液的 pH 直接影响蛋白质分子的解离和带电性质及状态,因而会影响迁移率和分离效果。缓冲液的离子强度,一般以 0.05~0.1mol/L 浓度为宜。离子强度低,产热少,电泳快,区带明显扩散;离子强度高,区带尖锐,泳动距离短,产热多。

(二)电场

电场中因施加的端电压不同,分为常压和高压电泳。常压电泳一般在 500V 以下,电势梯度为 10~20V/cm。高压电泳一般在 500V 以上,电势梯度为 20~200V/cm。高压电泳会产生大量热,所以,高压电泳仪有配套的冷却装置和安全防护装置。

（三）支持介质

支持介质解决了样品扩散问题。支持介质种类很多，对电泳行为的影响各异。一般选用惰性材料，并不影响蛋白质在电场中的迁移率。但有的支持介质仍对样品有吸附和滞留作用，如纸电泳，这会造成分离物的拖尾现象，影响分辨率。

有的支持介质具有电渗作用。所谓电渗，即一种液体相对于带电的支持物的移动现象。一般是支持物内存在某些可解离的基团所致。如纸电泳中的纸带有负电荷，因静电感应效应，使与纸接触的一层溶液带正电荷而向负极移动，同时带动溶液中的蛋白质向负极移动，从而加速了电泳中阳离子的泳动速度，降低了阴离子的泳动速度，甚至改变了某些阴离子的泳动方向。电渗作用影响较大的有纸电泳、淀粉胶电泳和毛细管电泳等。

有的支持介质具有分子筛作用，如淀粉胶、琼脂糖凝胶及聚丙烯酰胺凝胶。可根据待分离蛋白质的分子大小，采用不同的交联度以形成孔径不同的凝胶而将待检测蛋白质分离。粒子在这种凝胶中电泳时，迁移率不仅与其带电性质有关，而且和它们的分子大小有关。分子大的粒子在移动时，受到的阻力大，迁移速度慢。

二、电泳的类型

按载体介质划分：无介质的自由溶液电泳；有支持介质的电泳（纸电泳、薄层电泳（乙酸纤维素薄层电泳）、淀粉胶电泳、聚丙烯酰胺凝胶电泳）

按支持物形状划分：U形质管电泳、柱状电泳、板状电泳（垂直板、水平板）、毛细管电泳

按原理划分：等速电泳、免疫电泳、等电聚焦电泳

按分离规模划分：分析型电泳（微量）、制备型电泳（大量）

按电泳形式划分：单相电泳、双相电泳、电泳和层析相结合

按电压大小划分：常压电泳、高压电泳

三、聚丙烯酰胺凝胶电泳

聚丙烯酰胺凝胶电泳(polyacrylamide gel electrophoresis,PAGE)具有较高的分辨力和灵敏性,因而被广泛应用于蛋白质的分离和分析。然而,凝胶电泳目前仍是一项手工操作烦琐的技术。操作者如能对电泳原理、聚胶过程以及影响电泳的一些因素多加了解,将有助于顺利完成有关实验,获得分离效果和重复性好的电泳结果。

聚丙烯酰胺凝胶是由丙烯酰胺(Acr)和甲叉双丙烯酰胺(Bis)共聚合形成的。此聚合过程是由四甲基乙二胺(tetramethylethylenediamine,TEMED)和过硫酸铵激发的,即过硫酸铵在水溶液中形成一个过硫酸自由基,然后此自由基再激活 TEMED。随后,TEMED 作为一个电子载体提供一个未配对电子,将丙烯酰胺单体转化成一个自由基从而使其自身被激活,被激活的单体和未被激活的单体反应开始了多聚链的延伸,正在延伸的多聚链也可以随机地通过 Bis 的作用进行交叉互联成为网状结构,最终多聚合成凝胶状,而其孔径大小等特征由聚合条件及单体浓度决定。凝胶的孔径可以在一较宽范围内变化以适合不同的分离需要,改变凝胶或缓冲液的某些组成成分,就可以按照不同的分离机制进行分离。如分别根据蛋白质的电荷、大小或质荷比特性进行等电聚焦、SDS-PAGE 及酸性或碱性凝胶电泳等。

维生素 B_2(核黄素)也可以作为产生自由基的起始物,有时也将它和过硫酸铵混合在一起使用,维生素 B_2 激活聚合反应需要光和氧气的存在,因此,称为光-化学聚合。

四、蛋白质等电聚焦

蛋白质等电聚焦(isoelectric focusing,IEF)技术在 20 世纪 60 年代后才得到迅速发展和推广应用,现在它已成为一种被广泛采用的蛋白质分析和制备技术。与常规电泳不同之处是:在 IEF 时,蛋白质分子是在含有载体两性电解质形成的一个连续而稳定的线性 pH 梯度中进行电泳。通常使用的载体两性电解质是脂肪族多氨基多羧酸(或磺酸型,或羧酸磺酸混合型),其在电泳中形成的 pH 范围有 3~10、4~6、5~7、6~8、7~9 和 8~10 等可应用于大多数蛋白质等电点(pI)的范围。由于蛋白质是由不同的 L-α-氨基酸以不同数量和比例按一定顺序排列组成,而氨基酸中的氨基和羧基都是可解离的基团,因此,蛋白质可以形成两性离子。蛋白质所带的净电荷是其组成各氨基酸残基上所有正负电荷的总和,所以蛋白质等电点是一个常数。

IEF 电泳时,形成正极为酸性、负极为碱性的 pH 梯度。当将某种蛋白质(或多种蛋白质)样品置于负极端时,因 pH>pI,蛋白质分子带负电,电泳时向正极移动;在移动过程中,由于 pH 逐渐下降,蛋白质分子所带的负电荷量逐渐减少,蛋白质分子移动速度也随之变慢;当移动到 pH=pI 时,蛋白质所带的净电荷为零,蛋白质即停止移动。当蛋白质样品置于阳极端时,也会得到同样的结果。因此,在进行 IEF 时可以将样品置于任何位置。多种不同氨基酸的蛋白质在 IEF 电泳结束后,会分别聚集于相应的等电点位置,形成很窄的一个区带。IEF 不仅能获得不同种类蛋白质的分离和纯化效果,同时也能得到蛋白质的浓缩效果。在

IEF 中蛋白质区带的位置,是由电泳 pH 梯度的分布和蛋白质的 pI 所决定的,而与蛋白质分子的大小和形状无关。一般蛋白质等电点分辨率可达 0.01pH 单位。

五、双相凝胶电泳

1975 年,O' Farrell 首先建立了等电聚焦/SDS 聚丙烯酰胺双相凝胶电泳(IEF/SDS-PAGE)分离和分析生物大分子蛋白组分的技术。双相凝胶电泳的分离系统充分应用了蛋白质的两个特征和不同的分离原理。第一相是根据不同蛋白质带电荷量的特性,用等电点(pI)聚焦技术分离蛋白质;第二相是根据不同蛋白质分子质量大小的特性,通过蛋白质与 SDS 形成复合物后,在聚丙烯酰胺凝胶电泳时按分子大小达到分离蛋白质的目的。

SDS 是一种阴离子去垢剂,它能破坏蛋白质分子间的共价键,使蛋白质变性而改变原有的构象。特别是在强还原剂 β-巯基乙醇存在的情况下,由于蛋白质分子内的二硫键已被还原,打开不易再氧化,这就保证了蛋白质分子与 SDS 的充分结合,从而形成带负电荷的蛋白质-SDS 复合物。已有实验证明,当 SDS 单体浓度大于 1mmol/L 时,对于多数蛋白质来说,平均每克蛋白质可结合 1.4g SDS。蛋白质分子与 SDS 结合的复合物,所带的 SDS 负电荷大大超过了蛋白质分子原有带电量,因而也就掩盖了不同种类蛋白质分子之间原有的电荷差异。蛋白质-SDS 复合物的流体力学和光学性质表明,它在水溶液中的形状类似于椭圆棒。不同蛋白质-SDS 复合物,其随圆棒的短轴长度是恒定的,约为 18Å;而长轴的长度则与蛋白质的分子质量大小成正比变化。蛋白质-SDS 复合物在 SDS-聚丙烯酰胺凝胶系统中的电泳迁移率便不再受蛋白质原有电荷和形状等因素的影响,而主要取决于椭圆棒长度即分子质量大小这一因素。因此,SDS 聚丙烯酰胺凝胶电泳是进行不同蛋白质组分的分离和蛋白质分子质量测定的可靠技术。

第一相等电聚焦电泳系统内含有高浓度的脲和非离子型去垢剂 NP-40,而且溶解蛋白质样品的溶液除含有脲和 NP-40 外,还含有二硫苏糖醇——其作用使蛋白质分子内部的二硫键破坏,达到充分变性。而且这些试剂不带有电荷,不会影响蛋白质的原有电荷量和等电点,有利于第二相中蛋白质变性后的肽链与 SDS 结合。第一相一般都采用盘状等电聚焦电泳。电泳结束后带有蛋白质的凝胶从玻璃管中脱出后,必须经过第二相 SDS 电泳分离系统的溶液平衡。所用平衡液为含有 β-巯基乙醇和 SDS 的第二相浓缩胶缓冲液,β-巯基乙醇能使蛋白质分子中的二硫键保持还原状态,有利于 SDS 与蛋白质的充分结合。一般振荡平衡 30min,使等电聚焦凝胶中的两性电解质和高浓度的脲扩散出胶,并为第二相浓缩胶缓冲液所平衡。

IEF/SDS-PAGE 是当前分子生物学研究领域中常用的技术,它对于生物大分子蛋白质的分离和分析有很好的应用前景。随着该技术的不断改进和发展,应用范围更加广泛。聚丙烯酰胺双相凝胶电泳结合放射性核素标记蛋白质技术可辨认出细胞中 1000 余个多肽,并且可探测到细胞内 0.001% 或更微量的总蛋白。这一方法已广泛应用于检测真核细胞和原核细胞中许多类型的蛋白质。

六、毛细管电泳

Tiselius 将电泳发展成为一种分离蛋白质的方法,并在 1937 年获得诺贝尔奖。他当时的电泳是液相界面移动电泳,而后发展有多种支撑介质的电泳,如纸电泳、琼脂电泳、淀粉电泳和各种凝胶电泳。

20 世纪 80 年代有很多科学家致力于发展微量的、没有支撑介质的液相毛细管电泳。自 1989 年商品化毛细管电泳仪问世后,毛细管电泳的应用研究更是日新月异。开始主要用于蛋白质和多肽分析方面,后来在核酸、糖、维生素、药品检验、无机离子和环保等多个领域有了更为广泛的应用,并与高效液相色谱技术一起成为蛋白质分析方法中互补的技术。

(一) 毛细管电泳

所谓毛细管电泳是在内径为 $25 \sim 100\mu m$ 的石英毛细管中进行电泳。毛细管中填充了缓冲液或凝胶。与平板凝胶电泳相比,毛细管电泳可以减少焦耳热的产生。这主要是由于毛细管内径细,表面积与体积比大,易于扩散热量。另外,电泳时电阻相对大,即使选用较高电压(可高至 30kV)仍可维持较小的电流。毛细管电泳通常在高电场下进行,可以缩短分析时间并且提高分辨率。

(二) 毛细管电泳仪

目前,生产毛细管电泳仪的厂商不下数十家,其基本结构都是由毛细管、高压电源、电极和电极液、在线检测器、恒温装置、样品盘、数据收集和处理系统等组成。

毛细管是由熔融石英(fused silica)制成的,内径通常为 $25 \sim 75\mu m$,外径为 $350 \sim 400\mu m$,在其外壁涂有一层聚亚胺(polyinide)保护层,使得毛细管有一定柔性不易折断。在检测窗口需将这层保护材料去除,但去除保护层的毛细管非常脆弱,容易折断,操作时要格外小心。

毛细管电泳仪的高压装置一般可允许电压高至 30kV,最大电流为 $200 \sim 300mA$,并且可改变其正、负极方向。

在电泳过程中,毛细管两端及电极插至电极液中,此电极液通常与管中的缓冲液一致。正、负两电极连接至高电压装置。进样时样品盘移动,使毛细管的进样端准确插入样品管中,给予一定电场或压力后,样品被吸入毛细管内,然后再将毛细管放置电极液中开始电泳。

常用的检测方式是紫外-可见光吸收。检测器位于距样品盘约毛细管总长的 2/3 ~ 4/5 处,对于毛细管壁内部进行光聚焦。此外,激光诱导荧光、化学发光和质谱等检测方法也被应用于毛细管电泳。

虽然毛细管的内径很细,有助于散热,但是由于 1℃ 的温度变化会引起缓冲液黏度 2% ~ 3% 的差异,因此,仍需借助有效的散热装置,如简单的风扇及含有制冷液体的冷却系统。理论上讲液体冷却的效果更好,但如果空气流动速度达到 10m/s 时,也足以能够将电泳产生的热量散去,使毛细管周围的温度调节至 ±0.1℃ 的差异之内。

（三）电渗

在水性条件下,大多数固体表面都带有多余(额外)的负电荷,这可能是由于酸-碱平衡造成的离子化和(或)固体表面吸附了离子基团。构成毛细管的熔融石英由硅醇(—SiOH)组成,它在水溶液中以—SiO—形式存在(—SiOH 的解离系数约为 pH 1.5)。

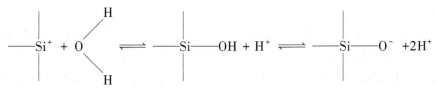

为了维持电荷平衡,溶液中的正离子吸附至石英表面形成双电子层,当在毛细管两端施加了电压后这一层正离子趋向负极移动,并带动毛细管中的溶液以液流(bulk solution)的形式移向负极,这一现象称为电渗(electroosmosis)或电渗流(electroendosmotic flow),简称为 EOF。由于毛细管的表面积与体积比较大,且电泳时使用高压,电渗流在毛细管电泳中常常起着不可忽视的作用。电渗作用特点之一是液体沿着毛细管壁均匀流动,因而其前沿是平头的,不同于高效液相色谱中泵推动的液体流动呈圆弧状。另一特点是电渗使得携带不同电荷的分子朝一个方向移动,且不带电荷的中性分子也能随着电渗流一起移动。

电渗的上述两个优点在毛细管电泳分离中起着有益的作用,但是,在实验中有时能够发现在选择过高 pH 缓冲液进行电泳时,电渗流太快以至不能将被分离的蛋白质分开;而选择过低 pH 缓冲液时,毛细管内壁的负电荷也能吸附被分析蛋白质中带正电荷的分子。测定电渗流的大小可采用中性标准物质,如二甲基亚砜(DMSO)、氧化甲基硅(mesityloxide)以及丙酮。

第五节 蛋白质化学中的层析技术

层析在生物化学中占有重要地位,它在各类蛋白质的分离和分析鉴定中起到不容忽视的作用。在许多化学方面的书刊中,“层析”这一词汇被称为“色谱”。电泳在生物化学中也是最常用的一种手段,其重要性可以和层析相当,两者各有所长,相辅相成。但是,要达到大量制备蛋白质的目的,电泳则有很多困难。例如,制备电泳需要大功率的电源,电流过大,散热是随之而来的一个一定要解决的问题。为此,要大量制备蛋白质时,往往首先想到的是层析。另外,层析技术可依据多种原理,其中也包括有对带电分子的离子交换层析。可以说,层析在某些方面可以代替电泳,而层析中的不少原理却是电泳所不能替代的。

一、层析的分类

常见的层析可做如下的分类:

1. 吸附层析

(1) 离子交换层析:层析聚焦和巯基交换层析。

(2) 亲和层析:免疫亲和层析、凝集素亲和层析和染料结合层析。

（3）疏水层析。

（4）配位螯合层析：金属螯合层析和组氨酸配基层析。

2. 分配层析

3. 凝胶过滤层析

上述最大的一类是吸附层析,是以某种分子间的作用力使样品吸附到固定化配体上。离子交换层析是以分子间的静电力为吸附的基础;疏水层析的基础是配体和样品间的疏水作用;螯合层析是通过金属的配位键来完成的。分配层析可看成是连续的萃取过程,但是起到分配作用的互不相溶的两种有机溶剂,有一种已被涂在某种载体上,因此,从形式上看与吸附层析相似,但本质上不是吸附,而是分配。只有凝胶过滤是以固定相对流动着的样品的排阻作用为依据,因此,与以上各种层析有着本质上的不同,但与分配层析也有类似之处,这就是把凝胶过滤看成是样品分子按照大小在一些基质颗粒内外的分配。

二、吸 附 层 析

吸附层析是最早使用的一种层析方法,其基本原理是依据不同物质在同一吸附剂上的吸附能力的不同来进行分离。这种吸附作用的本质,很可能是基质和样品间的非专一的偶极与偶极间的作用。将样品放入层析基质后,经展开,吸附能力差的蛋白质迁移得快,而吸附能力强的蛋白质移动得慢,从而可使一个混合物中的几种蛋白质按其吸附性的差异被彼此分开。最早的层析起源于有机色素——胡萝卜素等的分离。当时使用的是吸附层析。目前,常用的吸附剂有硅胶和磷酸钙凝胶,此外,还有活性炭、皂土和滑石粉等。

吸附层析可以是薄层层析,也可以是柱层析。硅胶通常是用于薄层层析,可将不同颗粒度的硅胶用水调成糊状铺于玻璃板上,而后高温烘干,与此同时硅胶被活化。当前,硅胶主要是用于疏水性物质的分离,例如,固醇类激素和糖脂等。在蛋白质化学中很少使用,但可以用于小分子多肽的分离和分析。目前,已有商品化的高效薄层层析(HPTLC)板,所用的硅胶是非常细的颗粒。硅胶也可用于柱层析。磷酸钙凝胶与硅胶相反,基本上只用于柱层析,而且主要用于蛋白质等大分子的分离,对某些酶类的分离呈现很好的效果。

吸附层析常用于浓缩样品。一些浓度很稀的样品,在特定的条件下吸附在层析柱上,而后突然地改变条件,将被吸附的样品一起从吸附柱上洗脱下来,这样所得的样品的浓度可以提高很多。

1. 离子交换层析　这是目前蛋白质化学中使用得最广的层析之一。其原理是利用物质的电荷和层析载体的电荷间的相互作用,进而达到分离纯化的目的。究其本质,也可归纳为吸附层析范畴,只是吸附作用来自离子间的静电作用。离子交换层析所用的基质被称为离子交换树脂。根据所用树脂的电荷性质,这类层析又可以分为阳离子交换层析和阴离子交换层析。根据树脂上可电离基团的解离度,它们又可分为强和弱的离子交换树脂。通常吸附在强离子交换树脂上的物质,要用较强的酸或碱洗脱。而多数蛋白质有生物活性,且对酸碱不太稳定,故对蛋白质来说较多地用弱离子交换树脂,一些较小和较稳定的分子,如氨基酸和小分子多肽等仍可用强离子交换树脂。当然在测定结构时,不用考虑活性,则可任意选用,能达到分离的目的即可。

在用离子交换树脂进行生物分子分离时,pH 是很重要的因素。对蛋白质或多肽类两性电解质而言,不同的 pH,所带的电荷不同。这样,不同的 pH 和不同的离子强度下,蛋白质或多肽在不同的离子交换树脂上的吸附程度也有不同。如果能选择适当的条件,将会对蛋白质的分离纯化起到事半功倍的效果。现以血浆中两个蛋白质的分离纯化为例:一是免疫球蛋白 G(IgG),它的等电点较高,故在较高 pH 和较低离子强度时,就不能吸附在阴离子交换树脂上。因此,用硫酸铵分级沉淀后,收集 0~40% 饱和度的沉淀,用 pH 8 左右的缓冲液(含约 50mmol/L 的 NaCl)溶解并透析,然后再用同样缓冲液平衡的 DEAE 离子交换树脂,结果只有 IgG 没有吸附,其他的蛋白质几乎全吸附在柱上。二是 α_1-酸性糖蛋白,它是一个等电点很低的蛋白质。因此,经硫酸铵分级沉淀后的血浆蛋白,将 40% 饱和度的上清液用 pH 4.0 缓冲液(含约 50mmol/L 的 NaCl)进行透析,接着上 DEAE 离子交换树脂,用 pH 4.0 含 50mmol/L NaCl 的缓冲液平衡,结果绝大多数蛋白质不吸附在柱上,仅 α_1-酸性糖蛋白吸附在柱上。提高溶液中的盐浓度进行洗脱,就能得到较纯的样品。

离子交换层析也有浓缩样品的作用。这种层析基本上是用于亲水物质的分离。离子交换层析所选用的树脂类型以及样品洗脱的条件,可以对样品的带电行为提供一些信息。再者离子交换树脂价格低廉,因此,广泛用于蛋白质等生物活性物质的制备。

另有一种层析聚焦技术(chromatofocusing)。有一类特殊的商品化离子交换树脂,Sigma 产品目录上称为聚缓冲液交换剂(poly buffer exchanger)。先用某一 pH 缓冲液平衡聚缓冲液交换剂,再用另一 pH 缓冲液平衡,就能在这种离子交换剂上建立一个 pH 梯度。上样以后,用一种具有 pH 梯度的聚缓冲液洗脱树脂时,被吸附样品中的蛋白质就能按照它们的等电点依次被洗脱。在这一过程中,同时产生聚焦作用,致使各蛋白质分级变得很窄,样品高度浓缩,整个分离过程也呈现出很高的分辨率。

根据离子交换层析的原理,目前也出现了另一些交换层析。例如,巯基交换层析。如果制备一种以活化巯基或游离巯基为配基的固定相,作为配基的活化巯基或游离巯基就可以与含有游离巯基的蛋白质发生反应,结合在层析柱上,其他没有游离巯基的分子就很容易被除去。最后,再用适当的条件断裂配基和分子间的二硫键,就能洗脱并回收到具有游离巯基的蛋白质。这个例子说明可以从离子交换层析中的非共价键扩展到巯基交换层析中的共价键。有机汞(如对氯汞苯甲酸等)也可专一地与巯基化合物反应,为此,以有机汞化物为配体的基质也可有效地分离含有游离巯基的蛋白质分子。

2. 亲和层析 这是一种以样品生物活性为依据的分离分析方法。生物分子的特点是有其专一的活性。例如,酶分子与底物或抑制剂的专一结合;抗原和抗体的结合;激素与其受体的结合;一些维生素和血浆中的运载蛋白质的结合;凝集素与糖类的结合;核酸和有关蛋白的结合等。如果能将上述例子中的诸多相互作用体系中的一方连接到基质上,使之固定化,就有可能分离纯化专一作用的另一方。如果将生物分子间的互补作用视为特殊的吸附作用,那么亲和层析也能归类到吸附层析中。

为了能有效地进行分离分析,在将配体和基质连接时,一定要保留配基的生物活性,也就是说使用的连接方法不能过分剧烈。同样道理,在样品被亲和在固定化配基后,所用的解吸条件也应尽可能的温和,以免样品或固定化配体失活。

亲和层析最大的特点是高效和简便。一旦固定化配体制备后,操作使用非常方便。通常只要在上样后洗去杂质,就可将所要的物质解吸下来,而且所得的物质已有较高的纯度。这样的方法可以从含量极低的原料中经一次亲和层析就能分离出所要的物质,产率也较高。以血浆中维生素 B_{12} 结合蛋白为例,这种结合蛋白在血浆中的含量仅 5/1000 万。如果应用常规的分离纯化方法,如盐析和离子交换层析或电泳等,即使能得到,其产率也很低。用固定化的维生素 B_{12},很容易就能纯化出这一结合蛋白。亲和层析的过程也是高度浓缩的过程。亲和层析还有另外两个优点,是其他的分离纯化方法所不能相比的。一是可以从样品中除去大量的杂质,产率较高地得到少量的物质;二是可以在活性物质中除去理化性质几乎完全相同的但已失活了的那些"杂质",这一点对提高酶或其他分子的比活特别有用。

　　在亲和层析中有三种具有较大通用性的技术。这就是免疫亲和层析、凝集素亲和层析和染料亲和层析。用蛋白质抗体耦联到载体所形成的免疫亲和柱可用于抗原蛋白的分离和纯化。凝集素是一大类能专一与糖类及糖复合物结合的蛋白质,固定化的凝集素则可用于糖蛋白的分离纯化。

　　3. 疏水层析　　生物体内存在着大量的水,因此,生物分子中几乎都同时具有亲水和疏水两重性。如果基质上接有疏水的基团,就可能在一定条件下和某些生物分子中的疏水部位相互作用,从而达到分离和纯化的目的。一般情况是高盐浓度下,使疏水物质吸附,而降低盐浓度,及用水可使疏水柱上吸着的样品解离。除了盐浓度外,pH、温度和去垢剂等,也能对疏水层析起作用。

　　疏水配体的种类很多,可以是直链的烷基,也可以是芳香族的苯环。目前,在广泛使用的反相高效液相色谱柱,例如,C-3、C-8 和 C-18 等从本质来看均属于疏水层析的类型。

　　4. 螯合层析　　在生物分子中那些亲水的部位也经常可以彼此形成氢键和其他配位键,螯合层析就是基于这个原理。在一些基质上接有亚氨基二乙酸等具有配位能力的分子,这样的介质就能螯合锌、铜和铁等离子,而这些离子的配位价还未饱和,为此,离子还可以与蛋白质等生物分子形成配位键。不同生物分子形成的配位键的强度各异,从而可起到分离纯化作用。这类层析不仅可以分离纯化转铁蛋白和铜盐蛋白等含有金属的蛋白质,也可分离不含金属的蛋白,例如, α_2-巨球蛋白。

三、分　配　层　析

　　分配层析的原理与萃取的原理相同,即一些物质在两种不相溶的液体中的溶解度不同,经多次萃取,可以分离出混合物中的某些成分。萃取是不连续的过程,采用逆流分溶过程可使萃取过程仪器化,而分配层析则是使萃取过程连续化。在实验时,先将一种溶剂系统涂在一种基质上,然后装柱,样品上柱后,用另一种溶剂系统展开,即可达到分离的目的。在有些场合下,吸附层析和分配层析非常的相似。

　　目前所用的层析中,最明确的可以认定的分配层析是气液层析(GLC)。与薄层层析相似,分配层析主要用于分离小分子化合物,在蛋白质化学中并不常用。

四、凝胶过滤层析

　　凝胶过滤层析也称为分子筛层析。这类层析的基本原理与吸附或交换无关,它的依据是多孔的载体对不同体积和不同形状的分子排阻能力的不同,从而对混合物进行分离。通常是分子质量大的分子在前,小分子在后;同样分子质量的分子,则是线状分子在前,球状分子在后。就这一点而言,凝胶过滤层析与超离心层析有相似之处。

目前,所用的凝胶过滤层析的载体可以根据它们的孔径分为多种不同的规格。每种规格都有其特定的分级范围,一旦超出分级范围,不论是其上限还是下限,即使分子质量有大有小,但载体的排阻情况基本相同,就不能分离。为此,在使用这种层析时,要根据所要纯化的样品分子质量选择所用的凝胶过滤层析基质。这种层析方法,主要是对水溶性分子。如果需分离非水溶性分子,就要选择对疏水性分子专用的基质,但是这些基质的种类较少。

凝胶过滤层析除了可对混合物进行分离外,还能提供样品分子质量的信息。要较精确地定出样品的分子质量,可以用一系列分子质量不同的标准样品。先分别用大于所用载体上限的分子(常用的是蓝色葡聚糖,分子质量约 2000kDa)和小于下限的分子(可以用有紫外吸收的氨基酸或其衍生物,也可用有色的盐类,例如,$NiCl_2$),测得它们的洗脱体积,用以标定凝胶过滤柱的 V_o 和 V_i。而后再测定一系列已知分子质量的标准样品在柱上的洗脱体积 V_e,所得的一系列 $(V_e-V_i)/(V_o-V_i)$ 和标准样品的分子质量(Mw)的对数成线性关系。测得待测分子质量的样品 V_e,再用 $(V_e-V_i)/(V_o-V_i)$ 从标准曲线上可以求得未知样品的分子质量。更为简单的方法是以 logMw 对 V_e 作图,所得的直线也能作为测定未知样品的标准曲线。

凝胶过滤层析的不足之处在于,整个过程中样品非但不能浓缩,反而不断地稀释,可是上样量又不能太大,否则分辨率变差,为此进行凝胶过滤层析的样品浓度越大越好。然而选用合适的基质,也可用此法达到脱盐和浓缩大分子质量物质的目的,但是所用的量均不能太大。

(王廷华　高志宇)

参 考 文 献

方福德. 1995. 现代医学实验技巧. 北京:北京医科大学中国协和医科大学联合出版社

周爱儒. 2000. 生物化学. 第 5 版. 北京:人民卫生出版社

第五章 蛋白质定性定量检测的基本理论

第一节 免疫组织化学的基本原理

组织化学是以组织学为基础,应用物理和化学的技术方法显示细胞组织结构中的各种化学成分,并对这些物质进行定性、定位和定量,从而分析研究生物体在生理或病理状态下细胞和组织代谢、功能及形态变化规律的科学。免疫组织化学是免疫学与组织化学相结合的一个分支学科,以免疫学的抗原-抗体反应为基础理论,其可作为蛋白质定位、定性及半定量检测的方法之一。简要概括其步骤为:分离提取动物组织中的某种待检测物质,将其作为抗原注入另一种动物体内,产生相应的特异性抗体;然后从被免疫动物的血清中提取出该抗体,用酶、生物素或荧光等作为抗体的标记物,在适宜的条件下,将标记抗体与组织中的待检物质(抗原)共同孵育,以使它们发生专一性的结合,最后通过染色使标记抗体上的酶、生物素等显示出来。这样,既可以在显微镜下观察待检物质在细胞组织中的分布特点,也可对待检物质进行定位及半定量等。广义上说,当一种化学反应在理论上是建立在免疫化学的基础上,而其免疫反应产物可在原位用光学显微镜或电子显微镜观察到,那么,这种技术就属于免疫组织化学。综上所述,免疫组织化学的全过程包括:

(1)抗体的制备:①抗原的提取和纯化;②免疫动物或细胞融合(单克隆抗体);③抗体效价检测和提取;④标记抗体。

(2)抗原的检测:①细胞和组织切片的制备;②免疫组织化学反应和显色。

(3)结果观察和记录。

因此,免疫组织化学的基本理论包括抗原-抗体反应、免疫标记化学反应和呈色化学反应,分述如下。

一、抗原-抗体反应

抗原-抗体反应是指由抗原物质刺激机体产生相应的特异性抗体后,抗原和其特异性的抗体在体内或体外发生结合反应的过程。抗原与抗体均为蛋白质,由于其带有的羧基、氨基及肽链等极性基团,当两者之间的极性基团由于其物理和化学特性相吻合时,就会相互吸引和结合。再者,抗原、抗体之间立体结构的互相吻合和分子之间所带电荷的互相吸引也是两者发生结合反应的重要因素。这些分子之间的引力包括:库仑或静电引力、范德瓦尔斯力、氢键及疏水作用。抗原-抗体反应具有特异性、可逆性、最适比例性等特点。抗原-抗体反应分为特异性结合阶段和反应的可见阶段。首先,抗原决定簇与相应抗体 IgG Fab 段的高变区相互吸引而特异性的结合,大多在几秒钟至数分钟完成。在吸引基础上,可以发生颗粒性抗原与相应抗体结合所发生的凝集反应,或者可溶性抗原与相应抗体结合所发生的沉淀反应,或者抗原与抗体结合后激活补体所发生的补体结合和细胞溶解反应,或者细菌外毒素或病毒与相应抗体结合所致的中和反应等经典的抗原-抗体反应,此阶段需要较长的时间,并受到电解质、温度、pH 等因素的影响,称为反应的可见阶段。体内的抗原-抗体反应具有一定的保护效应,如杀菌、溶菌、中和毒素等。但在某些病理情况下,可以引起超敏反应或其他自身免疫性疾病,对机体产生损伤。利用抗原、抗体在体外可以发生特异性结合反应的特点,将其应用到细胞组织化学中,可对各种抗原或生物活性物质进行分离及检测。

二、免疫标记化学反应

免疫标记化学反应是指用荧光素和放射性核素等发光剂或酶等呈色物作为示踪物标记抗体,在适宜的条件下(即适宜的温度、pH 等),使标记抗体与抗原发生特异性的结合。

三、呈色化学反应

呈色化学反应是指酶等呈色物,与一定的底物结合后,可以形成具有特殊颜色的化合物,由此通过酶与底物的反应,即可知道呈色物标记的抗体与相应抗原形成的复合物的存在情况。荧光素可以在高压汞灯的激发下,发出特定颜色的荧光,因此,可以在荧光显微镜下被观察到。放射性核素则可以使胶片感光,然后胶片经显影和定影后就可以知道标记抗体与抗原反应的情况。

1. ABC 法 抗生物素蛋白-生物素-过氧化物酶复合物法(avidin-biotin-peroxidase complex, ABC)是美籍华人 Hsu 于 1981 年首先报道的,该法是以卵白素(avidin)作为桥,把生物素化的抗体(二抗)与生物素结合酶如辣根过氧化物酶(HRP)标记的生物素连接起来,使卵白素分子上的三个生物素结合位点被酶标记的生物素所占据,但空下一个结合位点,这样形成的 Avidin-Biotin 酶标复合物(complex)也称 ABC 复合物。具体方法是先将一抗与组织切片共孵育,使特异性一抗与组织中的相应抗原结合。之后加上带有生物素标记的能与一抗结合的二抗(二抗与一抗通过抗原-抗体反应结合),最后加入 AB 形成 ABC 复合物。其中的 HRP 在酶的作用下显色,即可观察到抗原的存在。由于 ABC 法在抗原处引入的酶分子数增加,所以敏感性较 PAP 法(过氧化物酶-抗过氧化物酶复合物法)提高 20~40 倍。又由于 ABC 法中的桥抗体(即第二抗体)不必过剩,所以一抗和二抗可高度稀释,使背景染色下降(图 5-1)。

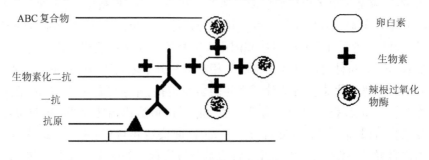

图 5-1 ABC 法示意图

2. SP法 SP法为ABC法的改良方法,与ABC法的不同点在于用链霉卵白素代替卵白素,在体外制成抗生物素蛋白-生物素(过氧化物酶标记)-链霉卵白素的复合物,因为链霉卵白素比卵白素与生物素的亲和性更高。

鉴于免疫组织化学的突出优点,已被广泛应用于基础科学研究和临床诊断中。例如,在神经科学研究中,可用于确定神经递质及其受体的分布以及追踪神经纤维的分布和投射等。定性定量检测淋巴细胞的表面特异性抗原,通过观测淋巴细胞及其亚群之间的比例,可以鉴别诊断自身免疫性疾病及肿瘤等相关的疾病。抗核抗体、双链DNA抗体的检测可以作为类风湿性关节炎、硬皮病、混合性结缔组织病及红斑狼疮的诊断指标之一。CD4和CD8的比值可以作为淋巴系统功能状态的指标。此外,应用免疫组织化学技术,还能快速检测多种病原体,如应用于细菌学、病毒学、寄生虫学和真菌学中。

第二节 蛋白质定量检测原理

蛋白质的定量分析对蛋白质的分离、纯化、结构和功能研究十分必要,同时,也是临床检验、食品工业和营养卫生等方面常涉及的分析方法。

一、凯氏定氮法

凯氏定氮法于1883年由丹麦化学家凯道尔建立,后来经过了改良使其更符合蛋白质定量的要求。此方法的理论基础是蛋白质中的含氮量通常占其总重量的16%左右(12%~19%),因此,通过测定物质中的含氮量便可估算出物质中的总蛋白质含量(假设测定物质中的氮全来自蛋白质),即

$$\frac{含氮量}{总重量} = 16\%$$

换言之,蛋白质含量=含氮量÷16%=6.25×含氮量。

蛋白质样品用浓硫酸消化后,可以转变成硫酸铵,硫酸铵中的NH_4^+与NaOH反应又可转变成NH_3,用硼酸液吸收后,可由标准盐酸滴定并定量。此方法测定范围为0.2~1.0mg氮。

二、双缩脲法

蛋白质含有两个以上的肽键,故有双缩脲($N_2H—CO—NH—CO—NH_2$)反应,此法也因此得名。在强碱条件下,肽键(—CO—NH—)的质子被解离,二价铜离子和失去质子的多肽链中的氮原子相结合产生稳定的紫色络合物,在540~560nm处测定其光吸收值,此值与蛋白质的含量在一定范围内呈线性关系。显色反应仅与肽键数呈正比关系,与蛋白质的种类、分子质量及氨基酸组成无明显关系。二价铜离子与除精氨酸以外的所有氨基酸和二肽均不发生反应,仅和1-亚氨基缩脲、2-亚氨基缩脲、丙二酰胺等少数几种物质有颜色反应,所以基本上可以认为这是蛋白质特有的反应。

三、Folin-酚试剂法（Lowry 法）

此方法由 Lowry 于 1951 年建立，是目前应用最多、最广、研究最深入的蛋白质含量测定方法。本法是双缩脲反应的发展，它结合了双缩脲法中铜盐反应和 Folin 试剂反应的特点。试剂甲相当于双缩脲试剂，可与蛋白质中的肽键起显色反应；试剂乙在碱性条件下极不稳定，易被酚类化合物还原而呈蓝色反应。所以，此法是通过肽链或极性侧链的铜络合物较慢反应以及芳香族氨基酸残基（如酪氨酸和色氨酸）的迅速反应，把磷钼酸、磷钨酸发色团还原为暗蓝色（磷钼蓝），且颜色深浅和蛋白质含量在一定范围内呈线性关系。该法的优点是比双缩脲法反应灵敏性提高了许多倍，但对酪氨酸和色氨酸含量差异大的蛋白质，测定的误差也大，这是由它的原理所决定的。另外，该法较费时，标准曲线的线性也不太好。

四、紫外分光光度法

由于蛋白质中的酪氨酸、色氨酸和苯丙氨酸残基中的苯环含有共轭双键，蛋白质溶液在 $275 \sim 280 nm$ 处有一紫外吸收高峰。在一定浓度范围内，蛋白质的 A_{280} 与其浓度成正比，据此，可进行蛋白质定量测定。

五、考马斯亮蓝 G-250 染色法

考马斯亮蓝 G-250 法于 1976 年由 Bradform 建立。考马斯亮蓝 G-250 具有红色和蓝色两种色调，在酸性溶液中，其以游离态存在呈棕红色，它与蛋白质通过疏水作用结合后，变为蓝色。色素对可见光谱的最大吸收值从 465nm 处转移到 595nm 处。蛋白质和色素的结合反应很快速，约在 2min 的时间内达到平衡，在室温 1h 之内是稳定的。在 $0.01 \sim 1.0 mg$ 蛋白质/ml 范围内，蛋白质含量与 A_{595} 值呈正比。

六、BCA 法

BCA（bicinchoninic acid）是对一价铜离子敏感、稳定和高特异活性的试剂。在碱性溶液中，蛋白质将二价铜（Cu^{2+}）还原成一价铜（Cu^{+}），后者与测定试剂中 BCA 形成一个在 562nm 处具有最大光吸收的紫色复合物。复合物的光吸收强度与蛋白质浓度呈正比。

第三节　免疫印迹法分析特定蛋白质的相对含量

免疫印迹法是检测蛋白质混合溶液中某种特定目的蛋白的定性方法,也可以作为确定同一种蛋白在不同细胞或者同一种细胞不同条件下的相对含量的半定量方法。印迹技术最初是用于核酸分子检测,后来人们发现,蛋白质在电泳分离之后也可以转移并固定于膜上。相对应于 DNA 的 Southern blot 和 RNA 的 Northern blot,该印迹方法被称为 Western blot。由于蛋白质常用抗体来检测,因此,也被称为免疫印迹技术(immunoblot)。

蛋白质印迹技术的原理和过程与 DNA 和 RNA 印迹技术类似,首先将蛋白质用变性聚丙烯酰胺凝胶电泳按分子质量大小分开,再将蛋白质转移到硝酸纤维素膜或其他膜上,膜上蛋白质的位置可以保持在与胶相对应的原位上。与 DNA 和 RNA 不同的是,蛋白质的转移只有靠电转移方可完成。另外,蛋白质的检测多以抗体做探针。随着商品化抗体种类的急剧增加,蛋白质印迹反应已经成为蛋白质定性、定量研究中应用最广泛的技术。免疫反应的显色带,通过扫描做灰度等分析即可间接反应蛋白质的相对含量。免疫印迹技术的基本流程如图 5-2。

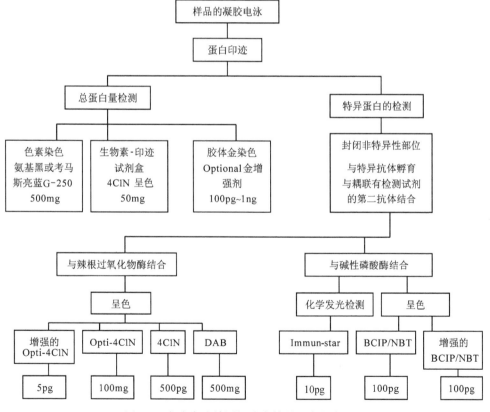

图 5-2　免疫印迹检测细胞中特异蛋白的流程图

(王廷华　高志宇)

参 考 文 献

方福德.1995.现代医学实验技巧.北京:北京医科大学中国协和医科大学联合出版社

夏其昌.1997.蛋白质化学研究技术与进展.北京:科学出版社

药立波.2002.医学分子生物学实验技术.北京:人民卫生出版社

Kamp RM,T choli-papadopoulou.2000.蛋白质结构分析:制备、鉴定与微量测序.施蕴渝等译.北京:科学出版社

第六章　蛋白质的生物信息学理论

第一节　蛋白质生物信息学的概念及内容

生物学和信息科学是目前发展最迅速、影响最大的两门学科。这两门学科的交叉融合就形成了广义的生物信息学(bioinformatics)。生物信息学包含了生物信息的获取、处理、存储、发布、分析和解释等在内的各个方面,它综合运用数学、生物学、物理学、信息科学、计算机科学等诸多学科的理论方法及国际互联网(world wide web,WWW),阐明和解释大量数据所包含的生物学意义。具体来说,生物信息学是把基因组 DNA 序列信息作为源头,确定基因组序列中代表蛋白质和 RNA 的基因编码区。同时,阐明基因组中大量存在的非编码区的信息实质,破译隐藏在 DNA 序列中的遗传规律。在此基础上,归纳、整理与基因组遗传信息释放及其调控相关的转录谱和蛋白质谱的数据,从而揭示生命体的生长、发育、代谢和进化的规律。

生物信息学是随着人类基因组计划(Human Genome Project,HGP)而发展起来的。随着 20 世纪生物学最宏伟的人类基因组计划的顺利实施,大大加速了生命科学各方面的发展。21 世纪初,人和其他一些模式生物(微生物、果蝇、线虫、水稻等)基因组作图和测序已经陆续完成,分子生物学研究的重点也从基因组扩展到蛋白质组,即生物学正进入"后基因组时代"(postgenome era),或者说进入功能基因组和蛋白质组时代。

蛋白质的生物信息学作为其中的一个部分,在后基因组时代将成为生物信息学的重点发展方向。蛋白质生物信息学研究的主要内容包括:基因功能表达谱的研究,即探讨基因在特定时空中的表达;确定核酸序列中编码蛋白质的基因,了解蛋白质的功能及其分子基础,运用蛋白质结构模拟与分子设计进行功能预测;对已知的各种代谢途径和相关的生物分子的结构、功能及它们之间的相互作用进行整理,用以研究细胞发育、分化途径和疾病发生与发展的途径;并将这些信息与生命体和生命过程的生理生化信息相结合,阐明其分子机制,最终进行蛋白质及核酸的分子设计、药物设计和个体化的医疗保健设计。此外,序列比对、结构比对、计算机辅助基因识别、非编码区分析和 DNA 语言研究、分子进化和比较基因组学、序列重叠群装配、生物信息处理并行算法的研究、代谢网络分析、基因芯片设计和蛋白质组学数据分析等也是其研究的内容。

第二节　Internet 网上的生物信息学资源

20 世纪 90 年代以来,生物大分子序列和结构测定技术取得极大的突破。同时,随着网络的快速发展,生物信息网络资源得以急速增长,并且以其覆盖面广、更新频率快等特点,为世界各地的生命科学工作者提供了极其便捷和快速的实用工具。充分利用网络中的大量生物信息资源,可以使每位生命科学工作者的研究方向与同时代的科学发展保持一致。下面介绍一些常用的相关网站、搜索引擎、数据库资源、序列对比以及数据库搜索方面的知识。

一、生物信息学网站

(一) 常用重要网站

1. 美国国家生物技术信息中心 美国国家生物技术信息中心(National Center for Bio-technology Information, NCBI)(http://www. ncbi. nlm. nih. gov/)是美国国家分子生物学信息资源中心,也是全球最有影响的生物学网站之一。NCBI 开发有 GenBank 等公共数据库,提供 PubMed、BLAST、Entrez、OMIM、Taxonomy、Structure 等工具,可对国际分子数据库和生物医学文献进行检索和分析,并开发用于分析基因组数据和传播生物医学信息的软件工具。NCBI 还支持与推广多种医学及科技方面的数据库,包括:三维蛋白质结构的分子模型数据库(MMDB)、孟德尔人类遗传(OMIM)、特殊人类基因序列集(UniGene)、人类基因组基因图(Gene Map of the Human Genome)、生物分类浏览器(Taxonomy Browser)以及与国立癌症研究所合作的癌症基因组解剖学项目(CGAP)等。NCBI 的所有数据库和程序软件都可在 NCBI 的匿名 FTP 服务器(ftp://ncbi. nlm. nih. org)上获取。

2. 欧洲分子生物学实验室 欧洲分子生物学实验室(European Molecular Biology Laboratory, EMBL)(http://www. embl. org/),1974 年由几乎全部西欧国家及以色列等 16 国资助在德国海德堡建立的国际研究学院网络,致力于分子生物学研究,在德国、法国、意大利、英国设有 5 个分支机构。1980 年,建立了世界上第一个核酸序列数据库,即 EMBL 核酸序列数据库。

3. 欧洲生物信息学研究所 欧洲生物信息学研究所(European Bioinformatics Institute, EBI)(http://www. ebi. ac. uk/)是 EMBL 的一部分,1992 年由欧盟资助建立在英国的一个非盈利性学术机构,也是生物信息学研究与服务的欧洲中心。该研究所开发有多种生物学数据库,包括:核酸序列数据库(EMBL 核酸序列数据库、Ensembl、EMEST、MitBase Server、EDGP、Parasites 等),蛋白质序列数据库(SWISS-PROT、TrEMBL、InterPro 等),全部基因组数据库,序列结构分类数据库(DSSP、HSSP、DALI 等),大分子结构数据库(EBI-MSD 等),人类蛋白质组数据库(HPI 等),序列图谱数据库(RHdb Server、GenomeMaps 98 等);也提供 CLUSTAL、FASTA、SRS、WU-BLAST 等工具,为各国研究人员提供来自学术界的分子生物学、医学与农业、遗传学、化学、生物技术、药学工业等多方面的资源信息。

4. 蛋白质分析专家系统 蛋白质分析专家系统(Expert Protein Analysis System, ExPASy)(http://www. expasy. org/),是 1994 年由瑞士生物信息学院(Swiss Institute of Bioinformatics, SIB)(http://www. isb-sib. ch/),创建的世界上第一个分子生物学网站,专门从事蛋白质序列、结构、功能和蛋白质 2D-PAGE 图谱的分析。在瑞士、澳大利亚、玻利维亚、加拿大、中国(http://cn. expasy. org/)、韩国、美国等国家和地区设立有镜像站点。通过该网站可链接到国际上包括 ENZYME、PROSITE、TrEMBL、SWISS-PROT、SWISS-2DPAGE、

SWISS-3DIMAGE 等数据库的有关核酸、蛋白质、基因组序列、结构与功能的 1000 多个相关站点,以及 SWISS-MODEL 等软件工具。

5. 结构生物信息学研究联合实验室 结构生物信息学研究联合实验室(the Research Collaboratory for Structural Bioinformatics,RCSB)(http://www.rcsb.org/index.html),是一个非盈利性研究机构,主要通过对生物大分子三维结构的研究来探索生物系统的功能。RCSB 提供有 PDB 生物大分子结构数据库(PDB, http://www.rcsb.org/pdb/)和 NDB 核酸数据库(NDB, http://ndbserver.rutgers.edu/)等数据库,并提供其开发的结构分析工具、标准和教学服务信息等。

6. 日本国立遗传学研究所 日本国立遗传学研究所(National Institute of Genetics,NIG)(http://www.nig.ac.jp/),是日本遗传学各方面研究的中心研究机构及生命科学所有领域的研究基地,其建立的日本 DNA 数据库(DNA Data Bank of Japan,DDBJ)(http://www.ddbj.nig.ac.jp/),与欧洲 EBI 维护的 EMBL 数据库和美国 NCBI 的 GenBank 数据库并列为国际上最著名的三大 DNA 数据库。通过该数据库的检索界面(http://srs.ddbj.nig.ac.jp/index-e.html)可以链接 PDB、DDBJ、PIR、ENZYME、SWISSPROT、PROSITE 等多个数据库。

(二) 其他生物信息学网站

1. 国际网站

欧洲分子生物学网络组织(EMBnet)(http://www.embnet.org/)。

美国 Whitehead 生物医学研究所/麻省理工学院基因组研究中心(Whitehead Institute for Biomedical Research/MIT Center for Genome Research)(http://www.wi.mit.edu/)。

哈佛生物实验室(http://golgi.harvard.edu/)。

Rosalind Franklin 基因组研究中心(RFCGR)(http://www.hgmp.mrc.ac.uk/)。

日本京都大学化学研究所生物信息学中心(http://www.genome.ad.jp/)。

新加坡国立大学生物信息中心(http://www.bic.nus.edu.sg/)。

生物世界(http://www.bioworld.com/)。

生物空间(http://www.biospace.com/)。

生物在线(http://www.bio.com/)。

2. 中国网站

军事医学科学院生物工程研究所生物信息网(http://bioinf.bmi.ac.cn/postnuke/index.php)。

中华医学生物信息网(http://cmbi.bjmu.edu.cn/)。

中山大学生物信息中心(http://cbi.zsu.edu.cn/pasteur/chinese.html)。

天津大学生物信息中心(http://tubic.tju.edu.cn/)。

中国科学院计算所生物信息实验室(http://www.bioinfo.org.cn/)。

中国生物信息网(http://www.biosino.com.cn/)。

北京大学生物信息中心(http://www.cbi.pku.edu.cn/)。

中华基因网(http://www.chinagenenet.com/)。

生物通（http://www.ebiotrade.com/）。

中国科学院基因组信息学中心即华大基因研究中心（http://www.genomics.org.cn/bgi/service/wenku.html/）。

37℃医学网（http://www.37c.com.cn/）。

二、网络搜索引擎及数据库资源

（一）部分相关网络搜索引擎

加利福尼亚州立大学检索系统（http://arnica.csustan.edu/index.html）。

哈佛大学生物信息搜索引擎（Biology Links http://golgi.harvard.edu）。

METACRAWLER（http://metacrawler.com/info.metac/）。

BCM分子生物学资料库（http://searchlauncher.bcm.tmc.edu/）。

生物学网络资源索引（http://www.academicinfo.net/biology.html）。

Medscape搜索引擎（http://www.medscape.com/px/urlinfo）。

基因组网络资源库（http://www.hgmp.mrc.ac.uk/GenomeWeb/）。

DBCat目录（http://www.infobiogen.fr/services/dbcat）。

BioABACUS生物学缩略词搜索（http://darwin.nmsu.edu/~molbio/bioABACUShome.html）。

Pedro分子生物学搜索工具（http://www.public.iastate.edu/~pedro/research_tools.html）。

（二）部分数据库资料

生物信息学数据库的一个重要特征是：爆炸性的增长和复杂程度的增长。由于数据库的覆盖面非常广，分布分散而且格式不统一，因此，一些生物信息中心把多个数据库整合在一起提供综合服务，以方便研究人员使用。下面列举一些目前常用的数据库：

1. 核酸数据库

国家生物技术情报中心（National center for biotechnology information, NCBI）GenBank（http://www.ncbi.nlm.nih.gov/Genbank/index.html）。

欧洲分子生物学实验室（Europe molecular biology laboratory, EMBL）核酸序列数据库（http://www.ebi.ac.uk/embl/index.html）。

瑞士生物信息学学会的ExPASy（http://www.expasy.org/）。

日本核酸序列数据库（DNA Data Bank of Japan, DDBJ）（http://www.ddbj.nig.ac.jp/）。

免疫遗传学数据库（IMGT）（http://www.ebi.ac.uk/imgt/）。

真核启动子数据库（http://www.epd.isb-sib.ch/）。

HIV序列数据库（http://www.hiv.lanl.gov/content/index）。

2. 基因组数据库

人类基因组数据库GDB（http://www.gdb.org/）。

大肠杆菌 K12 基因数据库（http://bmb. med. miami. edu/EcoGene/EcoWeb/）。

果蝇基因组数据库（http://www. fruitfly. org/）。

AceDB 基因组数据库（http://www. acedb. org/）。

酵母菌基因组数据库（http://www. yeastgenome. org/）。

鼠基因组数据库（http://www. rgd. mcw. edu/）。

3. 蛋白质数据库

SWISS-PROT /TrEMBL 蛋白质序列数据库（http://au. expasy. org/sprot/）。

欧洲生物信息学研究所(EBI)蛋白质数据库（http://www. ebi. ac. uk/swissprot/）。

蛋白质信息资源(PIR)（http://pir. georgetown. edu/）。

NCBInr（http://www. ncbi. nlm. nih. gov）。

蛋白结构信息数据库（http://www. infobiogen. fr/）。

限制酶数据库（http://rebase. neb. com/rebase/rebase. html）。

OWL 混合蛋白质数据库（http://www. biochem. ucl. ac. uk/bsm/dbbrowser/OWL/owl-contents. html）。

氨基酸索引数据库(Aaindex)（http://www. genome. ad. jp/dbget/aaindex. html）。

GELBANK（http://gelbank. anl. gov）。

Predictome（http://predictome. bu. edu）。

蛋白质组分析数据库（http://www. ebi. ac. uk/proteome/）。

SWISS-2DPAGE（http://www. expasy. org/ch2d/）。

酵母蛋白定位数据库(YPL. db)（http://www. genome. tugraz. at/ypl. html）。

Blocks 数据库（http://blocks. fhcrc. org）。

保守蛋白结构域数据库(CDD)（http://www. ncbi. nlm. nih. gov/Structure/cdd/cdd. shtml）。

CluSTr 蛋白质数据库（http://www. ebi. ac. uk/clustr/）。

InterPro 蛋白质数据库（http://www. ebi. ac. uk/interpro/）。

Pfam（http://www. sanger. ac. uk/Software/Pfam/）。

PROSITE（http://www. expasy. org/prosite/）。

4. 蛋白质三维结构数据库

PDB（http://www. rcsb. org/pdb/）。

MMDB（http://www. sander. ebi. ac. uk/hssp/）。

第三节 序列对比和数据库搜索

一、序 列 对 比

(一) 序列对比的概念

在生物信息学研究中,最常用和最经典的一个研究手段,就是通过比较分析获取有用的信息和知识,将研究对象进行相互比较来寻找研究对象可能具备的某些特性。从核酸及蛋白质的一级结构方面来分析序列的相同点和不同点,从而能够推测它们的结构、功能及进化上的联系。最常用的比较方法是序列对比,它为两个或更多序列的残基之间的相互关系提供了一个非常明确的图谱。

序列对比的理论基础是进化学说。把基因和蛋白质序列进行比较,从本质上来看,是进行同达尔文进化论一样的比较分析,只不过更为详尽,更为精细。如果两个序列之间具有足够的相似性,就推测两者可能有共同的进化祖先,经过序列内残基的替换、残基或序列片段的缺失以及序列重组等遗传变异过程分别演化而来。应该注意的是:序列的相似性(similarity)和同源性(homology)是不同的概念。相似性是在序列对比中描述两条序列之间相同碱基或氨基酸残基所占比例,序列之间的相似程度是可以量化的参数。同源性是指从大量数据中推断出的两个基因在进化上具有共同祖先的结论,序列是否同源需要有进化事实的验证。

序列对比包括整体相似性和局部相似性两种模型。早期的序列对比是基于全长序列的整体对比,局部相似性对比则是基于序列局部的局部对比,其生物学基础是蛋白质功能结构域的高度保守性。所以,通过比较分析保守位点上的残基可以对蛋白质的结构和功能进行预测,因此,局部对比也更加合理,应用也比较广泛。

(二) 序列两两对比

多数序列数据库(如 Genbank、SWISS-PROT 等)所提供的序列搜索服务都是以序列两两对比为基础的。描述序列两两对比通常用打分矩阵的方法,即两条序列分别作为矩阵的两维,矩阵点是两维上对应两个残基的相似性分数,分数越高则说明两个残基越相似。这样,序列对比问题就转变成在矩阵中寻找最佳的对比路径。最著名而且目前最有效的方法是Needleman-Wunsch 动态规划算法,以及在此基础上改良产生的 Smith-Waterman 算法和 SIM 算法。常用的序列两两对比工具有 LALIGN、Align、B12Seq 等。在 FASTA 程序包中就可以找到用动态规划算法进行序列对比的工具 LALIGN,它能给出多个不相交叉的最佳对比结果。

进行序列两两对比时,还应该注意两个直接影响相似性分值的问题:取代矩阵和空位罚分。粗糙的对比方法仅仅用相同和(或)不同来描述两个残基的关系,这种方法显然是不能描述残基取代对蛋白质结构和功能的不同影响效果。因此,如果用一个取代矩阵来描述氨基酸残基两两取代的分值,会大大提高对比的敏感性和生物学意义。针对不同的研究目标和对象应该构建适宜的取代矩阵,国际上常用的是 PAM 和 BLOSUM 等取代矩阵。此外,不同的对象采用不同的取代矩阵可以获得更多的信息。空位罚分则是为了补偿插入和缺失对序列相似性的影响,但是,由于没有什么合适的理论模型能很好地描述空位问题,因此,空位罚分缺乏理论依据而带有更多的主观色彩。

(三) 多序列对比

多序列对比则是把两条以上可能有系统进化关系的序列进行对比的方法。多序列对比可以用来区分一组序列之间的差异,主要是用于描述一组序列之间的相似性关系,从而对一个基因家族的特征有个简明扼要的了解。用于多序列对比的大多数算法都是基于渐进的比较思想,即以序列两两对比为基础,逐步优化多序列比较的结果。目前,使用最广泛的多序列对比程序是 CLUSTALW(它的 PC 版本为 CLUSTALX)。该程序先将多个序列进行两两对比构建距离矩阵,确立序列间的两两关系。然后根据距离矩阵计算产生系统进化指导树,对关系密切的序列进行加权。再从相似程度最高的两条序列开始,逐步引入临近的序列并不断重新构建对比,直到所有序列都被加入为止。

　　进一步的对比是将多个蛋白质或核酸同时进行比较,寻找这些有进化关系的序列之间共同的保守区域、位点和序列谱,从而探索导致它们产生共同功能的序列模式。除此之外,把蛋白质序列与核酸序列相比,可以探索核酸序列可能的表达框架。把蛋白质序列与具有三维结构信息的蛋白质相比,可以获取蛋白质折叠类型的信息。对比也是数据库搜索算法的基础。把所需查询的序列与整个数据库的全部序列进行对比,从数据库中获取与之最相似序列的各种数据,就能够最快速的获得有关查询序列的大量有价值的参考信息,这样对于进一步分析该序列的结构和功能都会有非常大的帮助。近年来,随着生物学知识的系统整理及生物信息学数据的大量积累,通过这种对比的方法可以有效地分析和预测一些新发现的基因的功能。

二、数据库搜索

(一) 数据库搜索的概念

　　数据库搜索和数据库查询是两个本质不同的概念。数据库搜索是指通过序列相似性对比的算法,在核酸序列数据库和蛋白质序列数据库中检索出与被检序列具有一定相似性的序列(或同源序列)。

　　数据库搜索的基础是序列的相似性对比。在分子生物学研究中获得的核酸碱基序列或是由此翻译得到的氨基酸序列,通过数据库搜索的方法,就可以得到一些具有一定相似性的同源序列,通过这些已知的同源序列可以预测未知序列的基因家族归属及其生物学功能。而对于氨基酸序列,如果能够得到与已知三维结构具有一定相似度的同源蛋白质,就可以进一步推测其可能的空间结构并预测其蛋白质功能。因此,数据库搜索和数据库查询一样,也是生物信息学研究中一个非常重要的工具。

　　被检测的序列与一个已知基因家族之间的进化关系被确定之后,通过数据库搜索可以得到一些相似序列,但它们之间的相似性程度具有很大的差别,因此,还需要判断其序列相似性程度。如果它们的相似性程度很低,还需要通过其他的研究方法和(或)实验手段来证实,否则得出的预测结果可能有较大误差。

(二) 数据库搜索的工具

　　选择恰当的搜索算法和搜索程序,正确分析搜索结果,都是数据库搜索过程中的重要环节。虽然各种搜索程序和算法各不相同,但检出的结果基本相似,均采用统计学评分,并按照相似程度排序。目前,应用较广泛的序列相似性搜索工具有:FASTA 工具、BLAST 工具和BLITZ 工具等。一般而言,对于 DNA 序列相似性检索,FASTA 的敏感度较高,但 BLAST 检索速度较快。BLITZ 的运算速度较慢,但其特异性较高,当 BLAST 和 FASTA 均不能找出显著相似的匹配序列时,可以采用 BLITZ 程序。选择程序除了考虑算法外,还应该考虑其易用性。如果能够从整体上考虑联合使用,则效果更佳,但也相对繁琐。序列相似性搜索可以通过电子邮件或下载软件和数据库到个人电脑上来实现,随着互联网的快速发展,直接在Web 网页上搜索成为了研究人员的最佳选择。Web 网页服务器可以提供免费共享的序列数据库和高效专门的搜索软件,运算速度快,而且结果可以直接传输到用户的计算机上。

1. FASTA 数据库搜索工具 FASTA 程序是第一个被广泛应用的序列对比和搜索的工具包。该程序可以通过核酸和蛋白质数据库对序列的相似性和同源性进行搜索。当识别的序列有较长的区域,相似性低,特别是有较大的差异时,FASTA 特异性较高。此外,也可以通过蛋白质组数据库和基因组数据库使用 FASTA 程序对序列的相似性和同源性进行处理。FASTA 工具包可以在多数提供下载服务的生物信息学网站下载(如 ftp://ftp. virginia. edu/pub/fasta),也可以直接在网上进行查询,网址为 http://www. ebi. ac. uk/fasta33。FASTA 还包含若干个独立的搜索程序, 如 FASTX/FASTY、TFASTX/TFASTY、FASTF/TFASTF、SSEARCH、FASTS/TFASTS、LALING/LFASTA PLALIGN、PRSS/PRFX 等。FASTA 为了提高序列搜索的速度,会先建立序列片段的"字典",查询序列先在字典里搜索可能的匹配序列。FASTA 的结果报告中会给出每个搜索到的序列与查询序列的最佳对比结果,以及这个对比的统计学显著性评估 E 值。

2. BLAST 数据库搜索工具 BLAST(Basic Local Alignment Search Tool)的含义是基本局部相似性对比搜索工具,是目前应用最广泛的序列相似性搜索工具,比 FASTA 改进更多,搜索速度更快,并建立在严格的统计学基础之上。用户可以下载 BLAST 工具包在个人电脑上进行序列搜索,也可以直接进入 BLAST 的网页 (http://www. ncbi. nlm. nih. gov/BLAST/),进行网上查询。BLAST 的主界面如图6-1 所示。

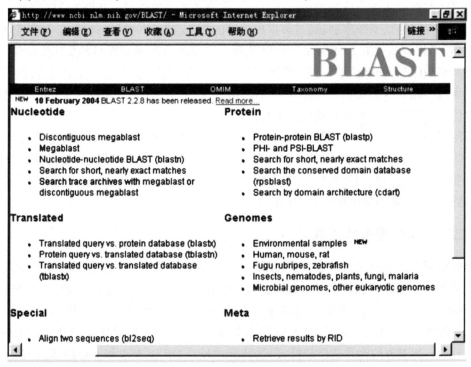

图6-1 BLAST 主界面

（1）最新版本的 BLAST 为 2.2.8 版，已进行较大的更新，并增加一些功能，其具体功能包括：

1）核酸数据库搜索：分为标准的核酸搜索与核酸数据库搜索；MEGABLAST 还提供长序列的比较，还包括完全匹配的短序列的搜索。

2）蛋白质数据库搜索：分为标准的蛋白质搜索与蛋白质数据库搜索；PSI-BLAST 可用于证实远源进化关系的存在与否和进一步获取这个蛋白质家族的功能信息等；PHI-BLAST 用于搜索蛋白基序；同样也包括完全匹配的短序列的搜索。

3）已翻译蛋白的 BLAST 搜索：包括［blastx］、［tblastn］、［tblastx］等，详细内容见下面的数据库列表（表6-1～表6-3）。

表 6-1　BLAST 程序

程　序	数据库	查询内容	简　述
Blastp	蛋白质	氨基酸序列	可能找到具有远源进化关系的匹配序列
Blastn	核苷酸	核苷酸序列	适合寻找分值较高的匹配，不适合远源关系
Blastx	蛋白质	核苷酸序列所有阅读框的翻译产物	适合新 DNA 序列和 EST 序列的分析，能够发现未知核酸序列潜在的翻译产物
Tblastn	所有阅读框动态翻译的核苷酸序列	蛋白质序列	适合寻找数据库中尚未标注的编码区
Tblastx	核苷酸序列 6 个阅读框的翻译产物	核苷酸序列 6 个阅读框的翻译产物	适合 EST 序列分析，但由于计算复杂，tblastx 不能与 nr 数据库在线使用

表 6-2　BLAST 的蛋白质数据库

数据库	简　述
nr	汇集了 SWISS-PROT、PIR、PRF 以及从 GenBank 序列编码区中得到的蛋白质和 PDB 中拥有原子坐标的蛋白质，并去除了重复序列
month	Nr 中过去 30 天内最新或修订的序列
Swissprot	SWISS-PORT 最新公布的蛋白质序列数据库
pdb	PDB 三维结构数据库中的蛋白质序列
yeast	酵母基因组中编码的全部蛋白质
E. coli	大肠杆菌基因组中编码的全部蛋白质
Kabat	Kabat 的免疫学相关蛋白质序列
Alu	由 REPBASE 中的 Alu 重复序列翻译而来，用来遮蔽查询序列中的重复片段
patents	来自 GenBank 专利部分的蛋白质序列
Drosphila genome	由 Celera and Beikeley 提供的果蝇基因组蛋白

表 6-3　BLAST 的核酸数据库

数据库	简　述
nr	非重复的 GenBank+EMBL+DDBJ+PDB 序列，除了 EST、STS、GSS 和 0、1、2 阶段的 HTGS 序列
month	nr 中近 30 天最新或修改的序列
dbest	非重复的 GenBank+EMBL+DDBJ 的 EST 部分
mouse ests	局限于鼠的 dbest
human ests	局限于人的 dbest
other ests	除鼠、人外所有生物的 dbest

数据库	简　述
dbsts	非重复的 GenBank+EMBL+DDBJ 的 STS 部分
yeast	酵母的全基因组序列
E. coli	大肠杆菌的全基因组序列
pdb	PDB 三维结构数据库的核酸序列
Kabat	Kabat 的免疫学相关核酸序列
vector	GenBank 的载体子集
mito	线粒体核酸序列
Alu	REPBASE 中 Alu 重复序列翻译而来,用来遮蔽查询序列中的重复片段
gss	基因组勘测序列(包括单一基因组数据、外显子捕获序列和 Alu PCR 序列)
htgs	高产基因组序列
patents	来自 GenBank 专利部分的核苷酸序列

4)特定基因组数据库搜索:包括环境抽样资料的 BLAST,人和鼠基因组 BLAST,河豚与 ze-brefish 基因组 BLAST,以及昆虫、线虫、植物、真菌、疟原虫、微生物及其他真核生物的 BLAST 等。

5)特殊序列的 BLAST 搜索:提供核酸和蛋白质的两两比较分析,Vecscreen BLAST 及免疫球蛋白 BLAST 等。

6)检索已提交的申请结果:当提交申请比较的序列较长,等待时间也较长时,只要记住申请的编号,在 ID 框中输入申请编号即可。

(2)BLAST 允许序列以三种输入格式进行搜索

1)FASTA 格式:FASTA 格式第一行是描述行,第一个字符必须是">"字符,表示一个新文件的开始,并注释序列的相关信息;随后是序列行本身,每行序列一般不要超过 80 个字符,各行间不允许有空行,使用回车符不影响序列的连续性。序列由标准的 IUB/IUPAC 氨基酸和核酸代码代表;小写字符会全部转换为大写;单个"-"号代表不明长度的空位;"＊"代表翻译终止符。此外,序列可以由数据库中调出,也可自行输入。现以蛋白质 RRF-ECOLI(核糖体循环因子,P16174,ribosome recycling factor)为例,如下(表6-4、表6-5):

gi|133497|sp|P16174|RRF-ECOLI[133497]ribosome recycling factor

misdirkdaevrmdkcveafktqiskirtgraspslldgivveyygtptplrqlasvtvedsrtlkinvfdsmspavekaimasdlglnp

nsagsdirvplpplteerrkdltkivrgeaeqarvavrnvrrdandkvkallkdkeisedddrrsqddvqkltdaaikkieaaladkeaelmqf

表 6-4　核酸输入代码表

代　码	英　文	中　文	代　码	英　文	中　文
A	adenosine	腺嘌呤	M	A C(amino)	氨基的
C	cytidine	胞嘧啶	S	G C(strong)	强的
G	guanine	鸟嘌呤	W	A T(weak)	弱的
T	thymidine	胸腺嘧啶	B	G T C	三者之一
U	uridine	尿嘧啶	D	G A T	三者之一
R	G A(purine)	嘌呤	H	A C T	三者之一
Y	T C(pyrimidine)	嘧啶	V	G C A	三者之一
K	G T(keto)	酮基的	N	A G C T(any)	其中之一

表6-5　氨基酸输入代码表（blastp，tblstn）

代码	英文	中文	代码	英文	中文
A	alanine	丙氨酸	P	proline	脯氨酸
B	aspartate/asparagine	天冬氨酸/天冬酰胺	Q	glutamine	谷氨酰胺
C	cystine	半胱氨酸	R	arginine	精氨酸
D	aspartate	天冬氨酸	S	serine	丝氨酸
E	glutamate	谷氨酸	T	threonine	苏氨酸
F	phenylalanine	苯丙氨酸	U	selenocysteine	硒代半胱氨酸
G	glycine	甘氨酸	V	valine	缬氨酸
H	histidine	组氨酸	W	tryptophan	色氨酸
I	isoleucine	异亮氨酸	Y	tyrosine	酪氨酸
K	lysine	赖氨酸	Z	glutamate/glutamine	谷氨酸盐/谷氨酰胺
L	leucine	亮氨酸	X	any	任何一种氨基酸
M	methionine	蛋氨酸	*	translation stop	翻译终止符
N	asparagine	天冬酰胺	–	gap of indeterminate length	不明长度的空位

　　2）纯序列数据输入格式：该格式无 FASTA 的描述行，也可以是 GenBank/GenPept 中的单纯文本格式。如下：

misdirkdaevrmdkcveafktqiskirtgraspslldgivveyygtptplrqlasvtvedsrtlkinvfdsmspavekaimasdlglnp

nsagsdirvplppplteerrkdltkivrgeaeqarvavrnvrrdandkvkallkdkeisedddrrsqddvqkltdaaikkieaaladkeaelmqf

　　3）标识符格式：一般只输入 NCBI 存取号、存取号版号或基因库中的标识符号，如蛋白质 RRF-ECOLI（P16174）的 NCBI 存取号为：P16174，存取号版号为：P16174，基因库标识号为：133497。也可用 NCBI 中带有分隔竖线的序列标识符，如下：

　　1 misdirkdae vrmdkcveaf ktqiskirtg raspslldgi vveyygtptp lrqlasvtve

　　61 dsrtlkinvf drsmspavek aimasdlgln pnsagsdirv plppplteerr kdltkivrge

　　121 aeqarvavrn vrrdandkvk allkdkeise dddrrsqddv qkltdaaikk ieaaladkea

　　181 elmqf

　　注意：用以上三种格式输入信息时，蛋白质与核酸必须分别对应各自的搜索程序，否则提交不能成功。

（王廷华　金立德）

参 考 文 献

陈润生.1999.生物信息学.生物物理学报,15:5～12

来鲁华.1993.蛋白质的结构预测与分子设计.北京:北京大学出版社

李维忠,王任小,林大威.1999.国内外生物信息学数据库服务新进展.生物化学与生物物理进展,26:22

钱小红,贺福初.2003.蛋白质组学:理论与方法.北京:科学出版社

王志新.1999.蛋白质结构预测的现状与展望.生命的化学,6:12～22

张维铭.2003.现代分子生物学实验手册.北京:科学出版社

赵雨杰.2002.医学生物信息学.北京:人民军医出版社

Altschul SE,Boguski MS,Gish W, et al. 1994. Issues in searching molecular sequence databases. Nature Genet, 6:119~129

Altschul SE. Gish W. 1996. Local alignment statistics. Methods Enzymol, 266: 460~462

Altschul SE, Madden TL, Schaffer AA, et al. 1997. Gapped BLAST and PSI-BLAST: A new generation of protein database search programs. Nucl Acid Res,25:338~339

Blaxter M, Bettomley S. 1999. Bioinformatics-guide for evaluating bioinformatics software. Drug Discovery Today,4(5):240

Chandrasekharappa SC,Guru SC,Manickam P, et al. 1997. Positional cloning of the gene for multiple endocrine neoplasia0-Type 1. Science,276:404~407

Falk B. 1994. The Internet Roadmap. San Francisco:Sybex

Gonzalez P,Hemandez Calzadilla C,Rao PV, et al. 1994. Comparative analysis of the zeta-crystallin/quione reductase gene in guinea pig and mouse. Mol Biol Evol,11:305

Hall Alan H. 1998. Computer modeling and computational toxicology in new chemical and pharmaceutical product development. Toxicology Letters. Shannon, 623: 102~103

Higgins DG,Thompson JD, Gibson TJ, et al. 1996. Using CLUSTAL for multiple sequence alignments. Methods Enzymol,266:383~402

Holm L,Sander C. 1997. Enzyme HIT. Trends Biochem Sci,22(4):116~117

Jurka J,Klonowski P,Dagman V, et al. 1996. CENSOR: a program for identification and wlmination of repetitive elements from DNA sequences. Comput Chem, 20(1): 119~121

Kraemer Eileen T. 1998. Molecules to maps:Tools for visualization and interaction in support of computational biology. Bioinformatics Oxford,14(9):764~771

Pearson WR. 1996. Effective protein sequence comparison. Methods. Enzymol, 266:227~258

Quarteman J. 1990. The Matrix: Computer networks and comferencing system worldwide. Bedford, MA: Digital Press

Scriver CR, Nowacki PM. 1999. Bioinformatics-rapid searching of sequence database. Drug Discovery Today,4(10):482~484

Sonnhammer EL,Durbin R. 1994. A workbench for large scale sequence homology analysis. Comput Appl Biosci, 10:301~307

Stoesser Guenter. 1999. The EMBL nucleotide sequence database. Nucleic Acids Research,27(1):18~24

Waterman MS,Vingron M. 1994. Rapid and accurate estimates of statistical significance for sequence database searches. Proc Natl Acad Sci USA,91:4625~4628

Wootton JC. 1994. Non-globular domains in protein sequences: automated segmentation using complexity measures. Comput Chem,18:269~285

Worley KC,Wiese BA,Smith RF, et al. 1995. BEARTY:An enhanced BLAST-based search tool that integrates multiple biological information resources into sequence similarity search results. Genome Res,5(2):173~184

Zhang J, Madden TL. 1997. PowerBLAST: a new network BLAST application for interactive or automated sequence analysis and annotation. Genome Res,7:649~653

第七章　蛋白质组学理论与进展

第一节　蛋白质组学的基本概念及历史回顾

一、蛋白质组学研究的历史背景

早在远古时代,人类就在思索生命的本质是什么,直到19世纪遗传学创始人奥地利遗传学家Mendel通过豌豆杂交试验发现了著名的孟德尔定理(Mendel law),即分离定理和自由组合定理,开创性地提出了生物的性状由"遗传因子"决定之后,人们才开始对生命本质有了理性认识。到1910年,美国生物学家Morgan在染色体的基础上提出了基因理论,第一次将染色体和代表某一性状的基因联系起来,但当时的基因学说仍缺乏实证基础。经过科学家们不懈地探索,在20世纪50年代Crick和Watson提出脱氧核糖核酸的双螺旋分子结构,使遗传学研究取得了突破性进展,并因此于1962年获得诺贝尔奖。在认识生命现象的同时,人类也在改造着生物世界。基因技术及相关产业如雨后春笋般兴起,渗透到医药、农业、动植物学等领域。其中以被誉为20世纪三大科技工程之一的人类基因组计划(Human Genome Project, HGP)的意义最为深远,该计划自1990年启动以来飞速进展,到1995年人类基因组初步全物理图已完成。2003年4月14日,在美、英、法、日、德及中国科学家的共同参与下,完成了人类基因组序列图绘制,精确率达到99.99%。整个基因组测序计划的成功是一个重要的里程碑,标志着生命科学研究已进入了后基因组时代。然而,当人们沉浸在人类基因组测序成功的喜悦之时,科学家们已经认识到,人类基因组计划并不能为治疗疾病提供理想的切入点,仅仅从基因的角度来研究是远远不够的。从一个已知基因组的系列很难预测所编码的蛋白质的功能,同时蛋白质翻译后的修饰、结构形成、蛋白质分子间或其他生物分子的相互作用等问题,也是基因组学本身所不能回答的。因此,研究重心由基因组转向其所编码和翻译的全部蛋白质,蛋白质组学应运而生。目前,蛋白质的功能研究已成为生物医学研究面临的巨大课题和迫切需要解决的难题。蛋白质组学(proteomics)是一门新兴学科,它与基因组学互为补充,从整体水平共同揭示生命活动的本质规律和探索疾病发生的机制。

1994年,澳大利亚悉尼Macquarie大学学生Wilkins和他的老师William试图使用一个合适的术语描述"一个基因组所表达的全体蛋白质"。同年9月,他在意大利的一个学术会议上首次使用蛋白质组(proteome)这个新造的词。自从1995年7月的*Electrophoresis*杂志上刊登了第一篇蛋白质组学研究的论文以后,蛋白质组研究方兴未艾,成为生命科学中的热点领域和方向。自2000年6月,一些投资者和股民投入到蛋白质组学研究公司的资金已超过7亿美元,现在已有700多家技术实力雄厚的公司加入到蛋白质组的研究中,希望将来能在这一领域占有一席之地。目前,蛋白质组的研究已被提到相当高度,认为它是功能基因组学研究的核心及前沿,是后基因组学研究的战略制高点。然而,蛋白质组学的研究远比人们想像的困难,因为细胞内的蛋白质比基因多得多,而且要阐明蛋白质之间错综复杂的网络般的关系绝非易事,这还有很长的路要走。

二、从基因组到蛋白质组

(一) 基因组概况

细胞或生物体内一套完整单倍体的遗传物质的总和称为基因组(genome),是由基因和基因外的核苷酸序列组成的。除了染色体 DNA(或某些病毒为 RNA)外,也包括染色体外的 DNA,如线粒体 DNA、细菌质粒 DNA 和叶绿体 DNA。为破译遗传密码,解读生命的天书,世界各国竞相开展微生物和医学实验动物的基因组研究,英国 Sanger 中心已经完成结核分枝杆菌(mycobacterium tuberculosis)的全基因组测序工作。随后,2002 年 5 月,英国、加拿大和美国科学家共同合作完成了 98% 的小鼠基因组绘图工作;近期大鼠基因组测序也已经完成。由于鼠和人类的基因有 99% 为同源基因,科学家通过以鼠为动物模型研究心脑血管、肿瘤等人类疾病取得了一系列科研成果。另一方面,为了获取人类基因组的遗传信息,阐明包含在 23 对染色体及线粒体上 30 亿个碱基对序列,发现染色体上所有基因并明确其物理定位,以便在基因水平认识人类自身。1985 年,美国科学家首先提出人类基因组计划,并于 1990 年正式被美国国会批准,准备用 15 年时间,投入 30 亿美元的巨资完成人类基因组 30 亿个碱基对精确测序,获得全序列图、物理图和遗传图,这三套数据将会得到人类基因在染色体上的定位及碱基对序列。由于人类基因组结构的复杂性以及高等真核生物基因组中开放阅读框(open reading frame, ORF)的确定仍是悬而未决的问题,因而要从分子水平进行实质性的功能分析尚不成熟。因为基因仅是蛋白质结构的"蓝本",携带着遗传信息,而蛋白质才是整个生命活动的功能执行者。人类基因组测序显示,人类基因总数在 2.6383 万 ~ 3.9114 万,与原先预计的 30 万 ~ 35 万个基因相比少得多。且通常情况下,即使低等微生物基因组的所有基因也仅是少部分表达,而且基因的表达受生物体内外环境等多因素的影响,表达的类型、程度、时间、空间及顺序受严格的调控机制所制约。

(二) 基因组到蛋白质组的桥梁——基因组功能分析

随着工程浩大的人类基因组计划初战告捷,人们所面临的问题是如何理解这些新发现基因的功能以及基因调控是如何进行的。人类基因组大约包含 3 万个基因,其中编码蛋白质的区域仅占 1.1%,非编码区占了绝大部分。研究基因组的根本目的在于揭示整个生命活动的规律。因此,人们必须继续研究所有这些基因的功能并获得基因的功能表达谱,这就是后基因组研究,也称为功能基因组研究。基因表达首先是编码区(外显子)转录为 mRNA,mRNA 通过剪接、修饰和加工,将遗传信息从细胞核传送到细胞质,在核糖体上翻译合成蛋白质。因此,mRNA 表达谱的研究能直接了解功能基因表达情况。在核酸水平,可用 mRNA 反转录合成互补 DNA(complementary DNA, cDNA),通过 DNA 微阵列杂交和基因表达序列分析(serial analysis of gene expression, SAGE)等方法来研究目的基因表达规律。DNA 微阵列主要是利用放射性核素或荧光染料标记的核酸与高密度自动化点在固相支持物的 cDNA 或寡核苷酸进行杂交,测量杂交信号的强弱并提交专门的数据库进行数据分析。另一种方法是基因表达序列分析即 SAGE 法,Velculescu 等 1995 年首次报道该方法,其原理是通过转录产物的特征性短序列标签测序分析来确定 mRNA。然而,仅凭细胞内 mRNA 的信息还不能预见基因最终功能产物蛋白质的信息,mRNA 的丰度程度并不一定与表达产物蛋白质有直接关系, 更何况许多功能蛋白还有翻译后修饰、剪接和加工等过程。此外,蛋白质之间存在复杂的相互作用,所以从整体上进行蛋白质层次的研究是不可缺少的。

(三) 蛋白质组学的基本概念及意义

蛋白质组学(proteomics)是从整体上研究细胞或组织内,特定的时间和空间内全部蛋白质的组成及其相互作用规律的学科。蛋白质组是一个整体概念,与以往的孤立研究某种蛋白质分子的功能不同。它是应用二维电泳、质谱、生物医学信息学等技术研究全套蛋白质在复杂的细胞环境中的功能。目前,蛋白质组学按照研究的内容可以分为表达蛋白质组学(protein expression proteomics)和细胞图谱蛋白质组学(cell mapping proteomics)。前者研究在不同机体状态中细胞或组织中全部蛋白质的表达及其变化,后者主要研究蛋白质间的相互作用,以明确细胞间信号转导通路的复杂机制。蛋白质组与基因组不同, 前者是动态的过程,后者则是相对恒定的,基因组内各个基因的表达随着机体内外环境的变化呈现不同的表达模式,即表达产物的种类、表达的程度和数量受到严格的调控而表现时空特异性。它不仅在同一机体的不同发育阶段有明显的差异,在机体的不同组织和不同细胞中以及生理状态与疾病阶段也各不相同。加之,新生多肽链存在复杂的加工修饰过程,一个基因所表达的蛋白质数目往往大于实际的蛋白质数目,而且蛋白质亚细胞定位及分子之间交互作用等均不能从基因水平预测,仅从基因水平进行研究尚不能完全阐明生命活动内在的规律,而蛋白质是基因表达的最终产物和基因功能的执行体。因此,蛋白质组学研究是基因组学研究的重要补充和延伸,蛋白质组学的研究对揭示生命活动规律、探讨重大疾病机制、疾病诊断和防治、新药的开发提供重要的理论基础。

第二节 蛋白质组学研究的技术平台

蛋白质组研究是继人类基因组测序完成以后生命科学领域的又一热点,但从技术层面上来说,与自动化、高通量的基因测序相比还相差甚远,蛋白质组研究的难度远比一般人想像的大。其一,蛋白质分子只能在相对严格的 pH、温度等理化条件下保持空间立体构象,所以,分离、纯化及鉴定所需实验条件要求较高;其二,由于蛋白质不能像核酸一样可以通过 PCR 扩增,难于检测微量的蛋白质;其三,蛋白质组生物信息学如何把蛋白质组相关数据库和工具软件结合起来进行综合分析也有难度;加之对于不溶性蛋白、膜蛋白和极酸或极碱性蛋白质,目前尚无理想的检测方法。因此,蛋白质组研究要达到灵敏、特异和高通量还有待相关技术的进一步发展。尽管问题重重,蛋白质组研究方法也取得了突飞猛进的发展。1975 年,O' Farrel PH 等建立了根据蛋白质分子质量和电荷进行大量蛋白质混合物分离的二维电泳技术(two-dimensional electrophoresis, 2-DE)。20世纪80年代以后出现的质谱技术、生物医学信息学以及蛋白质芯片的发展使蛋白质组的研究翻开了崭新的一页。本节就蛋白质组研究的相关技术做一简介。

一、二维聚丙酰胺凝胶电泳技术

(一) 样品制备及预处理

样品制备是二维凝胶电泳的基本环节,对于最终蛋白质的分析和鉴定起着重要作用。由于样本类型和来源各不相同,有可溶性的液体样本,如血液、尿液、脑脊液等;另外,还有组织样本和细胞。目前,还没有一种对所有样本普遍适用的制备策略和方法,需要因地制宜地采取不同的条件和方法,在这里不一一赘述,但样品制备应注意的基本原则有以下几点:①根据研究的目的,权衡利弊,采取不同的样品制备方法和策略;②样品制备时为减少蛋白质的降解,可以采用蛋白酶抑制剂和低温加以保护;③通常应去除影响蛋白质电泳的杂质,包括盐离子、离子去污剂、核酸、多糖、脂类、酚类和不溶性物质等;④样品裂解液应新鲜配制,并分装冻存,勿反复冻融;⑤为了提高疏水蛋白的溶解性,可采用分步提取以获取更丰富的蛋白质信息;⑥由于组织样品包含不同类型的细胞即存在样品的异质性,应该先对待测样品进行处理,可以采用免疫亲和技术或激光捕获显微切割技术(laser capture microdissection, LCM),该技术通过在倒置显微镜下将激光束聚焦在所选择的组织切片区域,并活化与组织切片接触的转移膜来实现对靶细胞的收集。

(二) 二维聚丙酰胺凝胶电泳基本原理

二维聚丙酰胺凝胶电泳(two-dimensional polyacrylamide gel electrophoresis, 2-DE)技术是分离复杂蛋白质混合物最基本的工具。二维聚丙酰胺凝胶电泳可同时分离数千种蛋白质,是蛋白质组学研究的三大支撑技术之一。其基本原理如图7-1。第一相是等电聚集电泳:由于蛋白质等电点不同,把蛋白质样品加到固相化pH梯度(immobilized pH gradien, IPG)的凝胶时,如果蛋白质所在部位的pH与其等电点不同,会分别带上不同的正负电荷,外加电场时蛋白质分子会向正极或负极迁移,达到等电点位置时就停止漂移,由于真核细胞及组织内全部蛋白的pH分布范围相当宽,使用一般pH范围的胶只能检测到部分蛋白质,使分析的结果不能代表全套蛋白质组成。故一般常用pH范围较宽的胶。第二相是十二烷基磺酸钠聚丙烯酰胺凝胶电泳(SDS-PAGE):由于SDS带负电荷,与蛋白质多肽链结合后掩盖了蛋白质原有的电荷差别,故可分离分子质量大小不同的蛋白质。由于二维聚丙酰胺凝胶电泳有相对高的分辨率,并可以衔接后续的质谱和大规模数据处理及计算机图像分析技术,因此,成为目前大规模分离蛋白质混合物的主流技术。目前,双相电泳进行蛋白质分离鉴定常规的显色方法为考马斯亮蓝染色和银染,但前者灵敏度低且难以显示低丰度蛋白,后者尽管灵敏度较高却与醛类有特异性反应,不利于后续的质谱分析,以上因素限制了这两种方法的进一步应用。另一些新的方法主要有放射性核素标记和荧光标记技术,尤其值得一提的是荧光显色法,它不仅灵敏度高,对蛋白质无固定作用,而且可以很好地兼容下游的鉴

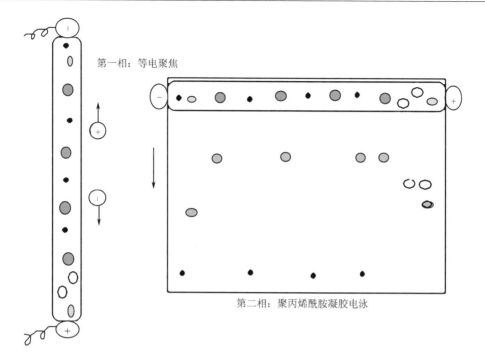

图 7-1　二维聚丙酰胺凝胶电泳示意图

（引自：钱小红等 . 2003. 蛋白质组学：理论与方法）

定技术,因而具有很好的应用前景。为了克服大规模二维电泳凝胶染色后繁琐的蛋白质点切胶,近年来已经开发出了一种将切胶转移和分析鉴定整合为一体的新技术,可以将一张含有固相化胰蛋白酶的偏聚乙烯双氟化物（polyvinylidene difluoride, PVDF）膜放置在 2-DE电泳胶和另一个 PVDF 膜之间进行电转移,胶上的蛋白质在向第一个 PVDF 膜转移的过程中被胰蛋白酶酶切,酶切肽段被第二个 PVDF 膜收集,收集膜可直接用于基质辅助激光解吸电离飞行时间质谱（matrix assisted laser desorption ionization time of flight mass spectrometry, MALDI-TOF-MS）做肽质量指纹图谱分析（图 7-2）。该方法使 2-DE 电泳与质谱分析一体化,

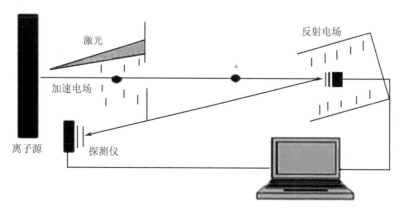

图 7-2　反射 MALDI-TOF 示意图

（引自：钱小红等 . 2003. 蛋白质组学：理论与方法）

为实现 2-DE 技术的高通量开辟了新的道路。但该方法存在的问题是膜上酶切肽段电转移过程中，转移效率不高，有肽段的丢失，使质谱分析所获得的肽段数目低于目前常规方法所获得的肽段数。此外，还有一些新的方法可以用做对 2-DE 电泳的补充，例如，带有放射性核素的亲和性标签标记法、二维液相色谱串联质谱测量法、毛细管区带电泳等。

二、质谱技术

自 1942 年第一台商品化的质谱仪诞生以来，质谱(mass spectrometry, MS)技术有了长足的发展，很快就应用于有机化学、地质、环境科学等多个领域，但仅适用于小分子物质的分析。直到 20 世纪 80 年代，由于新的离子化技术的出现，如基质辅助激光解吸电离飞行时间质谱和电喷雾电离质谱(electro-spray ionization mass spectrometry, ESI-MS)，使质谱技术具有高灵敏和高通量的特点，很快拓展到生命科学领域，成为蛋白质鉴定的核心技术。其原理是：通过 MALDI 或电喷雾电离源将样品蛋白质分子转化为带电离子，然后利用质谱分析器将具有不同特定质量与电荷比值(m/z 值)的蛋白质离子分离开来，经过离子检测器收集分离的离子，确定离子的 m/z 值，可进行多肽序列分析及蛋白质的鉴定。

质谱技术和双相凝胶电泳及双相高效柱层析有很好的兼容性，可以将双相电泳显色的蛋白质点切割下来，用酶切位点专一的蛋白酶水解，从而获得肽混合物，经质谱分析得到肽片段质量图谱，即肽质量指纹谱(peptide mass fingerprinting, PMF)。由于每种蛋白质的一级结构均不同，蛋白质酶切水解后肽混合物特征也各不相同，所以通过 PMF 专业的蛋白质数据库检索可以进行蛋白质鉴定。目前，MALDI-TOF-MS 测定蛋白质的肽质量指纹谱(PMF)已经实现了自动化，可以在数分钟内检测 pmol 级含量的蛋白质。近年来，串联质谱分析仪测定蛋白质序列技术也突飞猛进，大大提高了检测的自动化程度及敏感性，尤其适用于高通量的分析，它主要是通过减少将蛋白质转移到质谱仪这一步骤来实现的。二维色谱-串连质谱(2D-HPLC/MS)可以大规模分离鉴定蛋白质，在鉴定膜蛋白、低丰度的蛋白质及大分子蛋白质方面显示出独特的优势，但串连质谱技术得到的肽序列图谱相对复杂，从图谱进行完整的序列分析难度较大。为了解决这个难题，在此基础上发展出一种新的鉴定方法称为肽序列标签技术(peptide sequence tag, PST)，它是根据得到的部分氨基酸序列结合此段序列前后的离子质量和肽段母离子质量，在数据库中检索鉴定蛋白质；还有就是直接用串连质谱或者放射性核素标记从头测序数据进行检索分析。

三、酵母双杂交体系

蛋白质之间的相互作用是细胞内通讯及信号转导的基础，它在阐明机体的生理过程、调控规律和研究重大疾病的机制方面，起到十分关键的作用。因此，研究蛋白质之间的相互作用是蛋白质组学研究的重要内容，具有重要的理论及现实意义。1989 年，Fields 等正式建立了酵母双杂交(yeast two-hybrid)体系。随着该技术的不断发展进步，已成为研究体内蛋白质间相互作用的重要方法。其基本原理是：由于真核生物转录激活因子都由两部分独立的结构域组成，即 DNA 结合结构域（DNA binding domain，BD）和转录激活结构域（activation domain，AD）。如果将与 BD 融合的待测蛋白质作为"诱饵"，与 AD 融合的另一待测蛋白质作为"猎物"，若待测的两种蛋白质在酵母细胞核内有相互作用时，则 BD 与 AD 靠近并激活报告基因的转录，借此可研究蛋白质间的相互作用。在已知基因组序列的基础下，近年来发展了一种大规模分析蛋白质间的相互作用的酵母双杂交分析法。该方法的应用模式有两种：一种是微阵列模式，即先将表达已知蛋白质-BD 融合蛋白的酵母菌克隆阵列在支持物上，与表达待测蛋白质-AD 融合蛋白的菌株杂交结合，再用有缺陷的培养基筛选二倍体。只有表达两种可以相互作用的蛋白质的酵母细胞才可以在该培养基上生长，从而筛查到待测蛋白质可与哪一已知蛋白质相结合。另一种是文库筛选模式，先将一组开放阅读框产生的"猎物"融合蛋白建成一个库，而后再通过用表达一种已知"诱饵"蛋白质的酵母细胞和表达复杂文库的"猎物"蛋白质的酵母细胞直接结合，如果与库中的蛋白质发生反应，则可通过激活报告基因来筛选有相互作用的蛋白质。另外，从酵母双杂交系统衍生出一种新的方法，称为反向双杂交系统（reverse two-hybrid system），主要用于鉴定影响蛋白质间相互作用的化合物，这种方法在药物研究开发方面具有十分重要的应用价值。酵母双杂交系统的主要缺陷是不能检测到一些依靠翻译后修饰的相互作用。另外，所得到的蛋白质相互作用信息可能存在"假阴性"或"假阳性"，还需通过进一步的验证加以确定和排除。

四、蛋白质芯片技术在蛋白质组学研究中的应用

蛋白质芯片是将各种微量纯化的蛋白质阵列在一种高密度的固相载体上，并与待测样品杂交，以测定相应蛋白质的性质、特征以及蛋白质与生物大分子之间的相互作用的方法。它具有高通量、高灵敏度、操作自动化、重复性好等优点。随着蛋白质芯片技术的不断发展进步，使得蛋白质芯片在某一特定条件下来分析整个蛋白质组提供了可能。其工作基本原理是利用芯片上的探针来检测多种待测蛋白质，任何化合物基团只要能特异性地识别单个蛋白质分子，都可以固化制作成"蛋白质芯片的探针"，根据抗原-抗体的特异性反应，通常把抗体设计成为探针。蛋白质芯片按蛋白质性质可分为两种形式：无活性芯片和有活性芯片。前者是将已经合成好的蛋白质以高密度阵列点样在芯片上进行杂交反应，后者是把生物体直接点在芯片上并原位表达蛋白质。该芯片通过一次实验就可获得上千种未知功能蛋白的功能线索。目前，蛋白质芯片按其形式一般分为三种：玻璃载玻片芯片、3D 胶芯片和微孔芯片。芯片制备技术的不断改进创新，使得蛋白质芯片愈来愈适应蛋白质组的研究，它为在某一特定条件下分析整个蛋白质组提供可能。蛋白质芯片技术与质谱技术的联用，如生物传感芯片（biosensor chip）与表面增强激光解吸离子化飞行时间质谱（surface-enhanced laser desorption ionization，SELDI）联用，可通过质谱直接显示不同相互作用的多维蛋白质图谱，极大地提高了分析检测的灵敏度与自动化程度，可用于定量蛋白质组学研究。此外，蛋白质芯片技术在肿瘤标志物的筛选和鉴定上也已经取得很大进展。

第三节 蛋白质组学在医学中的应用与展望

一、蛋白质组学与医学

蛋白质组学研究是后基因组学的核心内容。随着研究的不断深入,它将会对 21 世纪生命科学的发展具有深远的影响,具有划时代的意义。2001 年, Science 和 Nature 等杂志分别发表了题目为"And Now for Proteome"和"Proteomics in Genome Land"的文章,把蛋白质组学的研究提到了议事日程上来,认为它是基因组学研究的交叉和延伸,是连接微观结构和生命现象的桥梁。蛋白质组与基因组研究相结合将更有助于阐明细胞整体功能。国际上各研究中心和一流制药企业竞相开展了蛋白质组学的研究,如美国国立肿瘤研究所(NCI)投入上千万美元进行肺癌、乳腺癌、卵巢癌和直肠癌等的蛋白质组学研究,美国 Celara 公司继人类基因组测序完成后宣布将投资上亿美元到蛋白质组研究中。我国科技界也紧紧追踪这一生命科学的前沿领域,国家科技部已将蛋白质组研究列入基础研究重大项目予以资助,并且与我国基因组研究相结合,审时度势地确立了我国蛋白质组研究的计划。我国科学家在一些重大疾病如白血病、肝癌的蛋白质组研究中取得了不少成就,但与发达国家相比尚有一定差距。总而言之,蛋白质组学研究将会使人类对疾病的发病机制、早期诊断和治疗以及药物靶点筛选等方面产生革命性的变革。

(一) 蛋白质组学研究在医学中的应用

由于蛋白质是细胞功能的执行体,故病变组织细胞内蛋白质的合成、修饰和分解代谢都发生一定变化。应用蛋白质组学研究策略能高通量地分析生理条件下与疾病状态下细胞和组织中蛋白质组表达谱的变化。并通过对相应蛋白质的功能进行研究, 可以发现新的疾病诊断标志物及治疗靶点,从而有利于疾病的早期诊断与治疗。通过分析正常组织演变到早期、中晚期癌的不同的病程阶段蛋白质组的改变,研究肿瘤发生机制、肿瘤标志物的筛选和鉴定以及肿瘤分类、治疗效果的评价, 使得肿瘤的诊断、分类和疗效评价,由过去应用单一的肿瘤标志物进行判断发展成为现在的应用蛋白质谱或基因谱的改变来进行综合判断。如目前结肠、直肠癌辅助诊断及预后评价常用的肿瘤标记物是癌胚抗原(CEA),但它的特异性不高,在许多非恶性病变中均可升高。在对正常结肠和结肠癌组织的比较蛋白质组学的研究中,发现三个特异性的结肠癌标记物:calgranulin A(S100 A8)、calgranulin B(S100 A9)和 calgizzarin(S100 A11)。因此,可以通过检测是否有这些蛋白质的表达来进行结肠癌的早期筛查。另外,对乳腺癌组织的蛋白质组学研究发现一种分子质量为 28.3kDa 的核基质蛋白 66(NMP66),它在乳腺癌早期诊断和判断术后复发方面,比目前用于术后监测的血清学标记物 CA15-3 和 CA27-29 的特异性和敏感性更高,已经作为乳腺癌早期诊断标记物进行大规模的临床试验。对于一些非肿瘤疾病来说,扩张性心肌病的治疗是医学工作者所面临的巨大挑战,对它的蛋白质组研究将有可能从蛋白质水平阐明其病理机制。研究结果发现,包括肌原纤维蛋白和细胞骨架蛋白在内的约 100 种蛋白质表达水平下调,这些蛋白质变化可能在扩张性心肌病的发病机制中起着关键作用。对于感染性疾病而言,许多致病微生物如支原体(mycoplasma genitalium)、结核分枝杆菌(mycobacterium tuberculosis)的全基因组测序工作已经完成,进一步的蛋白质组研究将有助于鉴定该微生物所产生的全部蛋白质,以寻找新的诊断标记、药物作用靶点和制备疫苗的抗原决定簇等,有望解决临床上令人棘手的致病微生物耐药性问题,并可能研制出针对性的疫苗,以进一步提高感染性疾病的预防治疗效果。如 Rosenkrands 等通过对结核分枝杆菌的蛋白质组研究,筛选出一种新的蛋白质,用它作诊断标志物,取得了满意的效果。

(二) 蛋白质组学研究在药物学中的应用

由于各种疾病的发生和药物治疗靶点大多数是在蛋白质(酶、受体及信号转导蛋白)水平,蛋白质组学在寻找有效的药物靶点及新药开发方面有广泛的应用。通过比较正常状态和疾病状态及药物治疗后细胞内蛋白质表达的差异,进行高通量的药物筛选有可能找到有效的药物靶点。蛋白质组学在药物作用方面的应用加速了一些潜在的药物鉴定及改进过程。例如,应用蛋白质组技术分析降血脂药物洛伐他汀用药后的蛋白质表达变化,表明洛伐他汀影响了与胆固醇代谢相关的一些蛋白质的表达。蛋白质组学的另一应用就是研究药物的毒理作用。Steiner 等通过二维凝胶电泳比较正常肾脏细胞与环孢素处理后肾脏细胞的蛋白质表达丰度变化,来研究环孢素对小鼠肾脏的毒性作用机制。结果发现,在环孢素作用后的肾脏蛋白二维凝胶图谱中发现了一个 28kDa 的特异蛋白质(calbindin-D)表达减少,现在已经证明环孢素的毒性与这种参与钙离子结合及转运的蛋白质减少有关。

二、蛋白质组学研究中存在的问题及前景展望

(一) 蛋白质组学研究中存在的问题

蛋白质组学是 21 世纪生命科学中最具挑战性的课题之一,虽然目前蛋白质组研究技术飞速发展,但也有许多问题尚未解决。在方法学上,二维凝胶电泳-质谱分析虽然是当前的主流技术,但其分辨率、特异性、灵敏度及重复性有待进一步提高。由于细胞内执行重要功能的蛋白质和细胞因子表达丰度往往很低,用目前显色方法难以分辨。一些高分子质量、极酸或极碱性的蛋白和膜蛋白分离难度较大。现行的染色方法各有缺点:考马斯亮蓝染色操作简单、显色背景低,但显色所需时间较长、灵敏度太低,低丰度蛋白难以显示。银染虽然相对费用低廉且灵敏度较高,但不适宜胶内酶切及质谱分析,有待进一步的完善。荧光染色灵敏度高、容易与下游的质谱鉴定衔接,并且线性动态范围超过了考马斯亮蓝和银染,但该法所需费用昂贵,在一定程度上限制了它的应用范围。为了突破二维凝胶电泳固有的缺陷,一些新的技术脱颖而出,其中二维色谱技术与二维凝胶电泳相比,更有利于高通量和自动化分析鉴定蛋白质。它通过串联电喷雾质谱,从而测定肽段序列进行蛋白质鉴定,但分辨率和重复性有待提高。

除此之外,由于放射性核素标记亲和标签技术(isotope coded affinity tag, ICAT)的应用大大简化了分析样品的复杂性,使之成为蛋白质定量分离与鉴定的新工具。放射性核素亲和标签试剂是一种小分子质量的化合物,其化学结构由三个化学反应基团组成:即与巯基特

异反应的基团,可以和蛋白质中的半胱氨酸上的巯基结合从而标记蛋白质;亲和反应基团,可以对标记的蛋白质进行亲和纯化;放射性核素标记的连接部分,可由8个氢原子或氘原子分别标记,将放射性核素稳定地掺入其中。其基本原理是细胞内蛋白质与不同标记的ICAT充分反应,进行蛋白酶切,经亲和层析,最后通过HPLC-MS/MS比较分析标记了放射性核素试剂肽段的质谱信号强度,进行不同条件下蛋白质差异表达的定量分析,该方法的缺点是只能鉴定含有半胱氨酸的蛋白质。用于研究蛋白质之间相互作用的酵母双杂交技术还不能满足人们准确、高效获取复杂蛋白质连锁群的要求,而且酵母双杂交系统所得到的仅仅是"可能"的相互作用,还需进一步的生物化学手段验证;尽管集便捷、高通量、蛋白质分离和鉴定于一体的蛋白质芯片的研究亦在蓬勃发展,但大量获得用于蛋白质识别的分子仍是亟待解决的难题。此外,由于成熟的蛋白质往往在翻译后经过加工修饰,因此,仅分析蛋白质的氨基酸序列信息还不能够全面地了解蛋白质的功能,研究蛋白质糖基化、磷酸化等修饰也是不可或缺的重要环节。

(二) 蛋白质组学研究的前景

尽管蛋白质组学研究技术在自动化、重复性等方面存在诸多不足之处。但毋庸置疑,蛋白质组学在未来的生命科学领域乃至整个自然科学发展中占有举足轻重的地位,为在蛋白质水平研究生命活动规律和探索人类疾病的治疗开辟了更为广阔的前景。随着科学技术和研究方法的不断创新与发展,它将在揭示诸如发育、新陈代谢调控、衰老等生命活动规律上有所突破,最终也将为人类重大疾病机制阐明、诊断和防治掀开新的一页。21世纪将是一个整体细胞生物学(holistic cellular biology)的时代,核酸水平的研究必须整合相应的蛋白质组信息作为补充,才能准确地诠释生命科学的内涵,所以蛋白质组学研究将成为后基因组学研究的重要内容。各国政府、生物医药跨国公司现在已经认识到蛋白质组学的重要性,可以预计蛋白质组学研究必将对人类生存质量的提高和人类平均预期寿命的延长起巨大的促进作用。蛋白质组学研究的是细胞内全体蛋白质。由于现阶段的技术手段还不能达到这个要求,因此,科学家们提出了更为可行的功能蛋白质组的概念,即着眼于某一种重要生理过程功能和病理状态下活跃表达的所有蛋白质,有的放矢地研究蛋白质群体的功能。随着技术不断地发展和完善,将会使蛋白质组和基因组研究结果的一致性增加,但由于两者的互补性,它们之间的差异也具有重要意义。总之,蛋白质组可以在蛋白水平上进行大规模的基因功能研究,弥补了单纯基因组研究的不足。美国已启动的"临床蛋白质组学计划"标志着蛋白质组研究从实验研究走向实质性的临床应用。时不我待,我国科学家们应抓住发展的契机,在蛋白质组研究的浪潮中迎头赶上,在未来生命科学领域中占有一席之地。

(王廷华 倪 炜 曾园山)

参 考 文 献

李新华,张万岱,肖冰,等. 2003.蛋白质组学及其在人类疾病研究中的应用. 中华内科杂志,42(2):133
刘晓燕,吕志平,张绪富.2003.蛋白质组及其在现代中医研究中的应用. 中国中西医结合杂志,23(2):84~87
卢忠心,曹亚.2002.蛋白质组学研究在确定新的肿瘤标志物中的意义.国外医学·肿瘤学分册,30(1):6~9

钱小红,贺福初. 2003. 蛋白质组学:理论与方法. 北京:科学出版社

乔建军,元英进. 2003. 蛋白质组学在医药研究中的应用. 中国药学杂志, 38(3):164~166

司英健. 2003. 蛋白质组学研究的内容、方法及意义. 国外医学·临床生物化学与检验学分册,24(3):167~168

孙树汉. 2002. 基因工程原理与方法. 北京:人民军医出版社. 1~8

王志珍,邹承鲁. 1998. 后基因组——蛋白质组研究. 生物化学与生物物理学报,30(6):533~539

晏群. 2001. 高通量的功能分析技术——蛋白质芯片. 国外医学·免疫学分册,24(4):205~208

张维铭. 2003. 现代分子生物学试验手册. 北京:科学出版社,468~493

Anderson NL, Esquer-Blasco R, Hofmann JP, et al. 1991. A two-dimensional gel database of rat liver proteins useful in gene regulation and drug effects studies. Electrophoresis,12:907

Bichsel VE, Liotta LA. 2001. Petricoin EF 3rd. Cancer proteomics: from biomarker discovery to signal pathway profiling. Cancer J,7(1):69~78

Chaurand P, DaGue BB, Pearsall RS, et al. 2001. Profiling proteins from azoxy methane-induced color tumors at the molecular level by matrix-assisted laser desorption/ionization mass spectrometry. Proteomics, 1(10):1320~1326

Costanzo MC, Crawford ME, Hirschman JE, et al. 2001. YPD, Pombe PD and Worm PD: model organism volumes of the BioKnowledge library, an integrated resource for protein information. Nucleic Acids Res, 29(1): 75~79

Donovan CO, Apweiler R, Bairoch A, et al. 2001. The human proteomics initiative(HPI). Trends Biotech,19: 178~181

John Benditt. 2001. The human proteome technology review. ProQuest Biology Journals,104:8

Luftner D, Possinger K. 2002. Nuclear matrix proteins as biomarkers for breast cancer. Expert Rev Mol Diagn, 2(1):23~31

Paul AH, Steven PG, Daniel F, et al. 1998. Proteome analysis: Biological assay or data archive. Electrophoresis, 19:1862

Pennington SR. 1997. Proteom analysis: from protein characterization to biological function. Trends in Cell Biology,7:168~173

Steiner S, Aicher L, Raymackers J, et al. 1996. Cyclosporine a decreases the protein level of the calcium-binding protein calbindin-D 28kDa in rat kidney. Biochem Pharmacol, 51:253

Wasinger VC. 1995. Progress with gene-product mapping of the Mollicute. Mycoplasma genitalium. Electrophoresis, 16:1090~1094

Wilkins MR. 1997. Proteome Research: New Frontiers in Functional Genomics. New York:Springer-Verlag

Wilkins MR. 1996. From proteins to proteome: Large scale protein identification by two-dimentional electrophoresis and amino acid analysis. Bio/Technology,14:61~65

第八章 蛋白质芯片理论与进展

生物芯片(biochip)技术是近年生命科学与微电子学相互交叉渗透发展起来的一门高新技术。随着人类基因组计划(HGP)研究的不断突破,这门技术已广泛应用于基因诊断、功能基因研究、基因组文库表达谱分析、肿瘤标志物监测、新药的研究与开发和法医学等诸多领域。

生物芯片是基于生物大分子(核酸和蛋白质等)相互作用的大规模并行分析方法,并结合微电子、微机械、化学、物理、计算机等多领域的技术及生命科学研究中所涉及的样品反应、检测和分析等连续化、集成化、微型化的过程。它以载玻片和硅等材料为载体,在单位面积上高密度地排列大量的生物材料,从而达到一次试验同时检测多种疾病或分析多种生物样品的目的。

生物芯片技术主要是通过固相平面微细加工技术构建的微流体分析单元和系统,以实现对细胞、蛋白质、核酸及其他生物组分的准确、快速、高通量检测,具有高度平行性、多样性、微型化和自动化的特点。常用的芯片有基因芯片(gene chip)和蛋白质芯片(protein chip)两大类,前者又称 DNA 芯片(DNA chip)或寡核苷酸微阵列(DNA microarray)。

由于生物芯片技术综合了分子生物学、半导体微电子、激光、化学染料等领域的最新科学技术,可广泛应用于人类基因研究、医学诊断、环保和农业等方面的研究。例如,在肝炎等传染性疾病的诊断上,利用基因芯片可以一次同时测出多种病原微生物,医生能在极短的时间内知道病人被哪种微生物感染,做出快速而准确的诊断。同样利用基因芯片,在产前筛查中,只要取少量羊水或父母血液就可以测出胎儿是否患有遗传性疾病(或可能患病的几率),同时鉴别的遗传性疾病可达到数十种甚至上千种。

随着分子生物学技术的发展,生物芯片技术研究工作已不断深入,DNA 芯片技术被逐渐用于对生物样品中的各种已知或未知的核酸序列表达的检测和比较研究。但是,作为生物体细胞中实施化学反应功能的蛋白质,其相当部分与活性基因所表达的 mRNA 之间未能显示出直接的关系,因此,作为高通量基因表达分析平台的 cDNA 芯片技术的应用过程受到一定的限制。另外,由于蛋白质结构和构象方面的各种微小化学变化均能引起其活性或功能的改变,为了进一步揭示细胞内各种代谢过程与蛋白质之间的关系以及某些疾病发生的分子机制,必须对蛋白质的功能进行更深入的研究。随着 DNA 芯片技术的不断成熟以及基因研究所取得的令人瞩目的成果,进一步推动蛋白质功能的研究及其相关技术的发展,蛋白质芯片技术因此应运而生。

蛋白质芯片是检测蛋白质之间相互作用的生物芯片,其原理是利用目前最先进的高科技生物芯片制备技术,酶联免疫、化学发光及抗原抗体结合的双抗体夹心法原理,利用微点阵技术使多种蛋白质结合在固相基质上,从而使传统的生物学分析手段能够在极小的范围内快速完成,达到一次实验同时分析多个生物标本或检测多种疾病的目的。

　　目前,国内临床上应用较多的蛋白质芯片是 C-12 多种肿瘤标志物蛋白质芯片检测系统
(图 8-1)。该检测系统通过同时定量测定分析被检测者血清中的 12 种肿瘤标志物含量及
变化情况,可同时对常见的肝癌、肺癌、胃癌、食管癌、乳腺癌、结/直肠癌、卵巢癌、胰腺癌、前
列腺癌和子宫内膜癌等 10 多种癌症进行早期筛查,能极大地提高癌症早期检出的敏感性和
特异性。下面将以 C-12 多种肿瘤标志物蛋白质芯片检测系统为例,介绍蛋白质芯片技术的
原理、方法、结果分析及临床应用等基础理论与相关研究进展。

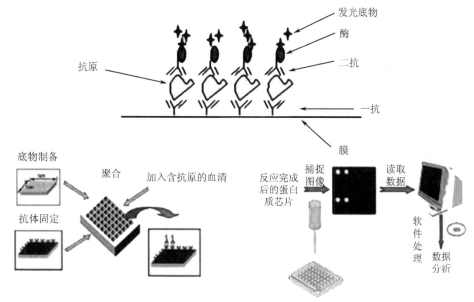

图 8-1　C-12 多种肿瘤标志物蛋白质芯片检测系统原理及操作步骤

一、蛋白质芯片实验原理

　　蛋白质芯片技术的基本原理是将各种蛋白质有序地固定于滴定板、滤膜和载玻片等各
种载体上制成检测用的芯片,然后,用标记了特定荧光素标记抗体的蛋白质或其他成分与芯
片作用,经漂洗将未能与芯片上的蛋白质互补结合的成分洗去,再利用荧光扫描仪或激光共
聚焦扫描技术,测定芯片上各点的荧光强度,通过荧光强度分析蛋白质与蛋白质之间相互作
用的关系,由此达到测定各种蛋白质功能的目的。C-12 多种肿瘤标志物蛋白质芯片检测系
统主要是检测患者血清中的肿瘤标志物含量及变化情况,以此作为判断常见肿瘤的发生、发
展、治疗效果及其预后的监测指标。

二、蛋白质芯片实验方法

1. 仪器

(1) HD-20001A 生物芯片检测仪(图 8-2)。

(2) HHW21. Cu 600 电热恒温水浴箱。

图 8-2 HD-20001A 生物芯片检测仪

（3）Hwy-100 C 温控摇床。

（4）Heraeus Labofage 400R 台式温控低温冷冻离心机。

（5）-20℃冰箱。

（6）Finnpipette Digital 微量加样器。

2. 试剂

（1）蛋白质芯片集成：有 16、24、48 个不同规格的蛋白质芯片，根据样本数量选用（图 8-3）。

（2）浓缩洗涤液：使用前用蒸馏水稀释 10 倍。

（3）反应液

1）标准品系列：标准品 0、1、2、3、4 使用前 1h 内，用 120μl 蒸馏水复溶。

2）质控品：使用前 1h 内，用 120μl 蒸馏水复溶。

（4）检测液：A、B 使用前 15min 时，等体积混合。

3. 样品采集 空腹，不饮水。采静脉血 2ml，无需加抗凝剂。

离心 2000r/min×5min，吸出血清转移至另一个干净的 Eppendorf（EP）管内，待测。

溶血、黄疸血的样品会影响结果，不宜检测。脂血的样品可以离心 10 000r/min×5min，吸取上层油脂后，取下层血清检测。

如当天不能检测，请将样品放置于 2 ~ 8℃ 保存，如 1 周内不能检测，可将样品放置于-20℃保存。冻融之后，应立即检测，不宜反复冻融。避免微生物污染。

图 8-3 蛋白质芯片检测试剂

4. 蛋白质芯片实验操作规程

（1）打开摇床，设定温度 37℃，备用；室内温度应在 20 ~ 25℃。

（2）检查试剂盒是否完整、有无损坏，并做好记录。

（3）从试剂盒海绵垫内取出标准品、芯片、反应液、检测液和洗液，放置在室温下备用（反应液、检测液在检测过程中放置于室温下）。

（4）清点血清样品数量，每份待测血清的体积应>100μl，放置在 4℃冰箱保存，检测前需在室温放置 15min。若样品是在-20℃保存的，检测前则应先放在 4℃冰箱内使其溶解，然后室温放置 15min 备用。

（5）将待测样品依次编号，检查其是否有异常（如溶血、脂血等），并在加样表上做好记录。

（6）取出样品杯，嵌入 ELISA 板框中，将待测血清一一加入样品杯中，每孔 120μl，同时做好记录，室温下静置 30min。加样时要吹打 3 次将血清混匀（同时可减少枪头的挂壁损失）。

（7）稀释洗液,混匀、预热(要保证在洗涤时洗液温度在 30～37℃,最好用水浴锅预热),备用。

（8）将标 0、标 4 和质控品的瓶盖启开,按标 0、标 4、质控品的顺序摆放整齐,慢慢地打开瓶盖(注意:防止冻干粉末飞溅出瓶口),取出 3 个 EP 管分别标上标 1、标 2、标 3 备用。

（9）按试剂盒内说明稀释标准品。

（10）打开芯片包装,记录芯片侧面的编号。

（11）用封板纸将芯片底部封严。

（12）加样前使芯片缺角位于右下角,加样量为每孔 100μl。加标准品和质控品按照 B4→标 0、C4→标 1、D4→标 2、E4→标 3、F4→标 4、G4→质控品的顺序(不同规格的芯片加样位置有所不同,此加样位置适用于 48 人份试剂盒)。从样品杯中取出已经处理过的血清加入芯片反应孔中,注意加样时不能将样品溅到相邻孔中,也不能加到芯片的棱上,以免造成加样量不准和污染,影响检测数据的可信度,加样时应避免产生气泡,如加样孔中有气泡,应小心用枪头戳破,避免液体飞溅。

（13）加样完毕后,在芯片上面加上反应盖,再放入已经预热的摇床里,37℃、100r/min,反应 30min。

（14）反应完成后将芯片正面朝上,快速记录漏光和严重渗漏情况(严重渗漏即只剩余少量液体并暴露部分膜表面的情况)。

（15）将芯片各孔中的血清迅速倾倒入水槽中,按照“芯片洗涤操作规程”洗涤 4 次,250r/min,每次 8min。

（16）把芯片上的泡沫用装有洗液的洗瓶冲洗干净,在吸水纸上轻轻拍干(注意动作不能过猛,以防将膜拍破)。如果芯片正面孔中有气泡,应用枪头戳破,并避免触及芯片表面。

（17）将芯片底面朝上,用吸水纸擦干底面棱上的液体,将芯片的下表面贴上封板纸,封严。

（18）使芯片正面朝上,缺角位于右下角。加反应液每孔 100μl,加样时应避免产生气泡,加样时每个新的枪头至少要润洗 3 次,且尽量使用同一枪头加样。

（19）加样完毕后,在芯片上面加上反应盖,再放入已经预热的摇床里,37℃、100r/min,反应 30min。

（20）反应完毕后,将芯片从摇床中取出,正面朝上,快速记录漏光和严重渗漏情况。

（21）揭去下表面封板纸,将芯片各孔中的液体倾倒出来,用洗瓶将芯片正反两面各冲洗两遍,然后用螺丝刀将芯片上下两部分拆开来,用洗瓶将膜表面冲洗一遍,把下半部分放进洗盒中,按照“芯片洗涤操作规程”洗涤 4 次,每次 8min(注意:膜面不能接触洗盒内壁)。

（22）在二抗反应完毕时打开检测仪,并检查是否正常工作。

（23）在第七次洗涤时打开检测 A、B 液,按 1：1 混合出所需体积的检测液,室温放置,待芯片取出后再转移发光液到 ELISA 板条中。

（24）洗涤完成后,将芯片上的泡沫用装有洗液的洗瓶冲洗干净,正面朝上,在吸水纸上轻轻拍去积余的水(注意动作不能过猛,以防将膜拍破)。用枪头将芯片背面孔中的气泡一一戳破,否则影响发光。

（25）用排枪加样每孔 20μl 至芯片表面,加完后小心戳破气泡(避免触碰芯片表面),然后将芯片反复倾斜几下,使发光液能够均匀分布于芯片各孔表面。

(26)芯片放入并关闭检测盒,2s曝光观察芯片情况;然后拍摄60s,获取图像并保存。

5. 蛋白质芯片洗涤操作规程

(1)抗原反应结束后,检查渗漏孔。

(2)将芯片孔中的液体迅速倾倒干净,立即用装有洗液的洗瓶把芯片上下表面挨孔冲洗,甩干。

(3)在每孔中注满洗液后将芯片平放入洗盒中,加入洗液至芯片浮起与洗盒开口齐平,用示指把芯片轻推入洗盒,略微倾斜洗盒,示指轻拨芯片赶出孔内气泡。继续加入洗液至完全装满洗盒,赶出所有气泡,用上盖将洗盒的口封紧。

(4)将洗盒竖直放入摇床的插槽中。将摇床转速调至250r/min,洗涤8min。

(5)将摇床停止转动,取出洗盒,倒掉洗盒中的洗涤液,将芯片上下颠倒一下方向放入洗盒中,依上述方法倒入洗液,赶尽气泡,用洗液装满洗盒,封口后放入摇床,洗涤8min。

(6)按照上述方法再洗涤两遍(注意:每次洗涤都要颠倒芯片方向,保持芯片正面朝宽挡尺方向)。

(7)二抗反应结束后的洗涤过程同上,注意保护启盖后的芯片表面。

三、蛋白质芯片结果分析

蛋白质芯片的检测结果是按照上述严格的操作规程,用专门的芯片阅读仪扫描采集、保存和分析化学反应产生的光信号,通过电脑处理和计算,对肿瘤标志物进行定量测定的结果。其结果应紧密结合临床表现,特别是影像学特征进行综合判断,才能提高肿瘤诊断的阳性率。到目前为止,还未发现具有100%灵敏度和100%特异性的肿瘤标志物,因为肿瘤标志物不仅在发生肿瘤时产生,在正常和良性疾病情况也有不同程度的表达。肿瘤标志物的产生还受到一些生物活性因子的影响。影响蛋白质芯片测定肿瘤标志物结果的因素主要有以下几个方面:

1. 引起假阳性的因素

(1)良性疾病如一些炎症性疾病,如肝炎时AFP、CA19-9、CEA和肾功能衰竭时CA15-3、CA19-9、CEA及PSA等肿瘤标志物水平均会升高。

(2)生理变化,如妊娠时AFP、CA125、HGH和月经时CA125会升高。

(3)肿瘤手术、放疗和化疗时由于肿瘤组织受到破坏或肿瘤坏死时某些肿瘤标志物产生增加,从而影响肿瘤标志物的测定,造成假阳性。

(4)样本中的免疫球蛋白可与测定过程中使用的特异性抗体发生反应而影响测定结果。如自身免疫性疾病患者体内常有可与抗体发生反应的类风湿因子(RF)以及针对动物免疫球蛋白的嗜异性抗体均会引起假阳性反应,表现为所有指标或除PSA、f-PSA外,其他指标全部阳性。

2. 引起假阴性的因素

(1)产生肿瘤标志物的肿瘤细胞数目少。

(2)细胞或细胞表面被封闭。

（3）机体体液中一些抗体与肿瘤标志物（肿瘤抗原）形成免疫复合物。

（4）肿瘤组织本身血液循环差，所产生的肿瘤标志物不能分泌到外周血中。

3. 血标本的采集、储存　血标本的采集、储存不当也会影响肿瘤标志物的测定结果。

4. 蛋白质芯片检测结果阳性时应考虑的内容　由于一种肿瘤可以出现多种指标阳性，一种肿瘤指标与多种肿瘤相关，所以在体检或门诊患者中出现某些指标阳性时，应根据被检者情况综合判断。

（1）若是门诊患者，此结果可以作为医生临床诊断的参考依据，建议结合其他检查进行综合判断。

（2）若为普查体检人群，建议他们在2~6个月后再检测一次。如两次检测某些指标均高于参考值，且高出很多，则应去医院做临床检查，以便确诊和治疗。临床检查后未能发现肿瘤疾病则可考虑定期随访。

（3）若为肿瘤治疗后患者，应高度怀疑是否复发和转移等，应进行相应的检测和治疗。

（4）如果是有症状就诊的患者，检测指标出现阳性，而且往往会出现强阳性，则增加考虑恶性肿瘤的可能性。

（5）对于随访中的肿瘤治疗后的病人，出现原肿瘤指标的反弹或出现新的阳性指标，则应严密监控，积极寻找原发灶或转移灶。

（6）血清（溶血、脂血等）因素，被检者身体状况波动（如炎症）等干扰因素，有时会使检测指标上升，甚至达临界值两倍。对于此类无症状体检者，建议采取短期随访，两个月后复查，如维持原值或有下降，则认为阴性，如果继续上升，则应高度警惕。

（7）临床研究表明不存在性别特异指标，如 CA125 CA15-3 B-HCG 等指标在男性患者中也可有不同程度的升高。PSA 原来一直被认为是前列腺癌完全特异性的指标，但是研究表明在一些非前列腺癌症患者中，尤其是肝癌、胰腺癌，也有较高比例的阳性，且阳性值很高，有的高达 200~300ng/ml。有时女性患者血清 PSA 也会出现阳性。

四、蛋白质芯片临床应用

目前，临床上应用的蛋白质芯片主要是用于检测肿瘤标志物的蛋白质芯片。

肿瘤标志物（tumor marker）是肿瘤组织由于癌基因或抑癌基因和其他肿瘤相关基因及其产物异常表达所产生的抗原和生物活性物质。肿瘤标志物在正常组织和良性疾病时几乎不产生或产量甚微，它可反映癌症的发生发展过程及肿瘤相关基因的激活或失活程度，可通过肿瘤患者组织、体液和排泄物中检测。肿瘤浸润引起机体免疫功能和代谢异常，产生一些生物活性物质。这些物质与肿瘤的发生和发展有关，也属于肿瘤标志物，可用于肿瘤的诊断。

理想的肿瘤标志物应具有以下一些特征：①必须由恶性肿瘤细胞产生，并可在血液、组织液、分泌液或肿瘤组织中测出；②不应该存在于正常组织和良性疾病中；③某一肿瘤的肿瘤标志物应该在该肿瘤的大多数患者中检测出来；④临床上尚无明确肿瘤证据之前最好能测出；⑤肿瘤标志物的量最好能反映肿瘤的大小；⑥在一定程度上能有助于估计治疗效果、预测肿瘤的复发和转移。然而，在目前已知的肿瘤标志物中，绝大多数不但存在于恶性肿瘤,也存在于良性肿瘤、胚胎组织甚至正常组织中。因此,这些肿瘤标志物并非恶性肿瘤的特异性产物,但在恶性肿瘤患者中明显增多,因而又将这些肿瘤标志物称为肿瘤相关抗原。

在肿瘤的研究和临床实践中,早期发现、早期诊断、早期治疗是肿瘤预后的关键。肿瘤标志物在肿瘤普查、诊断、判断预后和转归、评价治疗效果和高危人群随访观察等方面都具有较大的实用价值。

C-12多种肿瘤标志物蛋白质芯片检测系统是利用目前最先进的高科技生物芯片制备技术,酶联免疫、化学发光及抗原抗体结合的双抗体夹心法原理制成的。通过同时定量分析被检测者血清中的12种肿瘤标志物(肿瘤相关抗原)含量及变化来判断和推测恶性肿瘤细胞在体内的发生、发展及变化情况。

C-12多种肿瘤标志物蛋白质芯片检测系统是经国家药品监督管理局批准(国药证字S20010063,国药试字S20010007)用于临床检测的高科技产品。其通过对12种肿瘤标志物进行联合检测,可以达到对原发性肝癌、肺癌、前列腺癌、胰腺癌、胃癌、食管癌、卵巢癌、子宫内膜癌、结/直肠癌和乳腺癌等10种常见恶性肿瘤进行快速而准确的筛查和检测,尤其适用于无症状人群的肿瘤普查,经临床验证其准确率高达80%以上。

该蛋白质芯片的应用范围主要在以下几个方面:

(1)临床上应用于肿瘤患者的辅助诊断、疗效判断、病情监测、预后评估及判断肿瘤有无复发和转移等。

(2)用于肿瘤高危人群的定期筛查。高危人群主要是指45岁以上的人群、患各种慢性炎症和各种慢性疾病的患者、有肿瘤家族史和肿瘤高发区居民等。

(3)用于肿瘤分子流行病学调查及肿瘤生物学研究。

总之,蛋白质芯片技术的建立为蛋白质功能及其相关的研究提供了快速、高信息量和更为直接的研究方法,与其他的分子生物学分析方法相比,蛋白质芯片技术具有快速、平稳的优越性。该方法的建立和应用将有助于人类揭示疾病发生的分子机制及寻找更为合理的有效治疗途径和手段。

(王熙才)

参 考 文 献

钱小红,贺福初. 2003.蛋白质组学:理论与方法.北京:科学出版社

温进梅,韩梅.2002.医学分子生物学理论与技术.第2版.北京:科学出版社

Pennington SR, Dunn MJ. 2002.蛋白质组学:从序列到功能.钱小红,贺福初等译.北京:科学出版社

Peter Mitchell. 2002. A perspective on protein microarray. Nature Biotechnology, 20: 225～229

下 篇 蛋白质技术

第九章 蛋白质样品的准备

第一节 分离纯化蛋白质样品的方法

蛋白质的分离纯化是研究蛋白质结构、化学组成和生物功能的基础。蛋白质在自然界中存在于复杂的混合体系中,而且许多重要的蛋白质在细胞中的含量极低。要把蛋白质从复杂的体系中分离出来,同时又要防止其组成、结构的改变和生物活性的丧失,显然是有相当难度的。目前,蛋白质的分离纯化技术的发展趋向于精细而多样化技术的综合运用,但基本原理均是以蛋白质的性质为依据的。实际工作中应按不同的要求和条件选用不同的方法。下面简要介绍一些常用的蛋白质分离纯化方法。

一、离 心 法

蛋白质分子在其溶液中能够运动和扩散,同时受重力场的作用还有沉降的趋势,分子越大越重,扩散越慢而沉降越快;反之,分子越小越易扩散但沉降则越慢,甚至不能自然沉降。因此,需借助离心力场,外加各种密度的介质使蛋白质沉淀,以达到分离的目的。

常用的离心手段为离心机,离心机的样式和型号有多种,按转速(r/min)可分为普通型离心机(500～4000r/min)、高速(8000～25 000r/min)型离心机、超速(25 000～80 000r/min)型离心机和超高速(150 000 r/min)型离心机。蛋白质分子质量大于10^8Da 可用普通型离心机和高速型离心机,分子质量在10^6～10^8Da 者可选用超速型和超高速型离心机,分子质量小于10^6Da 者,用离心效果不好,应改用其他分离方法。

如果两种蛋白质的沉降系数相差一个数量级(10 倍)以上,可用差速离心反复多次达到分离效果。如果两种蛋白质沉降系数相差不到一个数量级,那么用差速离心很难奏效,此时,若改用密度梯度技术,便可获得比较满意的分离效果。

密度梯度离心,是指离心时离心管中的介质是不均一的,从近中心到远中心密度不断增加形成梯度。常用的密度梯度介质有甘油(最大密度1.26)、蔗糖(最大密度1.33)、溴化钾(最大密度1.37)、氯化铯(最大密度1.91)。选用介质要注意浮力密度范围,被分离的蛋白质密度不能大于介质的最大密度,而且所选介质不能影响蛋白质的活性,不腐蚀转头和离心管,另外,价格要低廉,回收要方便等。

二、沉　淀　法

沉淀是溶液中的溶质由液相变成固相析出的过程。它是分离纯化蛋白质最常用的方法。通过沉淀，将目的蛋白质转入固相沉淀或留在液相中与杂质分离。此方法的基本原理是根据不同物质在溶剂中的溶解度不同而达到分离的目的。不同溶解度的产生是由于溶质分子之间及溶质与溶剂分子之间亲和力的差异而引起的，溶解度的大小与溶质和溶剂的化学性质及结构有关，溶剂组分的改变或加入某些沉淀剂以及改变溶液的 pH、离子强度或极性都会使溶质的溶解度产生明显的改变。在蛋白质分离中最常用的沉淀方法有 4 种。

（一）等电点沉淀法

利用蛋白质在等电点时溶解度最低，而各种蛋白质又具有不同的等电点来分离蛋白质的方法，称为等电点沉淀法。蛋白质的等电点（pI）即蛋白质的净电荷为零时的 pH。由于等电点时蛋白质净电荷为零，因而失去了水化膜和蛋白质分子间的相斥作用，疏水性氨基酸残基暴露，蛋白质分子相互靠拢、聚集，最后形成沉淀析出。

一般来说，当所需 pH 与提取缓冲液的 pH 相差很远时，等电点沉淀是很有效的。例如，酸性蛋白质可在碱性条件下溶解并在低 pH 条件下沉淀，而碱性蛋白质可在酸性条件下溶解并在高 pH 条件下沉淀。但在等电点时，各种蛋白质仍有一定的溶解度而使沉淀不完全，同时许多蛋白质的等电点十分接近，因此，单独使用此法分辨率较低，效果不理想，因而实际工作中此法常与盐析沉淀法、有机溶剂沉淀法或其他沉淀剂一起配合使用，以提高沉淀能力和分离效果。

（二）盐析沉淀法

蛋白质易溶于水，因为其分子的—COOH、—NH$_2$ 和—OH 都是亲水基团，这些基团与极性水分子相互作用形成水化层，包围于蛋白质分子周围形成 1 ~ 100nm 大小的亲水胶体，从而削弱了蛋白质分子之间的作用力。蛋白质分子表面亲水基团越多，水化层越厚，蛋白质分子与溶剂分子之间的亲和力就越大，因而溶解度也越大。亲水胶体在水中的稳定因素有两个，即电荷和水化膜。因为中性盐的亲水性大于蛋白质分子的亲水性，所以加入大量中性盐后，夺走了水分子，从而破坏了水化膜，暴露出疏水区域，同时又中和了电荷，破坏了亲水胶体，蛋白质分子即形成沉淀。

盐析沉淀是可逆的，当盐浓度降低到一定浓度时，蛋白质又可恢复胶体状态，因此，盐析沉淀一般不会破坏蛋白质的生物活性。盐析沉淀是一种简单温和的分离方法，适用于蛋白质的前期分离和后期浓缩。不同的盐浓度可有效地使蛋白质分级沉淀。

蛋白质盐析常用中性盐主要有硫酸铵、硫酸镁、硫酸钠、氯化钠和磷酸钠等。其中应用最广的是硫酸铵，因为它与其他常用盐类相比有十分突出的优点：

（1）溶解度大且不易受温度影响，尤其是在低温时仍有相当高的溶解度，这是其他盐类所不具备的。

（2）分离效果好,有的提取液加入适量的硫酸铵进行盐析,一步操作就可以除去75%的杂蛋白,纯度提高了4倍。

（3）不易引起变性,有稳定蛋白质结构的作用。有的蛋白质用2~3mol/L的硫酸铵保存可达数年之久。

（4）pH范围广,溶解时散热少。

（5）价格便宜,不污染环境。

（6）一定浓度的硫酸铵还可以抑制细菌的生长。

最有效的方案是逐级按递增的比例将硫酸铵加入到提取液中,其间插入离心步骤。这种逐级沉淀通常被称之为硫酸铵"分馏"。通常以20%的饱和浓度间隔较为方便。硫酸铵要在搅拌下缓慢均匀少量多次地加入,尤其到接近计划饱和度时,加入的速度更要慢一些,以免局部硫酸铵浓度过大而造成不应有的蛋白质沉淀。

盐析时应注意的几个问题：

（1）盐的饱和度：盐的饱和度是影响蛋白质盐析的重要因素,不同蛋白质的盐析对盐的饱和度要求不同。分离几个混合组分的蛋白质时,盐的饱和度常由稀到浓渐次增加,每出现一种蛋白质沉淀就进行离心或过滤分离,而后再继续增加盐的饱和度,使第二种蛋白质沉淀。

（2）pH：在等电点时,蛋白质溶解度最小,故容易沉淀析出。因此,盐析时除个别情况外,pH常选择在被分离的蛋白质等电点附近。

（3）蛋白质浓度：在相同盐析条件下,蛋白质浓度越大越易沉淀,使用盐的饱和度的极限越低。蛋白质浓度高些虽然对沉淀有利,但浓度过高也容易引起其他杂蛋白的共沉作用,因此,必须选择适当浓度,尽可能避免共沉作用的干扰。

（4）温度：由于浓盐液对蛋白质有一定保护作用,盐析操作一般可在室温下进行,至于某些对热特别敏感的蛋白质,则宜维持低温条件。虽然蛋白质在盐析时对温度要求不太严格,但在中性盐下结晶纯化时,温度影响则比较明显。

（5）脱盐：蛋白质用盐析法沉淀分离后,常需及时脱盐才能获得纯品。最常用的脱盐方法是透析（详见本节三、透析法）。

（三）有机溶剂沉淀法

有机溶剂能使蛋白质分子间极性基团的静电引力增加,而水化作用降低,促使蛋白质聚集沉淀。

有机溶剂沉淀法的优点如下：

（1）分辨能力比盐析法高,即一种蛋白质或其他溶质只在一个比较窄的有机溶剂浓度范围内沉淀。

（2）沉淀不用脱盐,过滤比较容易（如有必要,可用透析袋脱去有机溶剂）。乙醇是应用较广的有机溶剂。乙醇和水的结合力很强,在蛋白质溶液中加入乙醇可以破坏水化层,暴露疏水性氨基酸残基,引起蛋白质沉淀。

有机溶剂沉淀的影响因素较多,如温度、样品浓度、pH、离子强度等。使用时应注意调整,使之达到最佳的分离效果。

（四）有机聚合物沉淀法

有机聚合物是 20 世纪 60 年代发展起来的一类重要的沉淀剂,其中应用最多的是聚乙二醇 $HOCH_2(CH_2OCH_2)_n CH_2OH$ ($n>4$)(polyethylene glycol, PEG)。聚乙二醇是一种非离子性水溶性聚合物,对水有很强的亲和性,溶于水时散热低,即使浓度很高时也不会引起蛋白质变性,沉淀时间比乙醇和硫酸铵都短,而且有促进蛋白质结晶的作用,对热稳定。PEG 的分子质量范围较广,目前较常用的分子质量范围是 6000 ~ 20 000Da。

PEG 的沉淀效果主要与其本身的浓度和分子质量有关,同时还受离子强度、溶液 pH 和温度等因素的影响。在一定的 pH 下,盐浓度越高,所需 PEG 浓度越低;溶液的 pH 越接近待分离物的等电点,沉淀所需 PEG 的浓度越低。在一定范围内,高分子质量和高浓度的 PEG 沉淀效率高。

PEG 沉淀的优点是:①操作条件温和,不易引起蛋白质变性;②沉淀效能高,即使用很少量的 PEG 也可以沉淀相当多的蛋白质;③沉淀后有机聚合物容易去除。

三、透 析 法

透析是利用蛋白质大分子对半透膜的不可透性而使其与其他小分子分开的方法。透析的动力是扩散压,扩散压是由横跨膜两边的浓度梯度形成的。透析的速度与膜的厚度成反比,而与欲透析的小分子溶质在膜内外两边的浓度梯度及膜的面积和温度成正比。通常在 4℃条件下透析,升高温度可加快透析速度。

透析膜可用玻璃纸、火棉胶和动物膀胱等,但应用最多的还是用纤维素制成的透析膜。透析膜的关键是膜的孔径。理论上,膜的孔径是一致的,以允许低分子质量盐类和有机化合物通过,溶剂和水也能自由通过,而大分子质量的蛋白质则被截留在膜内。截留分子质量相当于膜的孔径是以假定的平均球蛋白的大小为基础标定的,因此,是个标量。如果待分离的蛋白质是长形的,那么即使它的分子质量大于截留分子质量,也有可能不被截留在膜内。所以在选用透析膜时,最好选用截留分子质量远小于待分离蛋白质分子质量的透析膜,以免蛋白质丢失。

一般而言,先将纤维素膜制成袋状,把蛋白质大分子样品溶液置入袋内,袋口用棉线系紧。将此透析袋浸入水或缓冲液中,样品溶液中分子质量大的蛋白质分子被截留在袋内,而盐和小分子物质不断扩散透析到袋外,直到袋内外两边的浓度达到平衡为止。保留在透析袋内未透析出的样品溶液称为"保留液",袋(膜)外的溶液称为"渗出液"或"透析液"。

需要说明的是,蛋白质会因渗透压作用而膨胀。所以,透析时样品只能装至透析袋的一半,另一半应挤瘪,不能留有空气。如果透析袋内留有空气,膨胀的蛋白质会挤压空气,使袋内压力升高,这可能使半透膜涨破或膜孔变形,导致蛋白质流失。

四、过 滤 法

过滤法是利用不同孔径的介质,截留一定大小的颗粒。按截留能力可分为以下几类:

1. **过滤** 截留直径大于 $10\mu m$。
2. **微过滤** 截留直径 $0.1 \sim 10\mu m$。
3. **超滤** 截留直径 $0.001 \sim 0.1\mu m$。

超滤技术是近年发展起来的分离蛋白质的新方法。其原理是使用一种特制的薄膜对溶液中各种溶质分子进行选择性的过滤。当溶液在一定压力下(外源氮气压或真空泵压)通过膜时,溶液和小分子透过,大分子受阻截留于原来的溶液中,从而使大分子物质得到纯化。根据所加的操作压力和所用膜的平均孔径的不同,超滤又可分为微孔过滤、超滤和反渗透三种。微孔过滤所用的操作压通常小于 4×10^4 Pa,膜的平均孔径为 $0.05 \sim 14\mu m(1\mu m=10^4 Å)$。超滤所用操作压为 $4\times10^4 \sim 7\times10^5$ Pa,膜的平均孔径为 $10 \sim 100Å$。反渗透所用的操作压比超滤更大,常达到 $35\times10^5 \sim 140\times10^5$ Pa,膜的平均孔径最小,一般为 $10Å$ 以下。

超滤薄膜的截留精度取决于微孔径的均一性,但任何介质的微孔径都不可能绝对一致,所以,截留所得的蛋白质纯度是相对的,并且有不同程度的漏失。更为重要的损失往往是由介质对蛋白质的吸附造成的,因此,要选择低吸附的介质材料。当杂质的大小与蛋白质大小相近时,超滤技术难以奏效,必须采用其他技术。

超滤技术具有成本低、操作方便、条件温和、能较好地保持蛋白质生物活性、回收率高等优点,是目前较常用的生化技术之一。

第二节 蛋白质样品的储存与运输

蛋白质的正确保存和运输极为重要,一旦处理不当,辛辛苦苦制成的样品可能失活、变性、变质,使前面的全部制备工作化为乌有,损失惨重。下面介绍一些蛋白质的储存与运输方面的方法。

一、冷冻干燥(冻干)

要从溶液中去除水分,常用的方法是在常温或高温下蒸发,但这样会加速生物活性物质的破坏,并改变这些物质的溶解度,所以不宜采用。要想在干燥过程中最大限度地减少生物活性物质的破坏,唯一的方法就是使溶液在低温下干燥。但是,温度的降低不但会使溶液凝固,还会使水的蒸气压力降低而难以挥发,这就需要大大降低气压使固态的水直接升华成水蒸气。冻干技术就是基于这种理论基础上产生的。

冻干是先将生物大分子溶液中的水冻成冰,然后在低温和高真空下使冰升华,留下固体干粉。冻干包括 3 个程序。

(一) 冷冻

当一种溶液冷至冰点时,纯水首先结冰,形成晶体,称为初结晶。初结晶过程中若溶液所处的温度低,热交换速度大时,温度下降可达每秒 $50℃$ 或更高,这种冷冻方法叫速冻。反之,当溶液所处的温度高,热交换速度慢达数小时,这种冷冻方法叫慢冻。由于冷冻速度不同,冷冻过程中形成的结晶大小也不同。慢冻可使溶液形成大的结晶,使溶液中的活性物质分子受到应力。此外,慢冻延长了共熔混合物中盐对生物活性物质的作用时间,增加了分子聚合的机会,导致变性。所以蛋白质一般采用速冻。当溶液的温度降到共熔点(冷冻过程中溶液中的纯水首先被冻结,放出潜热,直至形成共熔混合物。此后,温度继续下降至某一点时,此混合物再次放出潜热,然后全部冻结,该温度称为共熔点)时,溶质和溶剂将同时冻结,形成二次结晶,此时若能加快热交换速度或设法阻止结晶形成而使混合物以无定性状态凝固,则可减少生物活性物质的变性破坏。在略高于或略低于共熔点的温度下冷冻蛋白质,其变性最小,这可能是冷冻温度越接近共熔点,溶液越有可能形成无定性状态的缘故。

(二) 第一次干燥

在蛋白质溶液中,水以游离水、中间型结合水和结构性结合水三种状态存在。第一次干燥的目的主要是除去大量的游离水和部分中间型结合水。在操作过程中,压力通常要求降至 $0.5 \sim 0.1 mmHg$,因为水蒸气的压力为 $4 mmHg$,气压必须大大低于此值,才能使冰块较快地升华。第一次干燥时,加热温度要严格控制,避免冻干物质的温度高于共熔点,否则,蛋白质将溶解产生气泡,导致变性。第一次干燥后,残余水分为 $1\% \sim 4\%$。若蛋白质在这种含湿量下能保持稳定,则可停止冻干,封口保存。否则,需要进行第二次干燥。

(三) 第二次干燥

第二次干燥的目的主要是除去残余的中间型结合水,但应注意勿使结构型结合水除去,否则将导致蛋白质氧化,甚至会破坏蛋白质的高级结构,使其活性丧失。

通过冻干得到蛋白质固体样品有许多优点:一是由固态直接升华为气态,所以样品不起泡,不暴沸。二是得到的干粉样品不粘壁,易取出。三是冻干后的样品是疏松的粉末,易溶于水。四是在低温低压下干燥,蛋白质不容易氧化变质,同时因缺氧可灭菌或抑制某些细菌活力。五是脱水彻底,适合长途运输和长期保存。

冻干特别适用于对热敏感、易吸湿、易氧化的蛋白质。对于极个别的在冻干时易变性失活的蛋白质则要十分谨慎,务必先做小量试验证明冻干对该蛋白质活性、结构无损害后方可进行大量处理。

二、蛋白酶抑制剂

蛋白质样品中不可避免地会含有少量蛋白酶,这些酶必须被迅速地抑制,否则会使蛋白质降解。通常在蛋白质溶液中加入蛋白酶抑制剂以防止蛋白质降解。常用的蛋白酶抑制剂有以下几种:

1. PMSF(苯甲磺酰氟) 能抑制丝氨酸蛋白酶(如胰蛋白酶)和巯基蛋白酶(如木瓜蛋白酶)。

2. EDTA(乙二胺四乙酸) 能抑制金属蛋白水解酶。

3. 胰蛋白酶抑制剂　能抑制丝氨酸蛋白酶,如血浆酶、血管舒缓素、胰蛋白酶和糜蛋白酶。

4. 胃蛋白酶抑制剂　能抑制酸性蛋白酶,如胃蛋白酶、组织蛋白酶D、凝乳酶和血管紧张素酶。

5. 亮抑蛋白酶肽　能抑制丝氨酸蛋白酶和巯基蛋白酶。

三、低温保存

由于多数蛋白质对热敏感,因此,要低温保存。一般可根据蛋白质的用途决定其保存温度是4℃、−20℃还是−80℃或液氮(−196℃)中。

1. 短期(1周之内)**保存**　在以下情况下,蛋白质溶液可保存于4℃:

(1)蛋白质活性未降低。

(2)检测电泳未见蛋白质降解。

(3)在20 000g条件下离心10min未见明显沉淀(沉淀表示蛋白质变性)。

2. 长期(超过1周)**保存**　要根据蛋白质的稳定性来选择适宜的方案。常用的有以下几种方案:

(1)在蛋白质的硫酸铵溶液中将蛋白质沉淀以悬浮形式保存于4℃。

(2)硫酸铵沉淀蛋白质后20 000g离心20min,在液氮中冷冻后保存于−80℃。

(3)如果想冻存蛋白质,正确的方法是将50μl的蛋白质溶液滴入液氮中,滴入的速度要慢。对大体积的蛋白质溶液的冷冻,可用自动加液器来操作。待蛋白质溶液形成沉淀后将其迅速移到储存管中并储存于−80℃或液氮中。

(4)将蛋白质以冻干的粉末储存。对大多数蛋白质而言,冻干是长期保存最有效、最安全的方法,但是冻干能使极少数蛋白质失活和溶解度降低。因此,务必先做小量试验证明冻干对该蛋白质无损害后方可进行大量处理。

四、冻　溶

蛋白质解冻时勿直接由−20℃或−80℃移至37℃条件解冻,因为温度改变太大或太快,容易引起蛋白质凝结而发生沉淀。正确的冻溶步骤是:将蛋白质从−20℃或−80℃转移至4℃条件下解冻1d,然后再转移至室温下溶解,在溶解过程中要规则地均匀摇晃(小心勿造成气泡),使温度与成分均一,以减少沉淀的发生。

五、运　输

由于蛋白质性质不稳定,因此,要选择符合蛋白质性质的保存方法,在保证蛋白质生物活性的条件下运输。

(洪孙权　王廷华)

参 考 文 献

卢锦汉,章以浩,赵凯. 1995. 医学生物制品学. 北京:人民卫生出版社. 246～248,257～258

汪家政,范明. 2000. 蛋白质技术手册. 北京：科学出版社. 16～17

吴梧桐. 2000. 生物化学. 北京:人民卫生出版社. 76～77

Marshak DR, Kadonago JT. 1996. Strategies for Protein Purification and Characterization：A Labatory Course Manual. New York：Cold Spring Harbor Laboratory Press. 33～37

第十章　蛋白质电泳技术

第一节　概　　述

带电荷的胶体颗粒在电场作用下向着与其电性相反的电极移动,称为电泳(electropho-resis,EP)。电泳现象早在 1808 年就被发现了,但直到 1937 年瑞典科学家 Tiselius 才设计出了第一台自由电泳仪,并将血清蛋白质分离成白蛋白、α_1-球蛋白、α_2-球蛋白、β-球蛋白和 γ-球蛋白五个成分,从而使电泳成为了一种分离方法。Tiselius 也因此获得 1948 年诺贝尔奖。

蛋白质除了在其等电点以外,在任何 pH 条件下都带净电荷,因此,也能在电场中泳动,其泳动速度取决于蛋白质的电荷密度(电荷与质量的比值)。电荷密度越大,泳动速度越快。若给溶液中的蛋白质混合物施加电场,不同的蛋白质将以不同的速度向某一电极方向泳动,从而得以分离开来。由于电泳引起的热效应会导致液柱对流而破坏正在分离的蛋白质区带,并且在电泳过程中以及电泳结束后,扩散作用将不断使蛋白质区带加宽,这些因素影响了电泳对蛋白质的分辨率。20 世纪 50 年代,科学家们开始寻找能够减少对流和扩散,具有稳定作用的支持介质,先后找到了两大类:第一类如纸、乙酸纤维素薄膜等,是相对惰性的材料,主要起支持作用并减少对流。蛋白质在这类介质中的分离主要取决于蛋白质在所选定的 pH 条件下的电荷密度。第二类是凝胶,如琼脂糖和聚丙烯酰胺凝胶,它们不仅可阻止对流、降低扩散,还因为可以形成与蛋白质分子大致相同的孔径,因而能产生分子筛效应,其分离作用既与蛋白质的电荷密度有关,又与其分子大小有关。自 20 世纪 60 年代 Davis 等发明了聚丙烯酰胺凝胶电泳后,SDS-聚丙烯酰胺凝胶电泳、等电聚焦电泳、双相电泳和印迹转移电泳等技术逐步发展起来。这些技术设备简单,操作方便,分辨率高,分离后的蛋白质可以进行染色、紫外吸收、放射自显影、生物活性测定等,因此得到广泛应用。至今,已发展起来的电泳有多种类型。按分离原理,电泳可分为区带电泳、移界电泳、等速电泳和等电聚焦电泳等;按有无支持物又可将电泳分为自由电泳、支持物电泳,后者包括无阻滞支持物(如滤纸、乙酸纤维薄膜、纤维素粉、淀粉等)和高密度凝胶(如淀粉凝胶、聚丙烯酰胺凝胶、琼脂或琼脂糖凝胶等)电泳。本章主要介绍几种目前常用的电泳。

第二节　电泳的基本原理

一、电荷的产生

氨基酸带有可解离的氨基($-NH_3^+$)和羧基($-COO^-$),因而由 20 种氨基酸按不同数量和比例组成的蛋白质,在一定的 pH 条件下就会发生解离而带电。电荷的性质和大小取决于蛋白质分子的性质及溶液的 pH 和离子强度。蛋白质的净电荷是组成它的氨基酸残基的侧链基团上所有正、负电荷的总和。在某一 pH 条件下,蛋白质分子的净电荷为零,此时蛋白质在电场中不泳动,此 pH 为该蛋白质分子的等电点(pI)。如果溶液的 pH 高于 pI,则蛋白质分子会解离出 H^+ 而带负电,在电场中向正极移动。反之,蛋白质分子会结合一部分 H^+ 而带正电,在电场中向负极移动。

二、电泳迁移率

电泳迁移率是指带电颗粒在单位时间和单位电场强度下,在电泳介质中的泳动距离。

$$U=d/tE$$

式中,U 为电泳迁移率;E 为电泳时的电场强度;d 为时间 t 内带电颗粒的泳动距离。

三、影响电泳速度的外界因素

带电颗粒在电场中的泳动速度与其所带净电荷大小、颗粒大小和形状有关。一般而言,净电荷越大,颗粒越小,越接近球形,泳动速度越快,反之则越慢。

另外,许多外界因素对电泳速度会产生明显的影响,主要的影响因素如下:

1. 电场强度 电场强度(或电位梯度)是指每厘米的电位差。电场强度越高,电泳速度越快。

2. 溶液的 pH 带电颗粒所带电荷取决于其解离程度,而后者与溶液的 pH 有关。溶液的 pH 离蛋白质的等电点越远,颗粒所带的净电荷就越大,泳动速度也越快,反之就越慢。分离蛋白质时,各种蛋白质所带电荷的大小差异越大,就越利于分离,为使电泳时 pH 恒定,必须采用缓冲液作为电极液。

3. 溶液的离子强度 缓冲液的离子强度影响颗粒的电动电势,离子强度越高,电动电势越小,泳动速度越慢,反之则越快。

4. 电渗现象 电场中的液体对于固体支持物的相对移动,称为电渗现象。颗粒在电场中的泳动速度等于其自身的泳动速度与电渗现象造成的颗粒移动速度之和。

5. 支持物 若支持物不均匀,吸附力大,会造成电场不均匀,影响分离效果。

6. 温度 温度升高,介质的黏度会下降,分子运动加剧,使得自由扩散加快,迁移率增加。温度每升高 1℃,迁移率约增加 2.4%。控制电压或电流,或在电泳系统中安装冷却散热装置,可降低因通电产生的焦耳热对电泳的影响。

第三节　聚丙烯酰胺凝胶电泳

聚丙烯酰胺凝胶(polyacrylamide gel electrophoresis, PAGE)是由单体丙烯酰胺(acrylamide, Acr)和交联剂 N,N-甲叉双丙烯酰胺(methylene-bisacrylamide, Bis),在加速剂和催化剂的作用下聚合交联成三维网状结构的凝胶。与其他凝胶相比,聚丙烯酰胺凝胶具有化学性质不活泼,对 pH、温度和离子强度变化不敏感,可重复性好,透明、有弹性,以及其孔径可以通过改变单体及交联剂的浓度而进行调节,以适应大小不同的蛋白质的分级分离等优点,同时样品在聚丙烯酰胺凝胶中不易扩散,且用量少(灵敏度可达 10^{-6} g),电泳分辨率高。聚丙烯酰胺凝胶电泳可以在天然状态下分离生物大分子,分离后仍保持生物活性,可以分离蛋白质和其他生物分子的混合物。

一、丙烯酰胺凝胶聚合原理及有关性质

(一)聚合反应

(1)加速剂 N, N, N', N'-四甲基乙二胺(N, N, N', N'-tetramethylethylenediamine, TEMED)催化过硫酸铵[ammonium persulfate（NH_4)$_2$$S_2$$O_8$,AP]生成硫酸自由基。

(2)硫酸自由基的氧原子激活 Acr 单体形成单体长链

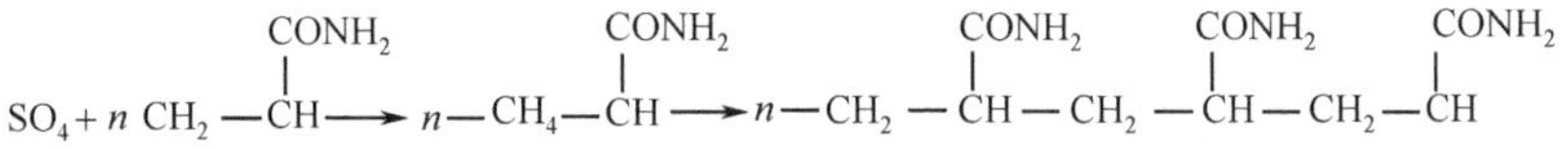

$$SO_4 + n\ CH_2 - CH \longrightarrow n - CH_4 - CH \longrightarrow n - CH_2 - CH - CH_2 - CH - CH_2 - CH$$

(Acr)　　　　　　　　　　　　　　　(Acr单体长链)

(3)Bis 将单体长链连成网状结构

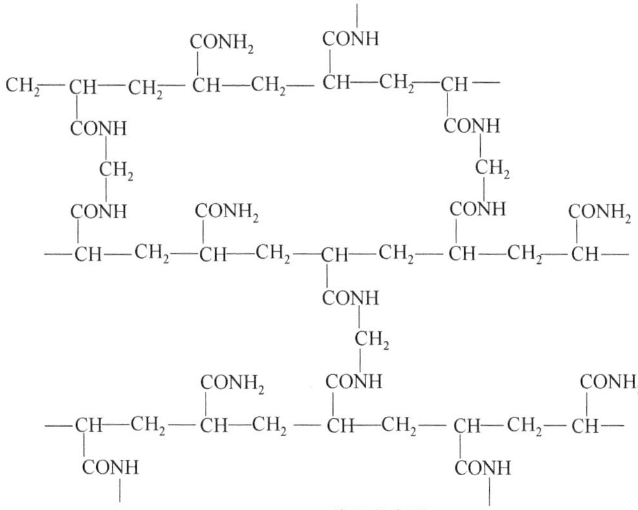

(三维网状凝胺)

以上聚合反应在碱性条件下更容易发生,反应的速度与 AP 浓度的平方根成正比。pH 偏低时,聚合反应速度可能延迟甚至被阻止。适当增加 TEMED 和 AP 浓度可增加聚合反应速率。

除 AP 外,核黄素(维生素 B_2)也可做催化剂。不同的是,核黄素-TEMED 系统需要光照,引起核黄素分解生成必需的自由基来启动聚合反应。

(二)凝胶的性能

凝胶的机械性能、弹性、透明度、黏稠度和聚合程度与凝胶总浓度及交联度有关。

$$凝胶总浓度\ T=(a+b)/m$$

$$交联度\ c=b/(a+b)$$

式中,a 为 Acr 克数,b 为 Bis 克数,m 为缓冲液体积(ml)。

当 $a/b(W/W)<10$ 时,凝胶呈乳白色易碎;当 $a/b>100$ 时,凝胶呈糊状;$a/b=30$ 左右时,凝胶透明又有弹性。

Richard 等提出了一个选择 c 和 T 的经验公式:$c= 6.5-0.3T$

此公式适用于 T 为 5%～20% 范围内的 c 值。当 $T<2.5\%$ 时,凝胶几乎呈液体,可加入 0.5% 的琼脂糖来弥补,且不影响凝胶孔径。

(三) 凝胶的孔径

一般而言,T 越大,孔径越小;T 越小,孔径越大。对于 Acr 单体浓度一定的凝胶,Bis 的比例也影响孔径大小。在 $c=5\%$ 时,凝胶孔径最小,而当 $c<5\%$ 或 $c>5\%$ 时,凝胶孔径均随其增大而增大。

凝胶浓度与被分离物分子质量的关系如表 10-1。

表 10-1　凝胶浓度与被分离物分子质量范围的关系

凝胶浓度(%)	分子质量范围(Da)
2～5	$>5\times10^5$
5～10	1×10^5
10～15	$1\times10^4～1\times10^5$
15～20	$1\times10^4～4\times10^4$
20～30	$<10^4$

二、聚丙烯酰胺凝胶电泳的原理

蛋白质被聚丙烯酰胺凝胶电泳所分离,主要基于如前所述的电荷效应和分子筛效应。如果缓冲液系统为不连续系统(电泳体系中缓冲液的离子成分、pH、凝胶浓度及电位梯度不相同),还要加上浓缩效应。

(一) 电荷效应

各种蛋白质因所带电荷多少不同,在电场中有不同的迁移率,这就是电荷效应。表面电荷越多,迁移越快;表面电荷越少,迁移越慢。

(二) 分子筛效应

由于一定浓度的聚丙烯酰胺凝胶具有一定大小的孔径,分子质量或分子大小及形状不同的蛋白质在其中泳动时,因受阻滞的程度不同而表现出不同的迁移率,这就是分子筛效应。分子质量小且呈球形的蛋白质分子所受阻力小,迁移快,走在前面;分子质量大,形态不规则的蛋白质分子所受阻力大,迁移慢,走在后面。

(三) 浓缩效应

只有不连续电泳体系才具有浓缩效应。不连续体系由电极缓冲液、浓缩胶和分离胶组成,各部分的离子成分、pH 及电位梯度不相同,浓缩胶和分离胶的浓度也不同。

1. 凝胶浓度的不连续性　浓缩胶(concentrating gel)又称堆积胶 (stacking gel),其胶浓度较小(常用 4% 左右),孔径相对较大。较稀的样品在浓缩胶中泳动时受到的阻力小,泳动较快,因而被浓缩成一个狭窄的区带。分离胶(seperating gel)又叫电泳胶(running gel),其浓度依据所分离的样品情况而定。分离胶的浓度必定大于浓缩胶,当被浓缩的样品进入小孔径的分离胶时,受到的阻力增大,泳动速度减慢,使其在分离胶中能得到高分辨率的分离。分离胶可以为均一胶(指整块胶的浓度相同),也可以为梯度胶(指胶浓度以线性梯度或指数梯度逐渐增大,孔径逐渐变小)。

2. 离子成分及 pH 的不连续性　浓缩胶和分离胶的缓冲液均为 Tris(三羟甲基氨基甲烷)-HCl。Tris 的作用是维持溶液的电中性及 pH,是缓冲配对离子。HCl 在任何 pH 条件下均易解离出 Cl⁻,后者在电场中迁移率快,走在最前面,称为先导离子(leading ion)或快离子。电极缓冲液为 Tris-glycine(甘氨酸),后者在 pH6.7(浓缩胶缓冲液的 pH 常为 6.7 左右)的溶液中解离度小,在电场中迁移率慢,称为尾随离子(trailing ion)或慢离子。大多数蛋白质分子的迁移率介于快、慢离子之间,就会在快、慢离子形成的界面处被浓缩成极窄的区带。当甘氨酸进入 pH 8.9 左右的分离胶时,其解离度增大,迁移率超过蛋白质,因而 Cl⁻ 和甘氨酸根离子沿着离子界面继续前进,蛋白质则被留在后面,不受离子界面的影响而逐渐分离。

3. 电位梯度的不连续性　电泳速度等于电位梯度与迁移率的乘积,因此,迁移率低的离子在高电位梯度中的电泳速度,可以与低电位梯度中高迁移率离子的电泳速度相等。快离子进入浓缩胶后,很快就超过蛋白质,因而在快离子后形成一个低离子浓度区,而此区电位梯度高,使得快离子后面的蛋白质和慢离子加速移动。当三者的迁移率与电位梯度的乘积相等时,它们的移动速度也相同。在快慢离子移动速度相等的稳定状态建立后,则在两者之间形成一个稳定且不断向阳极移动的界面。而蛋白质的迁移率介于快慢离子之间,于是样品蛋白就在高、低电位梯度间的移动界面附近得以浓缩。

三、聚丙烯酰胺凝胶电泳所需的设备

最初的分析性区带电泳是使用装在玻璃管中的聚丙烯酰胺凝胶柱状胶条,即所谓的圆盘电泳(图 10-1)。目前,通常使用板胶,即板状电泳,尤其是垂直板状电泳。与圆盘电泳相比,板状电泳的优点是:①容易散热,因而使热效应引起的蛋白区带变形减少;②包括标准分

图 10-1　圆盘电泳槽

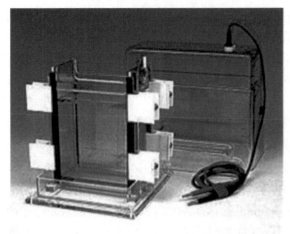

图 10-2　垂直板状电泳槽

子量蛋白质在内的多个样品可以在相同的条件下电泳,便于直接比较各样品产生的区带图;③便于干燥储存,或放射性自显影,或转移后做免疫印迹;④胶的矩形截面使吸光度测定和照相时产生光学假像的可能性减小;⑤制作方便,易剥离,样品用量少,分辨率高,既可用于分析,也可用于制备。

垂直板状电泳需要以下设备:电泳仪、电泳槽(图 10-2 ～ 图 10-4)、50μl 或 100μl 的微量注射器、烧杯、玻棒、移液管、吸管、玻璃瓶、容量瓶、天平。

图 10-3　电泳仪

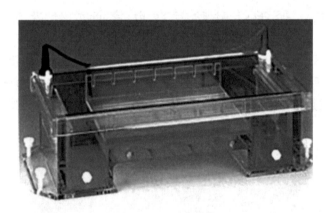

图 10-4　水平电泳槽

四、聚丙烯酰胺凝胶电泳所需的试剂及配制

(一) 试剂

高纯度的 Acr(丙烯酰胺)、Bis(甲叉双丙烯酰胺)、AP(过硫酸铵)、TEMED(四甲基乙

二胺)、Tris(N-三羟甲基氨基甲烷)、HCl、glycine(甘氨酸)。

(二) 各种储备液的配制

1.100ml Acr-Bis 混合液 29.2g Acr、0.8g Bis,蒸馏水溶解后定容至100ml,4℃保存。

2.250ml(4×)浓缩胶缓冲液 0.5mol/L Tris-HCl,pH6.8。15.4g Tris 蒸馏水溶解后,用 HCl 调节 pH 至 6.8,定容至250ml,室温保存。

3.500ml(4×)分离胶缓冲液 1.5mol/L Tris-HCl,pH8.8。90.86g Tris 蒸馏水溶解后,用 HCl 调节 pH 至 8.8,定容至500ml,室温保存。

4.800ml 电极缓冲液 4.8g Tris、23.04g glycine,蒸馏水溶解后定容至800ml,现配现用。

五、聚丙烯酰胺凝胶电泳的步骤

聚丙烯酰胺凝胶电泳的步骤以垂直板状电泳为例介绍如下:

(一) 制备电泳样品

选择 pH 和离子强度合适的缓冲液作为样品缓冲液,以保证样品的溶解性、稳定性和生物活性。通常使用的是与电泳缓冲系统相同的 pH,但离子强度仅为其1/10。为观察电泳前沿,样品缓冲液中应加有色指示剂,阳极电泳常用溴酚蓝,阴极电泳常用焦宁。含盐较多的样品应先用透析方法或用 Sephadex G-25 的凝胶过滤柱脱盐。如样品不易溶解,可用尿素和非离子去污剂,如 Triton-100、NP-40 来助溶。制备天然蛋白质样品时,所有步骤都应在低温(0~4℃)下进行,以尽可能减少蛋白质的降解和蛋白酶对样品的水解。加入适量的蛋白酶抑制剂,如苯甲基磺酰氟(phenylmethylsulphony fluoride,PMSF)和 Leupeptin,有助于抑制蛋白酶的水解作用。配制好的样品最好以 10 000g 离心 3~5min,取上清液加样,以免电泳时出现拖尾现象。

下面介绍一种处理细胞的细胞裂解液的配方(组织匀浆也可以用):

MOPS	20mmol/L
NaCl	0.15mol/L
NP-40	1%
EDTA	1mmol/L
去胆酸钠	1%

临用前加入 1mmol/L PMSF 和 2μg/ml Leupeptin。

待测细胞用上述裂解液涡漩均匀后,置于冰浴中 30min,然后 12 000g 离心 10min,取上清液,与样品处理液混匀后备用。

样品处理液:10% 甘油

0.025% 溴酚蓝

50mmol/L,pH 6.8 的 Tris-HCl

样品上清液与样品处理液按 1:1(V/V)的比例混合。

样品的使用浓度取决于样品的组成、分析目的和检测方法。对未知样品,可做一个 0.1 ~ 20mg/ml 蛋白的稀释系列,以寻找最佳加样浓度。如用考马斯亮蓝染色,样品浓度可调节为 1 ~ 2mg/ml。对高纯度样品,蛋白浓度 0.5 ~ 2mg/ml 为最佳。如用银盐染色,样品蛋白浓度可比考马斯亮蓝染色低 20 ~ 100 倍。

(二) 制胶

(1) 按电泳仪厂商使用指南安装玻璃平板夹层,并固定在灌胶支架上。

(2) 根据需分离的蛋白质分子大小选择合适的分离胶浓度,按表 10-2 配制分离胶液并赶走气泡。

表 10-2 各浓度聚丙烯酰胺凝胶液的配方

储备液	凝胶浓度				
	15%	12.6%	10%	7.5%	4%
Acr-Bis 混合液(ml)	1.95	1.64	1.3	1.0	0.54
相应的缓冲液(ml)	1.0	1.0	1.0	1.0	1.0
H_2O(ml)	1.0	1.32	1.65	2.0	2.4
TEMED(μl)	3	3	3	3	3
AP(μl)	40	40	40	40	40

注:配制总量以 4.0ml 计算。

(3) 立即用巴斯德吸管将分离胶液体沿玻璃夹层中一条垫片的边缘加入平板夹层中,至留足分离胶高度为止(视胶板大小而定)。

(4) 用另一根巴斯德吸管,先沿一边的垫片,再沿另一边的垫片缓慢加入一层水饱和异丁醇或蒸馏水(约 1cm 厚),以隔绝空气中的氧,消除液柱表面的弯月面,使凝胶液表面平坦。室温下静置聚合 30 ~ 60min。

加水时切忌呈滴状坠入,以免水与凝胶混合,浓度变稀。刚加水时可见凝胶与水之间有明显的界面,后逐渐消失,等界面再出现时,表明凝胶已经聚合。再静置 30min 使聚合完全。若聚合失败,问题往往在于 TEMED 和过硫酸铵,尤其是后者。

(5) 倾去表面的异丁醇或蒸馏水,用 1×pH 8.8 的 Tris-HCl 缓冲液冲洗凝胶表面。

(6) 按表 10-2 配制浓缩胶液体,用巴斯德吸管将浓缩胶液体沿玻璃夹层中一条垫片的边缘加入平板夹层中,至凹面玻璃板边缘为止。

(7) 将样品槽梳子插入浓缩胶液体中,必要时补充浓缩胶液体充盈剩余空间。室温下静置聚合 30 ~ 45min。

(8) 小心拔出梳子,用 1×电极缓冲液冲洗加样槽,并以缓冲液充满槽内。

(9) 将凝胶板固定到电泳装置上,在上、下缓冲液室(上、下槽)中加入适量的电极缓冲液,使上槽中的缓冲液刚好淹没凝胶的加样孔。

(三) 加样

用带平嘴针头的 25μl 或 100μl 的微量注射器,将待分离的样品和蛋白质分子质量标准样品(表10-3)缓慢、小心地加入凝胶加样孔中,使样品在孔的底部积成一薄层。加样量与凝胶板厚度有关。如有空置的加样孔,须加等体积的样品缓冲液,以防相邻泳道样品扩散。再往上槽中小心加入电极缓冲液,至完全淹没铂金电极。

表10-3 聚丙烯酰胺凝胶电泳的蛋白质分子质量标准样品(kDa)

蛋白质	分子质量	蛋白质	分子质量
细胞色素 c	11 700	乳酸脱氢酶	36 000
α-乳清蛋白	14 200	醛缩酶	40 000
溶菌酶	14 300	卵清蛋白	45 000
肌红蛋白	16 800	过氧化氢酶	57 000
β-乳球蛋白	18 400	牛血清白蛋白	66 000
胰蛋白酶抑制剂	20 100	磷酸化酶 b	97 400
胰蛋白酶原	24 000	β-半乳糖苷酶	116 000
碳酸酐酶	29 000	大肠杆菌 RNA 聚合酶	160 000
3-磷酸甘油醛脱氢酶	36 000	肌球蛋白重链	205 000

(四) 电泳

正确连接电源,先在稍小的恒流电流下电泳,至有色指示剂从浓缩胶进入分离胶,再将电流加大后继续电泳至指示剂到达凝胶底部为止。0.75mm 厚的凝胶常先在 10mA 恒流下电泳,后再加至 15mA。对于不连续缓冲体系,在浓缩胶电泳时,可用 120V 恒电压,进入分离胶后可升到 200V。

(五) 剥胶

关闭电源,拆去连接的导线,弃去电极液,取下玻璃夹板。小心抽出封边的垫片,轻轻撬开上面的玻璃平板,取下凝胶。剥胶时可用带细长针头的注射器注入少量蒸馏水于凝胶与玻璃板之间,以使凝胶易于剥离。注意操作要十分小心,以免损坏凝胶。为方便认清加样顺序,可切去凝胶一角作为标记。

(六) 固定和染色

固定和染色可以同时进行,因为通常染料的溶剂就是固定剂。常用的染色方法有以下几种:

1. 考马斯亮蓝 R-250(coomassie brilliant blue R-250) 用 0.25% 的考马斯亮蓝 R-250 与甲醇、乙酸的混合液(454ml 50% 的甲醇+46ml 冰乙酸)染色 2~10h。或先用 12.5% 的三氯乙酸固定数小时,出现白色沉淀条纹后,在其中滴加少量 1% 的考马斯亮蓝 R-250 溶液,过夜。此法染出的胶背底很浅,常不需脱色。也可先用 20% 的磺基水杨酸固定 18h,再用 0.25% 考马斯亮蓝 R-250 的无重金属离子的水溶液染色 0.5~2h。或用 0.25% 的考马斯亮蓝 R-250 的 9% 乙酸与 45% 甲醇混合液染色 0.5~2h。

2. 考马斯亮蓝 G-250 先用 5% 的三氯乙酸固定 30min,水洗数次后,再用 1% 的考马斯亮蓝 G-250 与 7% 乙酸的混合液染色 10min。或用 0.1% 考马斯亮蓝 G-250 的甲醇-水-乙酸(10：10：1,*V/V*)混合液染色 30min。

3. 氨基黑 10B（amino black 10B）　用 7% 的乙酸配制 0.5% ~1% 的氨基黑 10B 溶液,染色 2~6h 后水洗。该染料对蛋白质的染色灵敏度比考马斯亮蓝 R-250 低 5 倍、比考马斯亮蓝 G-250 低 3 倍。另外,不同蛋白质对氨基黑 10B 的着色度不等、色调不一(可呈蓝、黑、棕等颜色)。

4. 固绿（fast green）　用 7% 的乙酸配制 1% 的固绿溶液,染色 2h。最好在 10℃ 以下进行。染色灵敏度近似于氨基黑 10B。

5. 普施安亮蓝 RS(procion brilliant blue RS)　先用 20% 的磺基水杨酸固定 0.5~2h,再用 1% 的普施安亮蓝 RS 与 10% 的乙酸、50% 的甲醇混合液染色 1~2h。

6. 银染色　此法比考马斯亮蓝染色灵敏 100 倍。以下为多色银染的步骤,适合于复杂蛋白质:

(1) 配制所需液体——银染液:1.9g 硝酸银溶于 1L 去离子水中;还原液 30g 钠溶于 1L 去离子水中,使用前加 7.5ml 37% 甲醛溶液;增色液 70.5g 碳酸钠溶于 10L 去离子水中;固定液 50% 乙醇溶液+5% 乙酸溶液。

(2) 将凝胶浸泡于固定液中,室温过夜。

(3) 用去离子水洗凝胶 3 次,每次 1h。

(4) 将凝胶浸泡于银染液中,振摇 1h。

(5) 用去离子水洗去凝胶表面的银颗粒。

(6) 加甲醛于还原液中(如前述),立即将凝胶放于其中,振摇 8~10min。

(7) 将凝胶放于增色液中振摇 1h,更换增色液后再摇 1h,再更换,振摇过夜。

7. 几种特殊蛋白的染色

(1) 脂蛋白的染色:50g 苏丹黑 B 溶于 20ml 丙酮中,加 15ml 乙酸、80ml 水,搅拌 30min 后离心,取上清液染色过夜(此染液仅在两天内稳定)。

(2) 糖蛋白的染色:将凝胶浸泡于 2.5g 过碘酸钠、10ml 冰乙酸、2.5ml 浓盐酸、1g 三氯乙酸和 86ml 水的混合液中,振摇过夜,再用 10ml 冰乙酸、1g 三氯乙酸和 90ml 水的混合液洗涤 8h,其间更换几次洗涤液。再置凝胶于 Schiff 试剂中染色 16h。然后用 1g KHSO$_4$、20ml 浓盐酸和 980ml 水的混合液洗涤两次,每次 2h。所有操作均在 4℃ 下进行。

(3) 含金属蛋白的染色:16g 乙酸钠溶于 100ml 17% 的乙酸溶液中,用 1% EDTA-Na$_2$ 溶液饱和,过滤后用联苯胺盐酸盐饱和,再过滤。每 10ml 滤液中加入 3% H$_2$O$_2$ 溶液 0.1ml,浸泡凝胶于其中,20℃ 下染色 30~40min。

(七) 凝胶的脱色

凝胶的脱色方法有两种:

1. 扩散脱色　常用的脱色剂有——甲醇、水、乙酸以 5：5：1(体积比)的比例混合;甲醇、水、浓氨水以 64：36：1(体积比)的比例混合;12.5% 异丙醇溶液和 10% 乙酸溶液交替使用;10g 硫酸铜溶于 300ml 蒸馏水中,再加入 200ml 乙酸和 500ml 甲醇。

2. 电泳脱色　用电泳脱色仪进行脱色。

（八）脱色后的凝胶测定、照相及保存

凝胶成像系统可对电泳后的各样品进行定量测定。但要注意按说明书采用合适的方法扣除背景；染色方法要合适，以使样品的浓度和吸光度值呈线性关系；畸变的带不能进行准确定量。

照相时可将凝胶直接放在 X 线读片机上，用细颗粒的全色胶卷和一个中红滤片照相（图 10-5、图 10-6）。

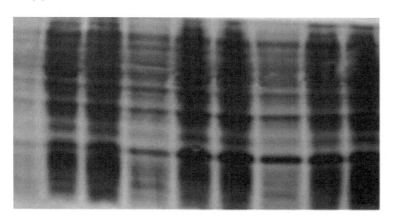

图 10-5　PAGE 考马斯亮蓝 R-250 染色照片

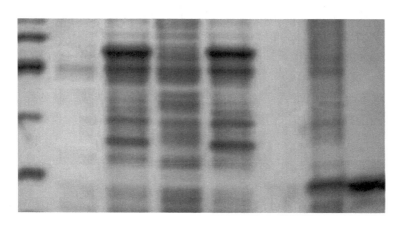

图 10-6　PAGE 硝酸银染色照片

凝胶可放在含有7%乙酸溶液的密封塑料袋中保存 2 ~ 3 个月，最好将其干燥后保存。厚度大于 1.0mm 的凝胶应用凝胶干燥仪进行干燥，薄的可自然干燥，通常将凝胶浸泡在用脱色液配制的 3% ~ 10% 的甘油溶液中 0.5h 左右，然后将其贴在薄膜上并置于玻璃板上，待凝胶发黏，用保存液浸湿过的玻璃纸或透明塑料膜包被凝胶，晾干即可。注意避免气泡进入。

（九）可能发生的问题、原因及解决办法

1. 凝胶聚合太慢或不聚合　凝胶聚合应在 30min 到 1h 内完成。凝胶聚合太慢或不聚合最常见的原因是过硫酸铵失效或量不够,应新鲜配制,或换其他批号的过硫酸铵,或增加其浓度;单体纯度不够也影响聚合,需重结晶或换其他批号的单体;温度太低也会延缓凝胶聚合,从冰箱取出的单体溶液应回复到室温后再配制。

2. 凝胶聚合太快　过硫酸铵或四甲基乙二胺用量太多常导致过快聚合,凝胶易龟裂,并且电泳时易烧焦,应减少两者的用量;若因动作太慢所致,则应加快操作。

3. 聚合后凝胶从玻璃板上脱落　常因玻璃板不清洁所致,应清洁玻璃板。

4. 样品不能在样品池底部形成一层样品层　样品缓冲液中遗漏了蔗糖或甘油,导致样品不能下沉;或样品梳齿未能与玻板紧贴,两者间有凝胶聚合而影响载样,应使用合适的样品梳。

5. 电泳后未检测出蛋白带　原因很多。如加样量太少;染色液性质不合适,或染色液浓度不够,或染色时间不够;分离胶浓度太高,样品不能进入,或浓度太低,样品已电泳出分离胶;样品中含有水解酶,样品被降解。以上问题可采取相应措施解决。

6. 样品分离区带展宽或拖尾　加样量太多或样品浓度太高;样品溶液离子强度太高;缓冲液组成、pH 不合适。可通过减少加样量、降低样品浓度、进行去离子化处理等方法解决。

7. 分离样品带呈条纹状　凝胶聚合不完全;样品溶解不完全;样品过量或产生沉淀;样品缓冲液不新鲜;凝胶中有微小气泡。如 1 所述可解决凝胶聚合不完全的问题;制胶和插入加样梳时小心操作,避免小气泡混入。

8. 只显示一条区带　电极缓冲液变质或重复使用次数太多,pH 发生变化,分不清指示染料前沿和样品分离区带。

9. 蛋白区带不明显且背底深　由于样品蛋白质水解过度造成。制备样品时注意低温操作,并应用蛋白酶抑制剂可消除上述现象。

六、梯度胶电泳

以上介绍的垂直平板电泳的分离胶浓度是均一的。当所分离的蛋白成分复杂、分子质量范围较大时,使用浓度梯度聚丙烯酰胺凝胶电泳进行分离效果更好。浓度梯度聚丙烯酰胺凝胶电泳是指随着凝胶浓度逐渐增高,凝胶孔径逐渐减小,不同大小蛋白质分子的移动就会在不同的区域受阻,形成较窄的区带。浓度梯度聚丙烯酰胺凝胶电泳的步骤与前述均一胶相似,但浓度梯度聚丙烯酰胺凝胶必须要有一台梯度混合器来完成制胶工作,如图 10-7 所示。常用的凝胶浓度

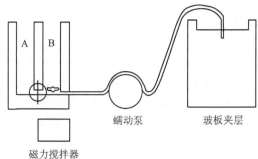

图 10-7　梯度混合器

梯度为 4% ~ 22%,按需要配制一定体积的重溶液(T = 22% + 甘油)和轻溶液(与重溶液相同体系的溶液,但不含凝胶和甘油),脱气后重溶液加入混合器的 B 槽、轻溶液加入 A 槽,加入过硫酸铵催化剂后即灌胶。总的灌胶时间为 5min 左右。电泳条件可根据所用的电源性质来选择(图 10-8)。一般可用电压 600V 左右、电流 50mA 左右、功率 30W 左右,电泳时间为 1.5 ~ 2h。常用的 4% ~ 22% 浓度梯度聚丙烯酰胺凝胶的工作溶液配制如下:

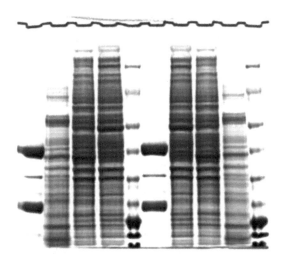

图 10-8　梯度胶 PAGE 考马斯亮蓝 R-250 染色照片

1. 凝胶储备溶液

29.2g 丙烯酰胺

0.8g Bis

0.04g 溴酚蓝

25ml 87% 甘油溶液

用蒸馏水定容到 100ml,过滤,4℃ 储存。

2. 凝胶缓冲液储备溶液　1.5mol/L Tris-HCl 缓冲液,pH8.8(18.17g Tris、0.01g NaN_3,溶于 80ml 蒸馏水中,用 HCl 调至 pH 8.8,用蒸馏水定容到 100ml)。

3. 重溶液　15ml 凝胶储备溶液,5ml 凝胶缓冲液储备溶液,排气 2min 后,加 20μl 40% 过硫酸铵溶液和 6μl TEMED。

4. 轻溶液　15ml 蒸馏水,5ml 凝胶缓冲液储备溶液,排气 2min 后,加 20μl 40% 过硫酸铵溶液和 6μl TEMED。

第四节　SDS-聚丙烯酰胺凝胶电泳

在聚丙烯酰胺凝胶电泳中,蛋白质所带的净电荷、分子质量和形状均会影响迁移率。若在整个电泳体系中加入十二烷基硫酸钠(sodium dodecyl sulfate,SDS),则电泳的迁移率主要由分子质量决定,而与所带净电荷和形状无关,这种电泳叫 SDS-聚丙烯酰胺凝胶电泳(SDS-PAGE),是目前测定蛋白质亚基分子质量最好的方法,该方法操作简便、快速、重复性好。此法由 Shapiro 等于 1967 年建立,1969 年,由 Weber 和 Osborn 进一步完善。

一、原　　理

SDS 是一种阴离子去污剂,在水溶液中以单体和分子团的混合形式存在。它能断裂分子内和分子间的氢键,使分子去折叠,从而破坏蛋白质分子的二级和三级结构,特别是在有强还原剂,如巯基乙醇和二硫苏糖醇存在的情况下,由于蛋白质分子内的二硫键被还原剂打开并不易再氧化,解聚后的氨基酸侧链与 SDS 充分结合,形成带负电荷的蛋白质-SDS 胶束,所带的负电荷量大大超过蛋白质原有的电荷量,从而使不同分子间原有的电荷差异可以忽略不计。

蛋白质-SDS 胶束在水溶液中呈椭圆形长棒状,不同蛋白质亚基-SDS 胶束棒的短径基本相同,约 18Å,而长径则与亚基分子质量大小成正比。因此,蛋白质亚基-SDS 胶束在 SDS-聚丙烯酰胺凝胶电泳系统中的迁移率不再受原有电荷的影响,而主要取决于胶束棒的长径,即蛋白质或蛋白质亚基分子质量的大小。当蛋白质的分子质量在 15~200kDa 时,电泳迁移率与分子质量的对数呈线性关系(在 20~60kDa 范围内的线性关系最好)。因此,SDS-聚丙烯酰胺凝胶电泳不仅可以分离蛋白质,而且可以根据迁移率大小测定蛋白质亚基的分子质量。

蛋白质与 SDS 的结合程度是影响 SDS-聚丙烯酰胺凝胶电泳的主要因素之一。而两者之间的结合又受下面三方面因素的影响。①溶液中 SDS 单体的浓度:只有 SDS 单体才能与蛋白质分子结合。在一定温度和离子强度下,当 SDS 总浓度达到某一值时,溶液中单体的浓度不会随 SDS 总浓度的增加而增加。当蛋白质与 SDS 的重量比为 1∶4 或 1∶3 时,两者能达到最充分的结合。②样品缓冲液的离子强度:只有在低离子强度(通常为 10~100mmol/L)的缓冲液中,SDS 单体才具有较高的平衡浓度。③二硫键被还原的程度:只有二硫键被彻底还原,蛋白质分子才能被解聚,SDS 才能定量地结合到蛋白质亚基上,后者的分子质量才与迁移率间呈现对数的线性关系。一般以巯基乙醇做还原剂,在某些情况下,还需将形成的巯基进一步烷基化,以免巯基在电泳过程中重新氧化而形成蛋白质聚合体。

根据电泳系统中缓冲液、凝胶浓度和 pH 是否相同,SDS-聚丙烯酰胺凝胶电泳可分为 SDS-连续电泳和 SDS-不连续电泳(包括梯度凝胶电泳)两类,后者具有较强的浓缩效应,其分辨率较前者高。根据电泳形式又分为圆盘电泳和平板电泳(包括垂直和水平)。根据对样品的处理方式分为还原 SDS 电泳、非还原 SDS 电泳和烷基化的连续电泳法测定蛋白质还原 SDS 电泳。

二、用 SDS-连续电泳和 SDS-不连续电泳法测定蛋白质的分子质量

(一) 材料和试剂

1. 标准分子质量蛋白质 见表 10-3。

2. 10% SDS 溶液 10g SDS 溶于 100ml 蒸馏水中。

3. 1% TEMED 1ml TEMED,加蒸馏水稀释至 100ml,盛于棕色瓶内,4℃保存。

4. 10% 过硫酸铵溶液 1g 过硫酸铵溶于 10ml 蒸馏水中。临用前配制。

5. 样品处理液 SDS-连续电泳用含 2% SDS、5% 巯基乙醇、40% 蔗糖或 10% 甘油、0.02% 溴酚蓝的 0.01mol/L pH 7.8 的磷酸盐缓冲液。SDS-不连续电泳用含 2% SDS、5% 巯基乙醇、40% 蔗糖或 10% 甘油、0.02% 溴酚蓝的 0.01mol/L pH 7.8 的 Tris-HCl 缓冲液。

6. 电极缓冲液 SDS-连续电泳的电极缓冲液为含 0.1% SDS 的 0.1mol/L pH 7.8 的磷酸盐缓冲液。SDS-不连续电泳的电极缓冲液为含 0.1% SDS 的 0.05mol/L Tris、0.384mol/L

甘氨酸、pH 7.8 的缓冲液。

7. 凝胶缓冲液　SDS-连续电泳的凝胶缓冲液为 1mol/L pH 7.8 的磷酸盐缓冲液。SDS-不连续电泳的凝胶缓冲液为:浓缩胶用 0.5mol/L pH 6.8 的 Tris-HCl 缓冲液;分离胶用1.5mol/L pH 8.8 的 Tris-HCl 缓冲液。

8. 凝胶储备液　SDS-连续电泳的凝胶储备液为 30% Acr-0.8% Bis 溶液。SDS-不连续电泳凝胶储备液为:浓缩胶用 10% Acr-0.5% Bis 溶液;分离胶用 30% Acr-0.8% Bis 溶液。

(二) 操作步骤

1. 样品处理

(1) 标准蛋白质样品处理:选择合适分子质量范围的标准蛋白质样品溶于样品缓冲液中,煮沸 3~5min,分装,在-20℃可保存 6 个月。临用时需再煮沸 3~5min 并加还原剂。

(2) 待测样品的处理:与前述普通 PAGE 的样品前期处理相同,但要用上面 5 所述的样品处理液,并煮沸 3~5min。分装后-4℃可短期保存,-20℃可保存 6 个月。

2. 凝胶的制备　凝胶的制备过程和方法与前述普通 PAGE 相似,但需用本部分前述配制的试剂。各浓度凝胶溶液的配制见表 10-4、表 10-5。

表 10-4　SDS-连续电泳系统各浓度凝胶溶液的配制

储备液	各浓度凝胶所需储备液的量(ml)					
	5% 凝胶	7% 凝胶	10% 凝胶	12% 凝胶	15% 凝胶	20% 凝胶
30% 凝胶储备液	5	7	10	12	15	20
1mol/L pH 7.83 磷酸盐缓冲液	3	3	3	3	3	3
10% SDS 溶液	0.3	0.3	0.3	0.3	0.3	0.3
1% TEMED 溶液	2	2	2	2	2	2
蒸馏水	19.5	17.5	14.5	12.5	9.5	4.5
10% 过硫酸铵溶液	0.2	0.2	0.2	0.2	0.2	0.2

注:凝胶溶液总量为 30ml。

表 10-5　SDS-不连续电泳系统各浓度凝胶溶液的配制

储备液	10ml 5% 浓缩胶所需储备液的量(ml)	30ml 各浓度凝胶所需储备液的量(ml)				
		7%	10%	12%	15%	20%
浓缩胶储备液	5	–	–	–	–	–
浓缩胶缓冲液	2.5	–	–	–	–	–
分离胶储备液	–	7	10	12	15	20
分离胶缓冲液	–	7.5	7.5	7.5	7.5	7.5
10% SDS 溶液	0.1	0.3	0.3	0.3	0.3	0.3
1% TEMED 溶液	0.8	2	2	2	2	2
蒸馏水	1.5	13	10	8	5	–
10% 过硫酸铵溶液	0.1	0.2	0.2	0.2	0.2	0.2

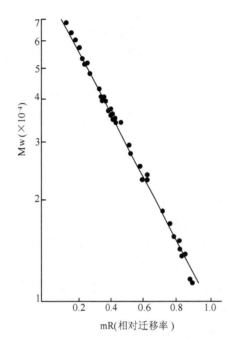

图 10-9　37 种标准蛋白质经 SDS-凝胶电泳
后作出的标准曲线图

3. 后续步骤　后续步骤与普通 PAGE 相同,不再赘述。由于 SDS 和蛋白分子竞争染料,考马斯亮蓝染色会受到干扰,因此,SDS-凝胶电泳后固定和染色的时间应比普通 PAGE 长 1 倍左右。

4. 蛋白质分子质量的计算　测量各蛋白染色带中心与凝胶加样端的距离,按以下公式计算相对迁移率(mR):

$$相对迁移率(mR) = \frac{蛋白质样品迁移距离(cm)}{溴酚蓝指示剂迁移距离(cm)}$$

以标准蛋白质样品的相对迁移率为横坐标,其分子质量的对数为纵坐标,在半对数纸上作图,得到本次实验的标准曲线(图 10-9)。根据待测样品的相对迁移率,可从标准曲线上查得该样品的分子质量。每一标准曲线只对同一块凝胶上的样品分子质量测定才具有可靠性。

对于垂直板状电泳,可不求迁移率而直接以标准蛋白质样品的迁移距离为横坐标。用待测样品的迁移距离从标准曲线上查得其分子质量。

5. 问题及解决的方法　SDS-聚丙烯酰胺凝胶电泳后的结果分析及实验过程中可能遇到的问题和解决方法与普通聚丙烯酰胺凝胶电泳相同,详见前述。

第五节　聚丙烯酰胺凝胶双相电泳——2D 电泳

聚丙烯酰胺凝胶双相电泳是一种由任意两个单相聚丙烯酰胺凝胶电泳组合而成的,是在第一相电泳后再在其垂直方向上进行第二次电泳的分离方法。组成双相电泳的两个单相电泳的原理应有很大的不同,才能得到精细的结果。1975 年,O'Farrell 等根据按蛋白质不同组分间等电点差异和分子质量差异分离的原理,建立了 IEF(等电聚焦)/SDS-聚丙烯酰胺凝胶双相电泳的分离技术,简称 IEF/SDS-PAGE。等电聚焦聚丙烯酰胺凝胶电泳为第一相,SDS-聚丙烯酰胺凝胶电泳为第二相,此法可分离 5000 种不同的蛋白质组分,其分辨率之高,是目前其他单相、双相聚丙烯酰胺凝胶电泳无法比拟的。现先介绍等电聚焦聚丙烯酰胺凝胶电泳。

一、等电聚焦聚丙烯酰胺凝胶电泳的原理

等电聚焦(isoelectrofocusing, IEF)是 20 世纪 60 年代由瑞典科学家 Svensson 和 Vesterberg 建立起来的一种蛋白质分离分析手段。蛋白质是由不同种类的氨基酸构成的,一些氨基酸的侧链在一定 pH 的溶液中解离而带有电荷。构成蛋白质的所有氨基酸残基上所

带正、负电荷的总和即为蛋白质的净电荷。在低 pH 时蛋白质的净电荷为正,反之则为负,而使其净电荷为零的 pH 就是该蛋白质的等电点(pI)。不同的蛋白质由不同的氨基酸组成,因而其等电点不同。

等电聚焦就是在电解槽中放入载体两性电解质,当通以直流电时,即形成一个由阳极到阴极逐步增加的 pH 梯度。蛋白质在此体系中因解离而带不同的电荷,其泳动率也不同。各蛋白质分子泳动到各自的等电点时即停止移动,彼此因而得以分离。

等电聚焦电泳具有分辨率高、可抵消扩散作用、高度浓缩低浓度样品等优点,可同时达到分离蛋白质和测定 pI 的目的。

二、关于载体两性电解质

理想的载体两性电解质应具备以下性质:

(1) 缓冲能力强,在等电点处有足够的缓冲力,使 pH 梯度稳定而不受样品蛋白质或其他两性分子的影响。

(2) 电导性均匀,在等电点处有足够的电导,以使一定的电流通过。不同等电点处的载体要有相似的电导系数,以使整个体系的电导均匀。

(3) 分子质量小,以便在电泳结束后易于用分子筛或透析等方法将其与蛋白质分离。

(4) 化学组成不同于被分离物质,以免产生干扰。

(5) 不使被分离物变性或与其发生反应。

三、薄层分析聚焦聚丙烯酰胺等电聚焦

聚丙烯酰胺凝胶厚度在 0.5mm 以下。

(一) 制胶

制胶有三种方法:

1. 盖板法　模具简单,操作方便,但不宜制作大胶。可自己制作模具。

2. 平移法　用瑞典 Amersham Pharmacia Biotech 公司的 Ultromould 模具进行平移法灌胶。操作方便,容易成功,但模具较贵。

3. 毛细管灌胶法　模具简单,胶的厚度、大小可由自己制作的模具控制。

制胶所用的模具为两块玻璃板,其中一块两侧带有 0.5mm 厚的边,两个夹子。在不带边的玻璃板上放少量水,用滚筒将一张黏性很好的塑料薄膜或玻璃纸(预先在蒸馏水中浸泡)压在其上,避免产生气泡。盖上带有 0.5mm 厚边的玻璃板,用夹子在玻璃板的长边侧夹紧两块玻璃板,水平置于一空盘内。配制凝胶溶液见表 10-6。

表 10-6　不同 pH 的凝胶溶液的配制（ml）

	pH 范围			
	3.5 ~ 9.5	2.5 ~ 4.5	4.0 ~ 6.5	5.0 ~ 8.0
29.1% Aer 溶液	2.5	2.5	2.5	2.5
0.9% Bis 溶液	2.5	2.5	2.5	2.5
40% 载体两性电解质	1.0	1.0	1.0	1.0
蒸馏水	8.5	8.5	8.5	8.5
1% 过硫酸铵溶液	0.5	0.4	0.5	0.5
0.6% 硝酸银溶液	–	0.1	–	–

注：配制总量为 15ml，可根据玻璃板的大小按比例改变各试剂用量。在加过硫酸铵前，先抽气 5 ~ 10min。

　　配好胶后，用带橡皮管的注射器将配好的凝胶溶液均匀、缓慢地注入模具的玻璃板之间。室温下聚合约 1h 后，将一薄刀插入底层玻璃板与塑料薄膜之间，轻轻分离玻璃板与塑料薄膜。小心地用薄刀沿玻璃板边缘将凝胶剥离，再剥去塑料膜，即得到整块凝胶。凝胶可立即使用，也可放入湿盒中于 4℃ 保存。

（二）电泳

　　打开循环水浴，设置冷却温度为 4 ~ 10℃（因等电聚焦时，电场的高压会产生大量的热）。将凝胶铺在冷却板上，为避免气泡进入，以保证胶板与冷却板的良好接触，需在冷却板上涂以液状石蜡或煤油。用合适的电极溶液（表 10-7）湿润滤纸电极条，然后分别放置滤纸阳、阴极电极条于凝胶两侧。根据等电聚焦的原理，样品可加在凝胶上任何位置，浓度一般为 0.5 ~ 2μg/μl，也可加在加样滤纸上。将电极分别放在滤纸电极条的中心，再将阳极、阴极分别与电源的正、负极相连。接通电源，电参数见表 10-8。电泳 0.5h 后去掉加样滤纸。

表 10-7　电极溶液

pH 范围	阳　极	阴　极
3.5 ~ 9.5	1mol/L 磷酸	1mol/L 氢氧化钠
2.5 ~ 4.5	1mol/L 磷酸	0.4mol/L HEPES
4.0 ~ 6.5	0.5mol/L 乙酸	0.5mol/L 氢氧化钠
5.0 ~ 8.0	0.5mol/L 乙酸	0.5mol/L 氢氧化钠
2.5 ~ 4.0	1mol/L 磷酸	2% 载体两性电解质 pH 6 ~ 8
3.5 ~ 5.2	1mol/L 磷酸	2% 载体两性电解质 pH 5 ~ 7
4.5 ~ 7.0	1mol/L 磷酸	1mol/L 氢氧化钠
5.5 ~ 7.7	2% 载体两性电解质 pH 4 ~ 6	1mol/L 氢氧化钠
6.0 ~ 8.5	2% 载体两性电解质 pH 4 ~ 6	1mol/L 氢氧化钠
7.8 ~ 10.0	2% 载体两性电解质 pH 4 ~ 8	1mol/L 氢氧化钠

表 10-8　电参数

pH 范围	上限电压(V)	上限电流(mA)	上限功率(W)	时间(min)
3.5~9.5	2000	50	25	30
2.5~4.5	1500	25	15	60
4.0~6.5	2000	25	25	60
5.0~8.0	2000	50	25	60

注:本表参数适合于126mm×250mm×0.5mm 的 Ampholine 凝胶。

(三) pH 梯度的测定

用表面电极从阴极到阳极每隔1cm 测一值,也可染色后根据等电点标准样品的位置和等电点数据画出 pH 梯度曲线。为防止聚焦带扩散,用表面电极测量后,再聚焦 5~10min。

(四) 固定、染色、脱色

前述普通聚丙烯酰胺凝胶的染色方法均适用于等电聚焦电泳。电泳结束后按以下步骤操作:

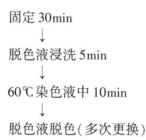

固定 30min
↓
脱色液浸洗 5min
↓
60℃染色液中 10min
↓
脱色液脱色(多次更换)

四、双相电泳

前面介绍了聚丙烯酰胺凝胶等电聚焦电泳和 SDS-聚丙烯酰胺凝胶电泳,下面再来讨论双相电泳就很简单了。

IEF/SDS-PAGE 双相电泳的第一相常用柱状,第二相常用板状。虽然 IEF/SDS-PAGE 双相电泳的原理与 IEF-PAGE、SDS-PAGE 单相电泳的原理基本相同,但在具体操作上却有较大差别。必须注意:

1. 第一相电泳分离系统与相应的单相电泳不同　为了保证蛋白质能在第二相电泳时与 SDS 充分结合,必须在第一相电泳系统中加入高浓度的尿素和适量的非离子型去污剂 NP-40。在蛋白质样品处理液中除以上两者外,还需加入二硫苏糖醇(dithiothreitol,DTT)。这些试剂可破坏蛋白质分子内的二硫键,使蛋白质变性、肽链舒展,有利于蛋白质与 SDS 充分结合,但它们本身并不带电荷,不会影响蛋白质原有的电荷量和等电点。

2. 第二相的加样操作与 SDS-PAGE 单相电泳不同　首先将固定好的第一相凝胶柱用去离子水洗 3 次,再放入与 SDS-PAGE 样品处理液一致的平衡液(含 SDS 和 β-巯基乙醇)中振荡平衡3min,更换平衡液后再振荡平衡 1~2h。经振荡平衡后,凝胶柱内原有的第一相电泳分离系统被第二相的电泳分离系统所取代。β-巯基乙醇使蛋白质分子的二硫键保持还原状态,以便蛋白质与 SDS 充分结合,从而完成第二相 SDS-PAGE 的样品处理。经平衡处理后的凝胶柱包埋在第二相的凝胶板上端,完成第二相电泳的加样。其余电泳过程与前述 IEF-PAGE、SDS-PAGE 单相电泳相同。

五、IEF/SDS-PAGE 双相电泳注意的事项及经验体会

1. 对蛋白质样品处理要求较严格 样品需离心除去凝聚颗粒;尽可能除去核酸;低温保存,以免其中的尿素分解,最终导致蛋白质带电性质的改变;样品中不应含有 SDS。

2. 样品加样量 加样量的大小与所用的检测方法有关。若采用灵敏度高的检测方法,则加样量应相应减少,反之,则应相应增加。考马斯亮蓝染色的灵敏度在微克级水平,要分析几百个蛋白质组分时,蛋白质总量应达到几百微克。

3. 第一相电泳的环境温度 尿素在低温时容易析出,高温时容易分解。因此,第一相电泳的环境温度应保持在 20 ~ 35℃。

4. 第一相电泳后凝胶柱的平衡 平衡时间应控制在 30min 左右。时间过长,蛋白质会因扩散而丢失;时间过短,凝胶柱内分离系统变换不完全,将影响蛋白质与 SDS 的结合,进而影响第二相的分离效果。

5. 两相制胶所用的玻璃管和玻璃板要清洁 先用洗液浸泡,再用清水充分冲洗、蒸馏水洗涤,最后用乙醇清洗并干燥。若这些器具不清洁,可能造成凝胶与玻璃管或玻璃板剥离,从而产生气泡、脱胶或胶柱、胶板断裂。

六、电泳后蛋白质的回收

聚丙烯酰胺凝胶电泳后可通过扩散洗脱和电泳洗脱两种方法从凝胶中回收蛋白质。

1. 扩散洗脱 用剪刀或匀浆器将凝胶条捣碎,浸泡于大约 3 倍体积的合适的缓冲液中。凝胶碎片可通过离心除去。

2. 电泳洗脱 用一定的装置将凝胶中的蛋白质通过电泳洗脱出来,并分别移入小室中再行收集。

(周 雪 章 为 杨桂枝)

第六节 毛细管电泳

一、毛细管电泳的基本原理

毛细管电泳分离物质的原理实质上就是物质差速运动的结果。在毛细管电泳中物质主要有两种运动:电泳和电渗。电泳是带电粒子在电场作用下的定向移动。电渗是因为毛细管壁带负电(硅胶表面的硅羟基离解或表面的电离离子吸附)吸引异电离子

（正离子），这些离子在高电场作用下朝负极方向运动，在电泳过程中通过碰撞等作用使溶剂分子也同向运动，从而产生了电渗。物质粒子在毛细管中的运动速度则是这两种运动速度之和，通常电渗流的速度是电泳流速度的 5~7 倍，因而粒子的速度主要由电渗速度决定，从而可以实现所有的样品组分向同一方向泳动及正负离子的同时分离。因为正离子的泳动方向与电渗方向相同，所以最先流出；中性离子的泳动速度为零，在正离子后流出；而负离子因泳动方向和电渗相反，最后流出。通过控制和改变物质离子的电泳和电渗，使不同的物质在毛细管中的移动速度不同，从而实现对物质的分离（图 10-10）。

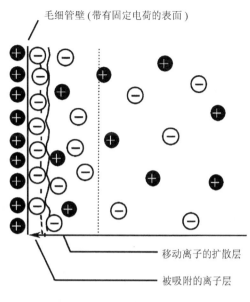

图 10-10　毛细管电泳原理

二、仪器基本构造

毛细管电泳仪的结构很简单，可以自行组装，也有商品出售。其基本结构通常包括高压电源、毛细管柱、检测器、缓冲液储槽、铂丝电极及数据处理系统。其装置如图 10-11。毛细管电泳是在内径 25~100 μm 的弹性石英毛细管中进行的，样品进入毛细管中，在高压作用下，在毛细管中进行分离，分离后的物质分别流至毛细管开窗处进行检测，检测信号通过数字信号转换输入电脑中进行分析。

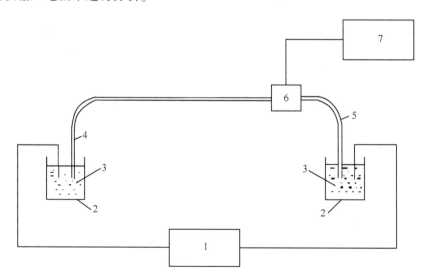

图 10-11　毛细管电泳仪器结构示意图

1. 高压电源；2. 电极瓶；3. 缓冲溶液；4. 毛细管入口端；5. 毛细管出口端；6. 检测器；7. 数据处理机

三、毛细管电泳分离蛋白质的实验流程

毛细管电泳是近 10 年来迅速发展的一种分离分析技术。在毛细管的发展过程中,专家们不断地引入各种分离模式,并对毛细管电泳仪进行了不断的改进,从而使这一技术应用到了各个领域,成为了当今最主要的分离工具之一。与高效液相色谱相比,毛细管电泳有着更高的分离效率、更少的样品需求量和更低的操作成本。因此,毛细管电泳在分子生物学领域得到空前的发展。目前,毛细管电泳在蛋白质的分离分析和微量制备中有着广泛的应用,如蛋白质样品纯度的检测、组织细胞和血液中的蛋白质分析、部分生化反应过程的研究和探测、蛋白质分子质量和等电点的测定、蛋白质结构的研究及蛋白质的微量制备等。下面仅就毛细管电泳分离蛋白质的一般实验流程进行叙述。

(一) 选择分离模式

为了达到最佳的分离结果,首先要选择电泳的分离模式。毛细管电泳有许多的分离模式,常见的有毛细管区带电泳(CZE)、胶束电动毛细管色谱(MEKC)、毛细管筛分电泳(无胶筛分毛细管电泳 NGCE、毛细管凝胶电泳 CGE)、毛细管等电聚焦电泳(CIEF)、亲和毛细管电泳(ACE)。在选择分离模式时,应从操作的简单性出发,首先考虑自由溶液分离模式,如CZE、MEKC、NGCE。CZE 是最基本的一种模式,在蛋白质分离中最常用到,MEKC 在分离中性物质时有着极大的优势,而 NGCE 在分离蛋白质的同时可提供蛋白质的分子质量;如果分离不佳,可以考虑用 CIEF 模式进行实验。当希望只分离出所需组分时,可考虑用 ACE 这些选择性较高的分离模式。下面简述一下在蛋白质分离中常见的几种分离模式。

1. 毛细管区带电泳　毛细管区带电泳是毛细管电泳中最基本也是应用最广泛的一种分离模式。其分离机制是基于样品组分间有不同的质荷比,从而有不同的迁移速度而得到分离。实际上就是在一根毛细管空柱中,注入具有一定 pH 缓冲能力的自由溶液,待测物质在高压电场作用下,于毛细管中进行分离。CZE 在氨基酸、多肽及蛋白质的纯度鉴定、变体筛选和构象分析等方面应用较广。

2. 胶束电动毛细管色谱　胶束电动毛细管色谱和毛细管区带电泳极为相似,仅是其缓冲溶液中所加入的表面活性剂的量超过了形成胶束的临界浓度。当表面活性剂浓度超过了此临界浓度,其单体就结合在一起聚集成球形的胶束。形成的胶束如同色谱中的固定相,而缓冲液则如流动相,待测物样品在两相间进行分配,由于分配行为的差异产生差速运动而得到分离。在此分离模式下,中性粒子也可因疏水性的不同而得到分离,疏水性越强,保留在胶束中的时间就越长。表 10-9 列出了常用的表面活性剂的临界胶束浓度。

表 10-9　表面活性剂的临界胶束浓度

种　类	名　称	英文缩写	临界浓度(mol/L)
阴离子表面活性剂	十二烷基硫酸钠	SDS	8.2
	十二烷基磺酸钠	SDS	7.2
	胆酸	ChA	14
	脱氧胆酸	DChA	5
	十四烷基硫酸钠	STS	2.1

续表

种　类	名　　称	英文缩写	临界浓度（mol/L）
阳离子表面活性剂	溴化十二烷基三甲铵	DTAC	14
	氯化十二烷基三甲铵	DTAC	16
	溴化十六烷基三甲铵	CTAB	0.92
	溴化十四烷基三甲铵	TTAB	3.5
两性离子	Sulfobetaine		3.3
中性分子	TritonX-100		0.24
	Brij-35		0.1

3. 毛细管凝胶电泳 毛细管凝胶电泳的原理和常规的凝胶电泳相同,以凝胶或聚合物网络为分离介质,根据被测组分的质荷比和分子体积不同而进行分离(图 10-12)。在毛细管中进行凝胶电泳,可以更好的进行定量分析。但是,在毛细管中灌注凝胶难度较大,凝胶柱寿命也较短,并且聚丙烯酰胺在紫外光处有强吸收,因而只能在 280nm 处检测蛋白质,灵敏度较低,从而限制了它的使用。目前,毛细管凝胶电泳主要应用于分子生物学和蛋白质化学研究等方面,如核苷酸纯度分析、基因治疗中特征基因分析、PCR 扩增产物分析、DNA 限制性片断分析、蛋白质分离分析等。

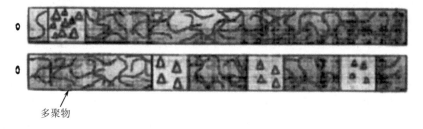

毛细管凝胶电泳

多聚物

图 10-12　毛细管凝胶电泳基于分子尺寸的分离

4. 无胶筛分毛细管电泳 介于 CZE 和 CGE 之间的一种分离模式。用低黏度的线性聚合物代替高黏度交联的聚丙烯酰胺,分离机制仍是通过分子筛效应按分子大小进行分离。分析时可将预先聚合好的聚合物溶液溶于缓冲液并用压力压入柱内,经过一个分离周期后,冲洗柱子,又可不断重复进行。该柱子制备简单,寿命较长,且所有的筛分聚合物在紫外光处吸收很低,可以在 200nm 左右处检测蛋白质,灵敏度较高,但分离效能较凝胶柱低。常用于分离蛋白质的无胶筛分剂有聚乙二醇和葡聚糖,选用的浓度随分离物质分子的增大而降低。

5. 等电聚焦毛细管电泳 该原理同传统的等电聚焦电泳相似,利用蛋白质或多肽物质等电点的不同而在毛细管内进行分离的电泳技术。在毛细管中进行的等电聚焦电泳实际上就是一个 pH 梯度的毛细管区带电泳。等电聚焦毛细管电泳时,阴阳极缓冲槽中所装有的溶液不同,在阳极缓冲槽中装满稀磷酸(通常为 20～50mmol/L),阴极缓冲槽中装满稀的氢氧化钠溶液(通常为 10～50mmol/L),采用压力进样将样品和两性电解质的混合物压入毛细管中,施以高压,在毛细管中即可建立起一个 pH 梯度。采用两性电解质混合溶液作为载体电解质,当毛细管两端施加电压时,带电的蛋白质或多肽以不同的速度迁移通过介质,带正电的向负极迁移,带负电的向正极迁移,当它们迁移到 pH=pI(等电点)区带时,静电荷为零,不再迁移,并在此产生一个非常窄的区带,蛋白质在管中便可因各自不同的 pI 而形成聚焦带(图 10-13)。然后通过从毛细管一端施加压力或在一个电极槽中加入盐类等办法来移动溶质和两性电解质,使已聚焦的蛋白质或多肽区带依次通过检测器而被检测。

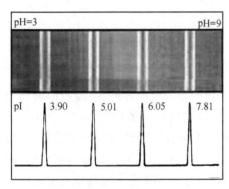

图 10-13　蛋白质在管中因不同的 pI 形成聚焦带

毛细管聚焦电泳具有很高的分辨率,可以分离等电点仅相差 0.01pH 的蛋白质。相对于传统的等电聚焦电泳而言,又有可实现自动化、节约分析时间(经典聚焦电泳耗时需要数小时,而毛细管聚焦电泳可在几十分钟内就可完成)、易于定量等优点。目前,在蛋白质 pI 的测定、异构体的分离和用其他方法难以分离的蛋白质分析中有很好的应用前景。但是,电渗流不利于毛细管等电聚焦的分离,因其往往使两性电解质在溶质聚焦完成之前就流出毛细管,故应尽量降低甚至消除电渗流,常常是通过对毛细管内壁进行动力学涂壁或共价键合改性来进行。

6. 亲和毛细管电泳　亲和毛细管电泳是一种特殊的毛细管区带电泳模式。将抗原(抗体)加入缓冲液中或涂布在毛细管管壁上,将相应的抗体(抗原)作为样品进行电泳;或者在毛细管外进行抗原-抗体反应后,再行电泳。该电泳法分离效率高、纯化度高,目前已为广大学者所关注。

7. 毛细管电色谱(CEC)　毛细管电色谱是近年发展起来的一种新型高效微分离电泳技术,是高效液相色谱和毛细管区带电泳结合的产物,其基本原理是将高效液相色谱固定相填充在毛细管内(填充毛细管电色谱)或键合、涂布在毛细管的内表面(开管毛细管电色谱),以电渗流推动流动相,根据样品中各组分在电场中迁移速度的不同或在两相间的分配系数的不同而进行分离。毛细管电色谱不仅具有高效液相色谱法的高选择性,也具有毛细管区带电泳的高分离效能。柱效一般可达 20 万塔板/m 以上,最高可达 800 万塔板/m。由于在体系中引入了液相色谱固定相,而且其种类较胶束毛细管电动色谱中使用的表面活性剂多得多,所以,毛细管电色谱更有利于分离中性化合物。

目前,毛细管电色谱已用于蛋白质的分析测定,但其缺点是毛细管色谱柱的制备比较复杂,从而限制了它的应用。

(二) 毛细管柱的准备

1. 毛细管柱的前处理　对于新的未涂层的毛细管柱,在使用前应用 0.1mol/L 的盐酸、0.1mol/L 氢氧化钠及水冲洗 30~60min,运行前用所使用的缓冲液平衡 2~4h,若中途更换缓冲液,也需要用所换的缓冲液平衡后才能使用。每次进样分离完后,在下次进样前,也应用工作缓冲液冲洗毛细管 2min 左右,使柱子达到平衡。

2. 毛细管柱的涂层　利用毛细管进行蛋白质分离时,由于蛋白质分子和管壁之间的相互作用,很容易引起管壁对样品的吸附,尤以碱性蛋白质更甚。这种吸附作用对分离分析有着很大的影响,不仅会引起基线的不稳定,回收率的降低,还会影响测定的稳定性,使定性定量工作难以进行。因而通常会将毛细管管壁进行一定的改性,如将毛细管管壁做惰化处理,消除其对蛋白质的吸附。蛋白质的毛细管涂层所需要的是亲水性涂层。管壁的涂层方式很多,有物理涂布、化学涂布、动态脱活等方法。涂层技术在一些毛细管专著中有详细的介绍。但由于涂层管制备较困难,因而各大公司都有专用的蛋白质分离涂层柱出售。其中动态脱活的方法最为简单,实际上就是在缓冲液中加入适当的添加剂或者采用极端 pH 的缓冲液来对管壁实现脱活。添加剂一般有纤维素、葡聚糖、聚丙烯酰胺、聚乙醇烯等亲水聚合物,也可以是一些表面活性剂,当它们在缓冲液中的浓度低于临界胶束浓度时,便可作为改性剂,改变电渗流,抑制毛细管管壁的吸附作用。在分离碱性蛋白质时则可以加入一些有机胺来克服吸附,如丙二胺、丁二胺等。但是动态脱活常常会破坏蛋白质的生理活性,而且需要较长的平衡时间。

3. 毛细管柱的开窗　商品化的毛细管柱外面通常涂有聚酰亚胺,聚酰亚胺涂层是不透明的,而毛细管检测通常是柱上检测,因而在检测窗口处必须将涂层剥离。常用的剥离方法有灼烧法(用酒精灯或火柴轻微灼烧毛细管表面,除去聚酰亚胺涂层,然后用酒精清洗);腐蚀法(用浓硫酸腐蚀毛细管外层再清洗);刀刮(用手术刀将外层轻轻刮去,用水或酒精清洗)。其中灼烧法是最常用的方法。

4. 毛细管的嵌入　开窗后的毛细管按说明书盘放入卡套,将毛细管留在卡套外的两端切整齐后,将卡套放入卡套槽中。操作时要小心,以防毛细管折断。

(三) 样液准备

蛋白质通常溶于水性的缓冲液,因而样品可直接用所用缓冲液溶解后进样测定。为防止蛋白质的吸附和集结,可以加入适量的 SDS、尿素及甘油等。

(四) 选择合适的缓冲液

常用的缓冲液有磷酸盐、硼砂、Tris 等缓冲体系,在选择缓冲溶液时通常要求缓冲液有较大的缓冲容量、较低的紫外吸收和电导率。如 Tris 缓冲液在 pH7.0 以下时缓冲能力较弱,因而在酸性条件下进行分析时要注意;而磷酸盐缓冲液的电导率较高,在浓度过高时焦耳热会较高。如果将缓冲体系经过条件优化后,样品还不能很好的分离,就应该考虑加入一些添加剂来改善分离。首先可以考虑加入一些无机盐如氯化物、硫酸盐、磷酸盐等,这些盐类的加入可以影响某些蛋白质的构型而改变分离,另外,也可以抑制蛋白质在管壁的吸附,但是加入浓度过高,会导致毛细管过热,而使分离效能降低。再者可以考虑加入某些表面活性剂,在 CZE 中,加入浓度要小于其胶束临界浓度。在分离蛋白质时,有时加入两性电解质也是一种很好的途径。当分离样品水溶性不好时,还可考虑加入一些有机溶剂来增大样品溶解度,而且有机溶剂的加入对分离也会有一定的影响。在蛋白质分析时,尿素也经常添加到缓冲液中以增加样品的溶解度。

缓冲液的 pH 是决定分离效能的重要参数。对于蛋白质而言,在酸性或碱性条件下都可能得到分离。当蛋白质的 pI 高于缓冲液 pH 时,蛋白质带正电,其电泳和电渗的方向相同,迁移速度较快;反之,迁移速度较慢。前面讲过,在极端 pH 条件下进行电泳可以抑制蛋白质的吸附作用,但是在低 pH 条件下,蛋白质均带正电,很容易发生沉淀,并且蛋白质的质荷比差异较小,不易分离。通常蛋白质分离的 pH 和蛋白质混合物的 pK_a 基本一致时,理论上可以得到较好的分离。

缓冲液的浓度对分离也会有所影响。当分离不好时,可以适当改变缓冲液浓度来改善分离。通常控制浓度在 $10 \sim 200$mmol/L。另外,缓冲槽中的缓冲液在多次电泳后会出现 pH 或离子强度的改变,因而通常在运行电泳多次后,应更换槽内的缓冲液。

(五) 缓冲液的配制

通常用稀氢氧化钠溶液、Tris、稀磷酸调节 pH 至实验所需,注意缓冲液的 pH 会随温度的改变、添加剂的加入及缓冲液的稀释而改变,因而实验中应该以最终使用的缓冲液 pH 为准。缓冲液配制好后,放入 4℃ 冰箱保存,使用前最好通过 0.45μm 孔径的滤器过滤,以防毛细管柱堵塞。目前,毛细管所用缓冲液大多有商品出售,可以直接按需求购买。

(六) 进样电泳

上述准备工作完成后,就可以进样分离了。常用的毛细管进样方式有电动进样和气动进样,通常将毛细管一端直接浸入样品液中,另一端置于装有缓冲液的缓冲槽,然后在两端加以电压,或在样品端施以气压,或在缓冲液端抽以真空,将一定量样液吸入,然后将浸入样液一端的毛细管取出,放入另一装有缓冲液的缓冲槽中,两端施加高压,开始电泳。实验时,注意进样液中的溶剂应和电泳缓冲液互溶,防止沉淀的产生,且前者的离子强度低于后者。电泳时,注意两端的缓冲槽中液面高度尽可能一致,以保证分析的精度。

(七) 检测

蛋白质的检测通常有紫外检测、荧光检测及质谱检测。紫外检测时,最常用的波长是 200、205nm,在这两个波长处有干扰时,可以使用 214、220 及 280nm 波长,在 185、195、230、254nm 处蛋白质也有吸收。而荧光检测灵敏度较紫外更高,但通常要对样品进行衍生后测定,所以应用不及紫外检测普遍。质谱有很强的定性能力,在研究蛋白质结构、蛋白质的鉴定及质量测定等方面有着不可比拟的优势。

(八) 蛋白质吸附的克服

毛细管电泳分离蛋白质中,蛋白质的吸附是一个较为严重的问题。前面我们已经分别叙述了克服蛋白质吸附的方法:管壁的改性、样液的制备、缓冲液中添加剂的加入。在这里就不再详细讨论了。

(邹晓莉　王廷华)

参 考 文 献

陈义 . 2000. 毛细管电泳技术及应用 . 北京:化学工业出版社
郭尧君 . 1999. 蛋白质电泳实验技术 . 北京:科学出版社
何忠效,张树政 . 1999. 电泳 . 第 2 版 . 北京:科学出版社
林炳承 . 1996. 毛细管电泳导论 . 北京:科学出版社

第十一章 蛋白质层析技术

第一节 层析技术的基本原理及分类

在蛋白质分离过程中,待分离液体经过一个固态物质后所发生的组分分布变化称为色层分析法,简称层析法(chromatography)。液-液分配层析的塔板(plate)理论是层析技术的理论基础。由于混合物中各组分的分子形态、大小、极性及分子亲和力等理化性质不同,当它们流经处于相互接触的两相时,不同的物质在两相中的分布就会不同。在层析分离过程中,流动相起运载作用,固定相起阻滞作用,不同物质根据其在两相中的分配系数进行分配。分配系数用 K 表示:

$$K = (溶质在固定相的浓度)/(溶质在流动相中的浓度) = C_s/C_m。$$

K 值大,表示某种物质在柱中牢固地吸附在固定相中,在固定相中的停留时间长,而在流动相中迁移的速度慢,溶质出现在流动相中较晚。反之,K 值小,则溶质出现在洗脱液中较早。混合物中各组分 K 值的不同,是各组分得以分离的原因。不同类型的层析,K 值的含义也不同。吸附层析中 K 为吸收平衡系数;分配层析中 K 为分配系数;离子交换层析中 K 为交换系数;在亲和层析中则为亲和系数。

根据塔板理论,层析分离的分配原理与分馏塔分离挥发性混合物的原理相似,分离效果与层析柱的效率有关。常用理论塔板数(number of theoretical plate)来表示柱效。理论塔板数越多,表明柱的分离能力越强。即可将层析柱形象地看做由许多的塔板叠加而成,样品混合物在流过每一个塔板时,样品中的各种成分将在流动相和固定相之间达到平衡,这种平衡过程与一系列分液漏斗的液-液萃取过程类似。

实际应用中的层析技术有多种。根据原理的不同可分为吸附层析和分配层析;根据流动相的不同分为液相层析和气相层析;根据驱动流动相的压力不同分为常压层析和高压层析;按照操作形式的不同,可分为纸层析、薄层层析和柱层析。其中,在生物化学分离中,柱层析应用最为广泛。下面主要按分离原理的不同详细介绍不同类型的柱层析技术。

第二节 柱 层 析

一、凝胶过滤层析

(一) 基本原理

凝胶过滤层析是一项重要的蛋白质纯化技术,也叫分子筛层析、凝胶渗透层析、排阻层析和大小排阻层析等。它主要是利用具有网状结构的凝胶的分子筛作用,并根据被分离物质的分子大小不同来进行分离。这种方法利用分级分离,不需要蛋白质的化学结合,可明显降低因不可逆结合所致的蛋白质损失和失活。此外,可利用此法更换蛋白质的缓冲液或降低缓冲液的离子强度。凝胶层析的支持物是多孔的凝胶。当不同分子流经凝胶层析柱时,每个分子不仅是向下移动,而且还在做无定向的扩散运动。分子直径比凝胶孔径大的分子不能进入凝胶颗粒的微孔,只能经过凝胶颗粒之间的孔隙,这样的分子是随溶剂一起移动的,因而最先流出柱外;而分子直径比凝胶孔径小的分子,则能够进入凝胶颗粒的微孔之中,即进入凝胶相内。当分子在凝胶相的时候,它就不能和洗脱液一起向前移动,结果使小分子向下移动的速度要落后于大分子,最后流出柱外。如图 11-1 所示:①样品(其中含有大、小不同的分子)溶液加在层析柱顶端。②样品溶液流经层析柱,小分子通过扩散作用进入凝胶颗粒的微孔中,而大分子则被排阻于颗粒之外。③向层析柱顶加入洗脱液,大分子先流出层析柱。④小分子受到滞留后流出层析柱(图 11-1)。

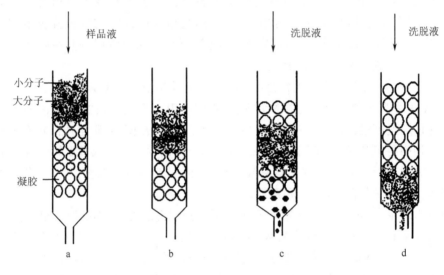

图 11-1 凝胶过滤层析原理

溶质分子在流动相(洗脱剂)和固定相(凝胶相)之间的分配系数 K_d 可表示凝胶过滤层析的特性。

$$K_d = \frac{V_e - V_o}{V_i}$$

式中,V_e 为某一成分从层析柱内完全被洗脱出来时洗脱液的体积;V_o 为层析柱内凝胶颗粒之间空隙的总容积;V_i 为层析柱内凝胶颗粒微孔的总容积;K_d 为蛋白质在洗脱剂和凝胶之间的分配比。

(二)仪器设备及试剂

1. 仪器设备 凝胶过滤层析需要与收集器相连的一根柱,一个向层析柱加缓冲液的自动存储器,一台通过加压调节缓冲液流速的蠕动泵,一台紫外检测器和记录仪。

2. 凝胶过滤层析介质 葡聚糖凝胶(sephadex)是以葡聚糖为基本骨架、含大量羟基的亲水凝胶,它不溶于弱酸、碱、盐、有机溶剂及水,但在强酸中,凝胶的糖苷键易被水解。聚丙烯酰胺基葡聚糖(sephacryl)是由丙烯基葡聚糖与 N,N'-亚甲基双丙烯酰胺共价交联制备的刚性凝胶,在所有溶剂中都不溶解,能适应较高的流速,回收率也较高,因此,被广泛应用于蛋白质的分离。交联琼脂糖凝胶 Sepharose CL-6B 的化学物理稳定性比琼脂糖好,并有较好的刚性,可被高压消毒,也可耐受变性剂。其网孔较大,适用于大分子蛋白质、DNA、RNA 及病毒的分离。

3. PBS 缓冲液(pH 8.0)

(三) 操作步骤

1. 柱的平衡　用 PBS(pH 8.0)以 50cm/h 的线性流速平衡层析柱 5 个柱体积。

2. 上样　关闭层析柱下口,吸除凝胶表面液体,将样品加到凝胶柱床上层,开放下口,待样品全部进入凝胶柱床后,用 PBS 存满凝胶柱床上层空间,并将层析柱连入层析系统。

3. 样品分离　用 PBS(pH 8.0)以 10cm/h 的线性流速缓慢洗脱两个柱体积。分别收集紫外检测仪在特定波长(如 260nm)所检测到的不同的吸收峰。

4. 样品检测　用 SDS-PAGE 判断分离样品的分子质量和纯度,用相应的活性和抗原检测手段判断样品中目标蛋白的含量。

(四) 注意事项

凝胶过滤层析有如下优点:①根据分子质量大小进行蛋白质的纯化;②可测定蛋白质的分子质量;③可研究蛋白质二聚体或寡聚体的存在;④蛋白质纯化过程中或纯化后的脱盐,与透析法相比,凝胶过滤层析除盐速度快,不影响生物大分子的活性。

(1) 柱体尺寸:分级分离时,宜选用长柱;组别分离宜选用短柱,可在短于 50cm 的柱体中装胶。

(2) 对于 Sephadex 软胶来说,系统反压的保持十分重要,可用恒流泵控制。Sephacryl、Sephararose CL 的操作压可提高。

(3) 装柱中切忌出现气泡。操作中对凝胶悬液抽气、保持柱体温度与缓冲液温度的一致性,均是避免气泡出现的措施。

(4) 凝胶过滤层析的上样体积切不可超过柱体积的 1%~5%,同样,样品中的浓度一般不超过 4%,样品本身对洗脱液的相对黏度不得超过 2%。

(5) 凝胶过滤层析的分辨能力受限于凝胶介质本身,但操作采用:①降低流速;②选用小直径,即超细凝胶;③选取狭分级范围的介质材料等办法可提高分辨能力。

二、亲 和 层 析

(一) 基本原理

亲和层析是利用配基配体之间的特异性吸附,即利用生物大分子的生物学特异性而设计的层析技术。如抗原和抗体、底物和酶以及 DNA 和 DNA 结合蛋白质间特殊的亲和力,在条件适宜时它们能牢固地结合成复合物。利用这种特性将复合物中的配基或配体固定在不溶的载体上,以特异性地分离提纯所需的大分子物质。一般的蛋白提纯方法操作步骤复杂,而亲和层析一步操作就可以提纯数百倍甚至数千倍,产品得率可高达 70% ~ 95% 。与其他提纯方法相比,亲和层析还具有分离速度快的优点。因此,对含量少且不稳定的蛋白质,亲和层析是较好的提纯方法,用亲和层析可以迅速将能破坏蛋白结构的蛋白水解酶从污染物中去除,可以最大量地保存所需的蛋白质。亲和层析的简要过程如下:首先将支持物——配体络合物以适当的缓冲液装在柱中。然后将蛋白粗提物加到柱顶,当溶液通过层析柱时,可与配体结合的蛋白被固定在柱上,而大多数杂质则径直通过。等不需要的杂质除去后,再用适当的方法将吸附在柱上的蛋白洗脱下来。

下面以免疫亲和层析为例介绍亲和层析的基本方案。

(二) 材料

1. 层析介质 抗体(Ab)-Sepharose 和活化后被淬灭的 Sepharose(对照)。两者不同的是后者不加抗体或耦联了无关抗体。

2. 试剂 细胞或组织匀浆,Tris/盐/叠氮盐(TSA)溶液(冰冷),裂解缓冲液(冰冷),5%(W/V)脱氧胆酸钠(过滤除菌,室温保存),磷酸盐洗涤缓冲液(pH 7.3),pH 8.0 和 pH 9.0 的 Tris 缓冲液(冰冷),三乙醇胺缓冲液(冰冷),1mol/L Tris-HCl 缓冲液(pH 6.7,冰冷),层析柱保存缓冲液(冰冷),层析柱,离心管(Beckman)。以上试剂的配制均须在 4℃ 或冰上进行。

(三) 步骤

(1)将一支被淬灭的 Sepharose 预柱(5ml 柱床)和一支 Ab-Sepharose(5ml,5mg/ml 抗体)免疫亲和层析柱连接起来。

(2)冰冷的 TSA 溶液将细胞重悬至密度为 1×10^8 ~ 5×10^8 个/ml,也可向收集的细胞或组织匀浆中加入 1 ~ 5 倍的 TSA。然后加入相同体积的冰冷裂解缓冲液,在 4℃ 温度下搅拌 1h。

(3)4000g 离心 10min,以除去细胞核,保留上清液。

(4)若提纯膜抗原,可在去核上清液中加入 0.2 体积的 5% 脱氧胆酸钠溶液,冰浴或 4℃ 下放置 10min,然后转移至离心管中,100 000g 下离心 1h,小心移出上清液,保留备用。

(5)预柱连于免疫亲和层析柱,并将其他装置组装起来(图 11-2)。

(6)依次用下列缓冲液洗柱:

1)10 倍柱床的磷酸盐洗涤缓冲液(pH 7.3)。

2)5 倍柱床的 Tris 缓冲液(pH 8.0)。

3)5 倍柱床的 Tris 缓冲液(pH 9.0)。

4)5 倍柱床的磷酸盐洗涤缓冲液(pH 7.3)。

(7)取出一些样品留待分析用,将其余的上清液上样于预柱,控制速度使其以 5 柱床/h 的流速流过预柱和免疫亲和层析柱。按加样上清液体积的 1/100 ~ 1/10 分步收集穿透液。

(8)加入 5 倍体积的洗涤缓冲液,然后关闭两根柱子的阀门,断开亲和柱与预柱之间的连接,放开亲和柱阀门,直至柱床上面的液体液面降至柱床表面。

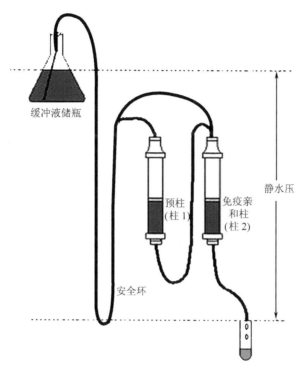

图 11-2 免疫亲和层析

样品上柱时,免疫亲和柱(柱2)和预柱(柱1)串联连接并接于含有上清液或样品的储液瓶中。上样结束后,移走液柱,安全环的管子接于免疫亲和柱。缓冲液储瓶液面到免疫亲和柱底部出口处的垂直距离为静水压。若样品液瓶流空时,液体到达安全环底部,静水压变为零,这样就避免了柱子流干。提升安全环可以流尽柱床上面的残余液体。冲洗管子后,将安全环的一端连于含有下一次洗脱缓冲液的储瓶,进行下一轮的洗脱

(仿自:卢圣栋. 现代分子生物学实验技术)

(9) 依次用下列溶液洗柱,分部收集流出组分:

1) 5 倍体积的磷酸盐洗涤缓冲液(pH 7.3)。

2) 5 倍体积的 Tris 缓冲液(pH 8.0)。

3) 5 倍体积的 Tris 缓冲液(pH 9.0)。

(10) 以 5 倍体积的三乙醇胺溶液洗脱。为中和洗脱液,将每个柱床流出的洗脱液收集于 0.2 体积的 pH 6.7 1mol/L Tris-HCl 缓冲液中。

(11) 5 倍体积的 TSA 溶液洗柱子。

(12) 最后分析洗脱液成分,每份洗脱液均取 50μl 以 SDS-PAGE 银染分析。取 0.5 ~ 1ml 上柱样品和有代表性的穿透流出液及洗脱液以 Ab-Sepharose 免疫共沉淀,并进行 SDS-PAGE 和银染检测以了解柱子是否饱和。

(四) 注意事项

1. 层析介质的选择 亲和层析的介质要求与凝胶层析的介质类似:非特异性吸附要低,以减低与其他大分子的作用;具有很好的液体流动性;在一定范围的 pH、离子强度和变

性剂浓度中具有化学和物理稳定性;具有合适的、较多的化学基团,以利于配体以共价键与其牢固连接并保持稳定;具有非常接近的多孔性。琼脂糖凝胶(sepharose)或交联琼脂糖凝胶(Sepharose CL-4B、CL-6B)是目前较为理想的固相载体。

2. 配体的选择 用来制备层析介质的配体与需提纯的蛋白质之间必须有较强的亲和力,解离常数最好在 5mmol/L 以下;但亲和力太高也不适用作亲和层析。必须具有一些可与介质形成共价结合的化学基团,但不影响配体与蛋白质的结合。

3. 配体与介质的结合 配体与介质的结合是亲和层析的关键,结合的方法主要有四类,即载体结合法、物理吸附法、交联法和包埋法。一般步骤是首先活化支持物上的功能基团,然后将选定的配体连接到已活化的基团上。为防止配体和支持物被破坏,结合的化学条件必须足够温和。结合完成后,须尽可能除去未交联的配体,并测定交联的配体量。在亲和层析中,支持物 Sepharose CL-4B 最常使用。使支持物活化时,需在 pH11 的环境下,对支持物用溴化氢进行处理。加入的溴化氢浓度越高则取代率越高。最后,运用常规的有机合成操作法将配体与取代后的支持物结合。

由于高浓度的小配基能够封闭载体上的一些活化位点,因此,使配基的结合率降低;大的配基同样地能够封闭相邻的活化位点,也造成低结合率。根据实践,10mg/ml 配基凝胶较为理想。为避免对凝胶载体的破坏,操作中忌用磁力搅拌器激烈混合配基与凝胶载体。室温下,耦联过程常需要 2～4h,4℃下需 16h 左右。使用与凝胶有相反电荷或可共价连接的试剂时,溶液 pH 必须在一个适当的范围内,室温下的操作只能进行 2～4h。最后用 5～10 倍柱床体积的初始缓冲液充分洗除封闭剂。

4. 层析条件 蛋白质混合物通过亲和层析柱前,柱中配体浓度已知且恒定,而大分子物质浓度为零。当样品流过介质时,配体与目标蛋白质发生作用,形成复合物,即目标蛋白+配体=蛋白质-配体复合物。这种复合物也可解离。随着样品的不断加入,反应向右移,蛋白质-配体复合物形成不断增多,在柱中形成一个明显的紧密吸附带。

为要把已结合的目标蛋白洗脱,通常要用较为强烈的条件。一种是用含有较高亲和力能与配体竞争的物质洗脱,但洗脱效率决定于复合物的解离速度。通常需要用大量的洗脱液才能增加蛋白质的洗脱。另一种是通过剧烈改变复合物的环境使其解离,常改变的条件是洗脱液的 pH、离子强度、温度。

三、离子交换层析

(一) 基本原理

蛋白质分子是带电的大分子,其带电状态在不同液相环境中会发生变化。根据蛋白质分子带电状态的不同,在一定的 pH 条件下,用离子交换层析可实现对蛋白质的分离。通常使用各种离子交换剂作为层析填料。通过化学反应将带电基团引入到惰性支持物上而形成离子交换剂,根据带电基团所带的电荷不同分别称为阴离子交换剂和阳离子交换剂。通过静电结合在离子交换剂上的离子称为平衡离子。在适当的条件下,包括蛋白质在内的可溶于水的离子型生物大分子,可结合到交换剂上,从而通过离子交换层析可以提纯所需的大分子化合物。

离子交换层析所用的介质是一类在基架上固定有离子化基团的凝胶,不同的蛋白与这些基团的结合能力不同,因此,用不同浓度的反离子溶液洗脱时,其洗脱速度也不同,从而实现不同蛋白质的分离。影响离子交换层析分离能力的因素主要有 pH、交换基团类型、盐浓度、上样量、柱的塔板数、洗脱梯度和流速等。

离子交换主要有四个步骤:①离子向交换剂颗粒表面扩散。均一溶液中这个过程进行得很快。②离子在交换剂颗粒内部向其带电部分扩散;扩散速度取决于交联剂的交联度和溶液的浓度。这一过程是离子交换过程中的限速步骤。③离子在交换剂带电部分的交换。这一步可以很快发生平衡。被交换离子所带的电荷密度越大,与交换剂结合越牢,也就越难被其他离子替换下来。④洗脱液流过交换剂表面时,扩散至交换剂表面的被交换离子扩散至周围溶液中。

蛋白质在高于其等电点的溶液中带负电,可被阴离子交换剂吸附,反之,则可被阳离子交换剂吸附,所以 pH 的选择和交换基团的选择相互关联。但是,蛋白质一般只能在一定的 pH 范围内稳定,超出此范围则会影响蛋白质的活性。若蛋白质在 pH 高于和低于其等电点的溶液中都能保持稳定,应根据分离能力选择 pH 和交换基团的类型。为了利于被介质吸附,要求样品含盐浓度低。如果样品含盐浓度较高,需先经过透析、稀释或凝胶脱盐等处理,然后再进行离子交换层析分离。离子交换层析上样量取决于介质的载量。特定条件下的载量和分离效果须经试验确定。介质的直径、柱长和装填均匀度决定了柱的塔板数。通过减缓洗脱梯度,降低流速,也能提高分离效果。

层析中所用的离子交换剂主要有四种类型,即离子交换纤维素、交联葡聚糖离子交换剂、交联琼脂糖离子交换剂和离子交换树脂。前三种是目前较为常用的类型。

(二) 材料

1. 仪器设备　快速蛋白液相层析系统(FPLC)。

2. 层析介质　DEAE-Sepharose。

3. 试剂　溶液 A,PBS(pH 8.0);溶液 B,PBS(pH 8.0)+2mol/L NaCl。

(三) 步骤

(1) 用 5 倍柱体积的溶液 A 以 300cm/h 的线性流速平衡层析柱。

(2) 以 300cm/h 的线性速度将已脱盐的样品泵入层析填料。

(3) 以盐离子渐进梯度洗脱法洗脱。在 10 倍于柱体积的洗脱液中,溶液 B 的含量从 0 逐渐上升至 100%,而溶液 A 的含量从 100% 逐渐下降至 0,分别收集不同离子强度下的洗脱液,并测定其在 280nm 波长下的 A 值。根据分辨率决定洗脱液的流速。一般而言,流速越慢,分辨率越好。

(4) 用 SDS-PAGE 判断分离样品的分子质量和纯度,以相应的蛋白活性检验方法和抗原检验方法判断样品中目标蛋白质的含量。

(5) 10 倍柱体积的 100% 的溶液 B 洗脱留在柱上的杂蛋白。

（四）注意事项

1. 缓冲液的选择　对阴离子交换剂应当用阳离子缓冲液,而对阳离子交换剂则应用阴离子缓冲液。只有缓冲液的离子电荷与离子交换剂相反,它才能参与离子交换过程,降低离子交换剂的缓冲容量,从而引起 pH 的变化。因此,所选择的 pH 必须使要分离的离子所带的电荷与离子交换剂的平衡离子所带的电荷种类相同。为保持较高的缓冲容量,缓冲液离子的 pK 要与所需的 pH 接近(±0.7)。所选择的缓冲系统不能影响被分离的蛋白质的活性、溶解度,并且不能干扰对其进行监测分析。

2. 层析柱的准备　层析柱的大小取决于所用介质的结合容量。柱的形状通常以直径与高度之比为 1:15 为宜。最常用的直径是 1cm、2cm、2.5cm,如果要增加离子交换剂体积时,必须增加柱直径。柱的长度不应短于 20cm,增加柱长能增加分辨率,当洗脱过程中梯度变化剧烈时,不能用过长的柱,以避免区带扩散较宽而降低分辨率。成分复杂的样品,宜选用更大的柱子。处理好的交换剂装柱的好坏对层析的效果影响很大,装柱时交换剂在柱中分布均匀,不能有节和气泡存在,沉积表面要平整。

3. 加样量　实验的目的、样品中目标蛋白质的浓度及对交换剂的亲和力决定了上样量的多少。若目标蛋白含量低,与交换剂亲和力大,可将数倍于柱床体积的样品通过柱,至该成分饱和为止,以浓缩富集。若需高分辨率时,加样时紧密吸附的区带不应超过柱床体积的 10% 。

4. 洗脱　加样后的洗脱过程就是用足量的起始缓冲液充分洗涤柱床,以去除未吸附的组分。洗脱的具体方法主要有两种,即 pH 梯度洗脱和离子强度梯度洗脱。前者是通过改变缓冲液的 pH,使蛋白质分子所带的电荷减少,从吸附的介质上解离下来(为保持蛋白质的活性,通常不采用这种洗脱方法)。后者是通过改变缓冲液的离子强度,将蛋白质分子从介质上替换下来,由于这种方法能够较好地保持蛋白质的活性,因此,在实践中较为常用。如果对所要分离的组分在离子交换剂上的层析情况十分清楚,则分离更能有的放矢。一般情况下,最好先进行线性梯度试验,再根据线性梯度的结果选择合适的阶段洗脱梯度。此外,采用离子强度梯度洗脱时,在洗脱缓冲液中加入适当的 KCl、NaCl 等非缓冲盐类,还能在不提高缓冲离子浓度的情况下增加洗脱能力。

第三节　高效液相色谱法

色谱分析法简称色谱法或层析法,是分析化学中应用最广的方法之一。现代色谱法具有分离与在线分析两种功能,能解决复杂样品的分析问题,成为多组分混合物最重要的分离分析方法之一。

一、高效液相色谱法基本原理

高效液相色谱法(high performance liquid chromatography, HPLC)的基本原理与经典色谱法的分离机制大致相同,主要是利用物质在流动相与固定相之间的分配系数差异而实现分离。也就是说,色谱过程相当于物质分子在相对运动的两相间的一个分配平衡的过程,当两个组分的分配系数(distribution coefficient)不同时,被流动相携带移动的速度也不同,从而在色谱柱中形成了差速迁移而被分离。但是经典液相色谱有许多缺点,如分离周期长、柱效低、自动化程度不高、灵敏度和精确度较低等。HPLC在经典液相色谱的基础上,引入了气相色谱的理论,采用了高压泵、高效固定相和高灵敏度检测器,因而具有高效、快速、高灵敏度、高自动化等优点。HPLC在分析速度上比经典液相色谱法快数百倍。由于经典色谱流出依靠的是本身的重力,速度极慢,而高效液相色谱配备了高压输液设备,流速最高可达$10cm^3/min$。例如,用经典色谱法分离氨基酸,柱长约170cm,柱内径0.9cm,流动相速度为$30cm^3/h$,需用20多个小时才能分离出20种氨基酸;而用高效液相色谱法,只需在1h之内即可完成。

二、高效液相色谱仪

高效液相色谱仪由高压输液系统、进样系统、分离系统、检测系统、记录系统五大部分组成。还可以根据一些特殊的要求,配备一些附属装置,如梯度洗脱、自动进样及数据处理装置等。分析时,选择适当的色谱柱和流动相,开启高压泵,用甲醇、水及流动相冲洗柱子,待柱子达到平衡后,进样分离,分离后的组分依次流入检测器中进行检测,所测得的信号为记录器记录下来。样品制备时,分离后的组分依次和洗脱液一起排入流出物收集器中收集。

(一)高压输液系统

高压输液系统由溶剂储存器、高压泵、梯度洗脱装置和压力表等组成。通常要求泵压力平稳无脉动,流速恒定可调。

1. 溶剂储存器　溶剂储存器一般由玻璃、不锈钢或氟塑料制成,容量为1~2L,用来储存流动相。

2. 高压输液泵　高压输液泵是高效液相色谱仪中的关键部件之一,其功能是将溶剂储存器中的流动相以高压形式连续地送入液路系统,使样品在色谱柱中完成分离过程。

3. 梯度洗脱装置　梯度洗脱就是在分离过程中使两种或两种以上不同的溶剂按一定程序连续改变它们之间的比例,从而使流动相的离子强度、极性或pH相应地变化,以提高分离效果,缩短分析时间。

(二)进样系统

进样系统包括进样口、注射器和进样阀等,它的作用是把分析样品有效地送入色谱柱上进行分离。目前,通常采用的进样阀为六通阀(图11-3)。

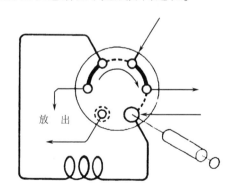

放出

图11-3　六通阀示意图

（三）分离系统

分离系统（色谱柱）是液相色谱仪的心脏部件，它包括柱管与固定相两部分。通常有玻璃柱、不锈钢柱等。一般色谱柱长 5 ~ 30cm，内径为 4 ~ 5mm，凝胶色谱柱内径为 3 ~ 12mm，制备柱内径较大，可达 25mm 以上。通常根据不同的分离目的选择不同类型的柱子。

（四）检测器

用于液相色谱中的检测器，要求灵敏度高、噪音低、线性范围宽、响应快、死体积小及对温度和流速的变化不敏感。常用于液相色谱的检测器有紫外、荧光、电-化学检测器和示差折光检测器等。

三、HPLC 在蛋白质分离中的应用及操作规程

（一）分离模式的选择

常用于肽和蛋白质纯化分离的 HPLC 分离模式有四类：

1. 凝胶色谱 凝胶色谱（gel chromatography，分子排阻色谱）是按分子大小顺序进行分离的一种色谱方法。其固定相为凝胶，类似于分子筛，但孔径更大。凝胶内有一些大小一定的孔穴，体积大的分子不能渗透到孔穴中，而被流动相较早地淋洗出来；中等体积的分子只能部分渗透；而小分子可完全渗透入凝胶孔穴内，最后才洗出色谱柱。这样，样品组分基本上按其分子大小顺序由柱中流出得以分离。根据所用流动相的不同，凝胶色谱又可分为两类：即用水作流动相的凝胶过滤色谱（GFC）和用有机溶剂作流动相的凝胶渗透色谱（GPC）。凝胶色谱主要用于研究蛋白质分子物质的分子质量分布，也常常与其他分离手段结合来完成蛋白质的纯化，但很少单独用于蛋白质的分离纯化。

2. 离子交换色谱 离子交换色谱法（ion exchange chromatography，IEC）的固定相采用离子交换树脂，树脂上分布有固定的带电荷基团和可游离的平衡离子，待分析物质电离后产生的离子可与树脂上可游离的平衡离子进行可逆交换。由于组分离子在一定的 pH 和离子强度下所带电荷不同，故对树脂的亲和力不同，从而使物质得到分离。

离子交换色谱法适用于分析在溶剂中能形成离子的组分，广泛应用于氨基酸、核酸、蛋白质等的分离。离子交换色谱法是目前分离分析氨基酸时最主要的手段，通常是将氨基酸混合物通过离子交换色谱柱分离后，转变成可被检测的衍生物而为检测器所检测。但是，该法在肽和蛋白质的分离纯化中应用相对较少，特别是在纯化制备样品时，由于所得样品需要脱盐处理而十分烦琐，因而常需与反相色谱联用。由于蛋白质电荷在分子空间结构中分布不均匀，即便是电荷数很接近的蛋白质，由于电荷分布及空间结构的差异，在离子交换色谱中也能得以分离。

3. 反相色谱 反相色谱是液-液分配色谱的一种，液-液分配色谱的分离原理与液-液萃取大致相同，根据物质在两种互不相溶的液体中的分配系数不同，使得各组分的迁移速度不同来使各种组分得以分离。该法适用于各种类型样品的分离和分析，包括极性和非极性

化合物,水溶性和脂溶性化合物,离子型和非离子型化合物。根据所使用的流动相和固定相的极性程度,将其分为正相分配色谱和反相分配色谱。如果采用的流动相的极性小于固定相的极性,称为正相分配色谱,它适用于极性化合物的分离。其流出顺序是极性小的先流出,极性大的后流出。如果采用流动相的极性大于固定相的极性,称为反相分配色谱。它适用于非极性化合物的分离,其流出顺序与正相色谱恰好相反。

反相色谱具有极高的分辨率,并且可使用挥发性试剂作为流动相,因而可单独用于蛋白质及肽物质的纯化制备。

4. 亲和色谱　亲和色谱(affinity chromatography)是利用需分离的组分分子与固定相表面所键合的物质之间存在某种特异性的亲和力,进行选择性分离混合物的一种方法。通常在载体(无机或有机填料)表面先键合一种具有一般反应性能的间隔臂(如环氧、联氨等),随后,再连接上待分离组分的配基(酶、抗原或激素等)。待分离组分分子与这种固载化的配基具有生物专一性结合而被保留,没有这种作用的分子不被保留,从而可以从复杂组分的样品中分离出所需的目标分子。亲和色谱法示意图见图11-4。

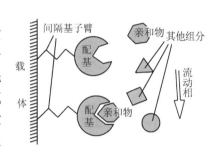

图11-4　亲和色谱法示意图

亲和色谱法常用于糖蛋白、抗体及疫苗等的纯化。当然,在实际应用中,仅采用一种分离模式是不够的,常常需要将几种分离模式结合使用,即多维色谱才能达到理想的效果(图11-5)。

样品
- 分子质量>2000Da
  - 溶于水——排阻色谱,水为流动相;大孔离子交换色谱或反相色谱
  - 不溶于水——排阻色谱,非水流动相
- 分子质量<2000Da
  - 不溶于水
    - 同系物
    - 异构体
    - 分子大小差异——排阻色谱
  - 溶于水,不离解
    - 反相液-液色谱
    - 排阻色谱,水为流动相
  - 溶于水,可离解
    - 碱——阳离子交换色谱
    - 酸——阴离子交换色谱
  - 溶于水,离子与非离子——反相离子对色谱

图11-5　液相色谱分离模式选择参考示意

(二)样品液的准备

目的是使样品与所使用的HPLC方法相兼容,即把分析样品中的待测组分转化为适合HPLC直接进样的样品分析液。对于一些较复杂的样品,样品制备还包括预分离富集、衍生化等预处理步骤。液相色谱法的精密度和准确度往往取决于样品制备的质量。

样品制备通常的步骤为:取材—匀浆—预分离—浓缩—溶解。

若在分离过程中需要保留蛋白质的活性,则在整个样品处理中应尽量在4℃条件下进

行,以抑制蛋白酶的活性,也可添加适量的酶抑制剂。在分离肽时,还应注意样品不能干燥,防止肽从表面损失掉,另外,还要防止玻璃器皿的吸附。

预分离可采用经典的柱层析进行,也可采用常规的透析、沉淀、离心、液-液萃取及固相萃取等方法。但是随着预分离步骤的增加,样品的损失也会增加。

在 HPLC 分离膜蛋白时,应该在样品加入一些去垢剂,如 SDS、Triton-100 来分离细胞膜,而一些包含体蛋白则需要加入一些变性剂使蛋白质变性以促进其溶解后,才能用 HPLC 法进行纯化。

用于溶解分析样品的溶剂应与液相色谱流动相互溶,最好选用流动相来溶解或提取被分析样品的待测组分,这样可以避免溶剂峰的干扰。制备好的分析试液应为均相溶液,无不溶物,否则在进行色谱分析之前应用 $0.45\mu m$ 或 $0.2\mu m$ 微孔膜过滤。

(三) 柱子的选择

1. 填料孔径的选择 一般基于样品分子质量的大小来选择填料的孔径,当溶质分子质量小于 $4\sim5kDa$ 时,选择小孔填料柱($60\sim80Å$)。反之,应选择大孔填料柱。

2. 填料粒径的选择 通常 HPLC 填料粒径的标准尺寸为 $5\mu m$,但当需要加快分析速度时,可选用 3.0 或 $3.5\mu m$ 的短柱。

3. 柱长及柱内径的选择 通常使用的是 $4.6mm\times150mm$ 柱子,当需要更高分离度时则使用更长的柱子 $4.6mm\times250mm$。为了减少分析时间及节约溶剂用量时,在满足分离度的条件下,也可使用更短、粒径及内径更小的柱子,或选用毛细管柱。

4. 柱子键合相的选择 化学键合固定相是目前应用最广泛的一种固定相。它是将各种不同的有机基团通过化学反应键合到载体表面的一种方法。它代替了固定液的机械涂渍,据统计约有 3/4 以上的分离问题是在化学键合固定相上进行的。

一般来说,大分子蛋白质可以在短链反相柱(C3,CN)上得到较好的分离,而小分子肽则在长链(C8,C18)上分离,但有时在短链柱上仍能得到较好的分离。在实验时可先选择 C8 柱进行预试,然后根据实验结果选择不同键合相的柱子。

目前,有多种型号的柱子可供选择,高纯度硅胶的使用、各种填料的开发,使得 HPLC 在各个领域的应用更为广泛;整体柱、芯片柱等新型柱子的商品化,已为成功分离多肽、蛋白质、类固醇、芳烃、氨基酸和核苷酸等物质提供了更有效的手段。读者可根据各自分离的需要选择合适的柱子进行实验。

(四) 流动相的选择

流动相对于待测样品,必须具有合适的极性和良好的选择性,并且要与检测器匹配。对于紫外吸收检测器,应注意选用检测器的波长要比溶剂的紫外截止波长更长。表 11-1 列出了一些常用溶剂的紫外截止波长。

表 11-1 一些常用溶剂截止波长

溶 剂	正己烷	四氯化碳	苯	氯仿	二氯甲烷	四氢呋喃	丙酮	乙腈	甲醇	水
截止波长(nm)	190	380	210	245	233	212	330	190	205	187

1. 流动相 pH 的选择　流动相的 pH 不同,肽和蛋白质分子的电荷也不同,分离效果也会出现差异。通常 pH 在 2 ~ 4 时产生最为稳定的保留时间。当低 pH 不能得到好的分离时,可以尝试中等或较高 pH 的流动相。在离子交换色谱中,通常在目标蛋白质等电点左右,pH 0.5 ~ 1.0 范围时分离效果最好。

2. 有机改性剂的加入　在反相色谱流动相的选择时首先可以考虑有机改性剂的添加。乙腈、甲醇及四氢呋喃是常用的有机溶剂。其中乙腈是最常用的一种溶剂,当分离疏水性较强或亲水性较强的肽时则可使用异丙醇或甲醇来提高分离效果。在反相色谱分离时常常会使用三氟乙酸(TFA),它的存在可以降低非特异吸附并提高蛋白质的溶解度;其次 TFA 极易挥发,在制备时不用进行样品的脱盐处理。此外,在色谱分离时,有时需加入离子对试剂来改善分离,如前所述的 TFA 就是一种阴离子对试剂,另外,常用的离子对试剂还有七氟丁酸、磷酸、丁烷磺酸盐和己烷磺酸盐等。在高 pH 时则可加入一些盐类来改善分离。

3. 梯度洗脱条件的选择　通常采用线性洗脱的模式进行(A:95% H_2O : 5% 乙腈,含 0.1% TFA;B:5% H_2O : 95% 乙腈,含 0.085% TFA; 60min 内 B:0 ~ 80%)。在梯度洗脱时,延长梯度洗脱时间可以提高分离效果,缩短柱长和提高流速有时也会改善分离。

4. 流动相的配制　对于二元溶剂或多元溶剂的等度洗脱,液相色谱流动相通常均按溶剂体积比配制。要求溶剂必须互溶。

HPLC 流动相必须使用色谱纯的试剂或使用前须经 0.45μm 微孔膜过滤。

溶于流动相的空气会影响液相色谱系统的操作性能。如气泡进入泵腔将使高压泵流速不稳;流动相通过柱子时,其中的气泡受到压力而压缩,流经柱子后到达检测器时,又会因为压力降至常压而将气泡释放出来,造成检测器噪声增大,基线不稳。因而若仪器没有在线脱气装置时,所用流动相必须经脱气后才能使用。

四、蛋白柱常见问题和日常维护

在蛋白分离时有时尽管选择了合适的蛋白柱,但往往因柱效下降、操作不当等原因而导致实验的失败。因此,对蛋白柱正确的使用和有效的日常维护是分离成功的关键。

不论使用什么类型的蛋白柱,首先必须对填料的性能有基本的了解。在使用柱子前要仔细阅读说明书,做到正确的使用。下面简单介绍蛋白分离中蛋白柱常出现的一些问题及解决办法。

(一) 样品不保留

首先,检查所用流动相的 pH,当选用阴离子型蛋白分析柱时,若流动相的 pH 小于蛋白的 pI 值时,蛋白分子呈阳离子状态,在柱上不会保留,只有当流动相的 pH 大于蛋白的 pI 值时,蛋白分子呈阴离子,才能在阴离子交换柱上得到保留。在反相色谱分离蛋白时,流动相中有机溶剂的比例过高,也会使蛋白样品过早地洗脱。流动相中的三氟乙酸可作为离子对试剂和 pH 调节剂,有利于蛋白的保留。

其次,检查流动相或样品中的离子强度,离子强度过大也会造成蛋白在离子交换柱上不保留。

另外,进样量过大,也会造成蛋白样品保留能力减弱,一般样品的进样量不应超过该填料结合蛋白量的20%;当蛋白的分子质量超过填料的孔径极限时,蛋白样品也不保留。

(二) 回收率低

用硅胶为基质的凝胶蛋白分析柱分离时,往往会发生蛋白回收率偏低的问题。这通常是因为柱上残留的硅醇基会与蛋白的碱性基团发生非 GFC 效应,造成回收率低,分离度差。出现此情况,可在流动相(通常是水)中加入一定量的盐作为改性剂来解决。

(三) 柱压过高

柱压过高的原因在于柱入口处填料间的缝隙被堵,通常来自于样品和流动相的颗粒堵塞、细菌生长或流速过高等,为防止柱压过高,应使用符合要求的流动相。样品及流动相使用前严格过滤。在保存时为了防止细菌生长,以硅胶为基质的柱子可使用20%有机水溶液保存,其他柱子在保存液中可加入 0.02% 的叠氮钠溶液。另外,可在分离柱前加上保护柱及在线过滤装置,以延长柱子的寿命。

(四) 柱效下降

蛋白柱在使用一段时间后,其柱效会发生下降,通常是分离柱被污染。可采用一定的有机溶剂或水进行冲洗,如甲醇、三氯甲烷和正己烷等。在使用了离子对试剂后的柱子,一般不再适用于另一种蛋白质的分离。

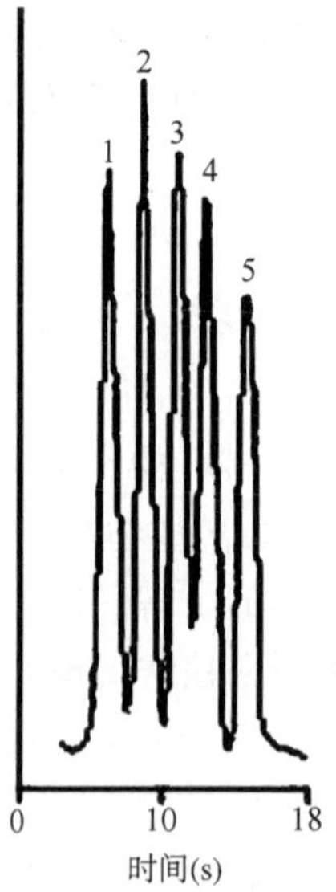

(五) 重现性不好

通常是由泵流速不稳定引起的,另外,还可能是流动相配制时其 pH 不准确及梯度洗脱的平衡时间不够引起的。

五、HPLC 分离蛋白质的示例

(一) 快速反相分离蛋白质

快速反相分离蛋白质见图 11-6。

色谱柱:聚(苯乙烯-二乙烯苯)整体柱,50mm×4.6mm。

流动相梯度:42% ~ 90% 乙腈(0.15% 三氟乙酸水溶液),0.3min。

紫外检测:280nm。

图 11-6 快速反相分离蛋白质示意图
1. 核糖核酸酶;2. 细胞色素 c;3. 牛血清白蛋白;
4. 碳酸酯酶;5. 卵白蛋白(Agillent 公司提供)

（二）超微径色谱柱对胰蛋白酶水解产物多肽混合物的分离

超微径色谱柱对胰蛋白酶水解产物多肽混合物的分离见图 11-7。

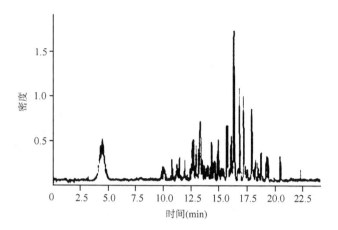

图 11-7　超微径色谱柱对胰蛋白酶水解产物多肽混合物的分离色谱图
（Agillent 公司提供）

色谱柱：Zorbax 300SB C18，3.5mm，150mm×0.075mm。

流动相 A：0.1% 甲酸水；B：0.1% 乙腈。

流速：0.6ml/min。

梯度洗脱：流动相 B 为 0~25min，2%~52%。

进样量：1ml。

（三）芯片柱分离牛血清白蛋白水解液中痕量 BPC

芯片柱分离牛血清白蛋白水解液中痕量 BPC 见图 11-8。

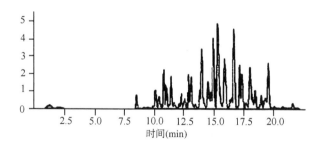

图 11-8　芯片柱分离牛血清白蛋白水解液中痕量 BPC 色谱图
（Agillent 公司提供）

仪器：Agillent Nanoflow HPLC。

色谱柱：40mm×0.075mm×0.05mm。

固定相：Zorbax 300SB C18，5mm。

流动相:A 为 0.1% 甲酸,B 为 0.1% 甲酸乙腈液。

流速:梯度溶剂 B 为 2% ~ 60%,40min。

(四) 牛血清白蛋白胰蛋白酶水解混合物的分离

牛血清白蛋白胰蛋白酶水解混合物的分离见图 11-9。

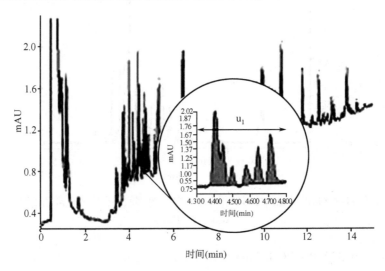

图 11-9 牛血清白蛋白胰蛋白酶水解混合物的分离色谱图

(Agillent 公司提供)

色谱柱:聚苯乙烯/二乙烯苯整体柱,50mm×0.2mm。

流动相:A 为 0.05% TFA 水溶液,B 为 0.04% TFA 乙腈水(50/50)。

流速:2.5ml/min。

梯度洗脱:0 ~ 50%,7.5min。

紫外检测:流通池 3nl。

(邹晓莉)

参 考 文 献

奥斯伯.1998. 精编分子生物学实验指南. 严子颖,王海林译. 北京:科学出版社

华东理工大学分析化学教研组及成都科学技术大学分析化学教研组.1995. 分析化学. 第4版. 北京:高
    等教育出版社

林炳承,邹雄,韩培桢.1996. 高效液相色谱在生命科学中的应用. 济南:山东科学技术出版社

卢圣栋.1999. 现代分子生物学实验技术. 北京:中国协和医科大学出版社

孙树汉.2002. 基因工程原理与方法. 北京:人民军医出版社

汪家政,范明.2000. 蛋白质技术手册. 北京:北京科学技术出版社

药立波.2002. 医学分子生物学实验技术. 北京:人民卫生出版社

于如嘏.1986. 分析化学. 第2版. 北京:人民卫生出版社

Cleland JL. 1992. Transient association of the first intermediate during the refolding of bovine carbonic anhydrase B. Biotechnol Prog, 8 (2):97~103

Lowry OH. 1951. Protein measurement with the Folin phenol reagent. J Bio Chem, 193:265~275

Mach H. 1993. Partially structured self-associating states of acidic fibroblast growth factor. Biochemistry, 32 (30):7703~7711

第十二章　蛋白质的定量检测

第一节　紫外可见分光光度法

一、紫外可见分光光度法测定原理

(一) 电磁波谱

电磁波是一种以巨大速度通过空间传播的光量子流。电磁波按照波长或频率大小排列所得的图谱即为电磁波谱。光是一种电磁波。

(二) 紫外可见分光光度法的定义

利用溶液中的分子或基团,在紫外或可见光区产生分子外层电子,能级跃迁时所形成的吸收光谱,进行定性和定量测定的方法。

(三) 吸收光谱的形成

1. 物质对光的选择性吸收　当光束照射到物质上时,光和物质发生相互作用,因而产生了光的反射、散射、吸收或透射。当一束白光(由各种波长的光按一定比例组成)通过一个有色物质的溶液时,一部分波长的光被溶液吸收了,而另一部分波长的光则透过,透过光刺激人眼可以使人感觉到颜色的存在。因此,在可见光区溶液之所以呈色,是因为选择性地吸收了一定波长的光的结果。正因为物质对光的选择性吸收,使物质对不同波长的光有不同程度的吸收。人们通过制作吸收光谱图来反映物质对不同波长光的吸收能力,即测定某一溶液对不同波长单色光的吸光度(A),然后以波长为横坐标,以吸光度为纵坐标绘图所得到的曲线。

2. 物质对光选择性吸收的机制　当一束光照射到某溶液时,该溶液中物质的粒子(分子、原子或离子)与光子发生碰撞和能量转移。量子理论表明,分子不可能具有任意的内能,而是具有不连续的量子化能级,同样光子的能量也是量子化的。因而,当光线照射到某溶液时,溶液中的物质分子仅能吸收其中具有分子两个跃迁能级之差的能量的光子($\Delta E = E_1 - E_2 = hc/\lambda$)。不同波长的光子其能量也不同,因而当不同波长的光照射分子时,分子将从入射光中吸收适合于其能级跃迁的相应波长的光子,而其他波长的光线将被简单地透过或反射。这也就造成了物质对不同波长的光的吸收程度不同,从而形成了物质的吸收光谱。绘制出物质的吸收光谱,就可以利用不同波长下的吸光度值(表示物质对光的吸收程度的物理量)定量检测物质的浓度。

二、定量依据(Lamber-Beer 定律)

(一) 透光度

当一束平行单色光通过任何均匀、非散射的介质时,物质会对一部分光吸收,一部分光则透过溶液,而一部分光被器皿的表面反射。则 $I_0 = I_a + I_t + I_r$(I_0:入射光强度;I_a:吸收光强度;I_t:透过光强度;I_r:反射光强度)。在光度检测中,通常将试液和空白分别置于同样材质和厚度的吸收池中,然后用空白调零后再测定试液,因而 I_r 影响可以抵消,则 $I_0 = I_a + I_t$。其中我们把透过光强度与入射光强度之比称为透光度或透光率,即 $T = I_t / I_0$,T 越大,表示吸收越小,反之越大。

(二) 吸光度 A

吸光度 A(光密度 OD)表示光吸收程度的物理量。它的值为透光度的倒数,即 $A = 1/T$。

(三) Lamber-Beer 定律

当用一束平行的单色光通过一均匀的溶液时,溶液的吸光度值与溶液的浓度和液层厚度的乘积成正比。

$$A = \lg I_0 / I_t = \lg 1 / T = KbC$$

根据 Lamber-Beer 定律,通过测定已知浓度溶液的吸光度值和同一种未知浓度溶液的吸光度值,便可求得未知溶液的浓度。

三、常用定量方法

(一) 单点校正法

(1) 通过测定一种已知浓度溶液的吸光度值和未知浓度溶液的吸光度值,然后将两者进行比较求出未知液的浓度。

根据 Lamber-Beer 定律得:

$$A_{已知} = KbC_{已知}$$
$$A_{未知} = KbC_{未知}$$

$A_{已知} / A_{未知} = C_{已知} / C_{未知}$,即可求出未知溶液的浓度。

(2) 要求:①未知溶液和已知溶液的浓度接近且测定条件相同;②被测物质要严格遵循 Lamber-Beer 定律,即标准曲线要线性良好并通过原点;③样品中除被测组分外不存在干扰物质,或能用空白或其他方法抵消干扰。

(二) 标准曲线法(校正曲线法)

1. 标准曲线　描述被测组分的含量或浓度与仪器的响应值(吸光度值)之间定量关系的曲线。

2. 做法　配制一系列被测组分的标准溶液如表 12-1。

表 12-1　标准曲线的绘制表

C(浓度)	C_1	C_2	C_3	C_4	C_5	$C_{样本}$
A(吸光度)	A_1	A_2	A_3	A_4	A_5	$A_{样本}$

以吸光度为纵坐标,浓度为横坐标,便可绘制出标准曲线,并可根据样品的 A 值查出相应的含量。

3. 要求

(1) 一般 5 个点(太多没有意义),每个浓度测定 3 次,以平均值报告结果。

(2) 最低点和最高点浓度最好相差一个数量级以上。

(3) 分光光度法仪器、试剂和操作条件固定时,标准曲线可重复使用,而不用每次绘制,只需隔一段时间校准一次。当仪器维修或试剂批号改变、气温相差太大时则均需重绘。

(4) 所做标准曲线不符合 Lamber-Beer 定律时,若重复性好,标准曲线仍可使用,但为减少误差,最好在直线部分进行测定;若超出线性范围(标准曲线呈直线所对应的浓度范围),可将样本液稀释或减少样品取样量重新测定。

(三) 绝对法

查书得 K 值,测量出未知浓度溶液的 A 值,用 Lamber-Beer 定律直接进行计算可得出其浓度。

四、分光光度仪的基本构造

(一) 基本构造

1. 分光光度计的主要组成部件

$$\boxed{光源} \longrightarrow \boxed{单色器} \longrightarrow \boxed{比色皿} \longrightarrow \boxed{检测系统}$$

2. 光源　分光光度计常见光源有热辐射光源和气体放电光源。

热辐射光源主要有钨丝灯和卤钨灯。钨丝灯能产生 250~320nm 连续光谱,是可见和近红外分光光度计中最常见的光源,而卤钨灯是钨丝灯中加卤素或卤化物,其发光效率比普通钨灯大,寿命更长。

气体放电光源主要有氢灯和氙灯。它们可提供 180~375nm 的连续辐射,是紫外分光光度计的光源,而同样设计和同样能量的氙灯,比氢灯的辐射强 3~5 倍。

3. 单色器　其作用将光源发出的各种波长的光按波长顺序分散,并从中取出所需波长的光。它包括了出入射狭缝、准直镜、色散元件(图 12-1)。光源发出的光聚集于入射狭缝,经过准直镜变成平行光,投射到色散元件上。色散元件则将不同波长的平行光按互不相同的方向射出,再经聚光镜将分散的平行光聚集于出射狭缝面,形成按波长排列的光谱。转动单色器任一元件的方位就可以使所需的光从出射狭缝中射出进入吸收池。单色器的核心是色散元件,色散元件常用棱镜和光栅。棱镜是根据不同波长的光,其折射率不同来分散复合光,有石英或玻璃两种材料,石英棱镜透射范围 185~4500nm,用于紫外分光光度计,玻璃棱镜透射范围 340~3200nm,用于可见分光光度计。光栅是密刻平行条痕的光学元件,利用不同波长的光,根据其衍射角不同来分散复合光。

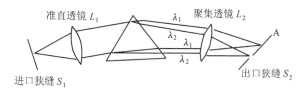

图 12-1　棱镜单色器光路示意图

4. 吸收池　吸收池(比色皿)一般由光透明的材料制成。在紫外光区,采用石英材料;可见光区,则用硅酸盐玻璃。盛空白溶液与盛试样溶液的吸收池要相互匹配,即测量分析时,两个吸收池装入同种溶液或不装溶液,于所选波长下测定透光度,透光度差在 0.2%~0.5%。另外,使用吸收池时还要注意应垂直放置于比色槽内,以减少光的损失,并保持其内外清洁。

5. 检测器　分光光度计的检测器是一种光电转换器,可将所接受的光信号转换成电信号。常用的有光电管和光电倍增管。光电管管中抽成真空或充入少量惰性气体,阳极为金属电极,阴极是一个金属半圆筒,其凹面涂有一层对光敏感的碱金属或碱金属氧化物,阴极被光照射后能发射电子到阳极,通过高电阻放大,产生信号,信号的强弱则与光的强度相关。而光电倍增管原理和光电管相似,仅在其阴阳极之间设有几个倍增光敏阴极,产生放大效应,灵敏度比光电管可高 200 倍。

6. 信号显示系统　该系统的作用是将光电管输出的电信号通过放大作用和一些数学变换,如对数函数、浓度因数及微积分等,然后以某种方式显示出测定结果。主要有检流计、微安表、记录仪等。

(二) 常用分光光度仪的基本操作及注意事项

目前,分光光度计的生产厂家众多,型号也多样,下面仅就常用的 722 型可见分光光度计和 751 型紫外可见分光光度计做一详述。

1. 722 型分光光度计的基本操作

(1) 按常规将仪器接在 220V 稳压电源上,选择合适的波长,打开电源开关,将测量旋钮转至 T 挡,打开比色皿暗箱盖,调节面板上的“0”旋钮,使电表指针处于零位,然后盖上暗箱盖,调节“100%”旋钮使指针在满度附近(约 80%),预热 30min。

(2) 按分析方法规定,把装有空白的比色皿置于暗箱光路的比色槽中,合上暗箱盖,调节“100%”旋钮使电表指针恰在“100%”位,将测量旋钮转至 A 挡,调节“消光 0”旋钮,使电表指针恰在“0”位上,如此反复数次,使表针分别稳定在 A 的“0”位和 T 的“100%”位上。

(3) 若“100%”不到位,可调节灵敏度挡位,使之到位,但此时应重新调整“0”位和“100%”位,在达到要求的基础上,应尽量使用低档的灵敏度。

(4) 将比色液倒入比色皿中,放入比色槽中进行测定,换至样品池,迅速读取吸光值 A,

并立即记录。

（5）比色完毕，调节"100%"旋钮使指针在零点附近（约20%），关闭电源。

2. 751型紫外可见分光光度计的基本操作

（1）将光门关闭，选择开关放在"校正"挡，打开电源，选择光源，紫外为氢灯，可见为钨灯。

（2）旋转波长选择旋钮至测量的波长处，选择适应的光电管，光电管选择拉杆推入为紫敏（200～625nm），拉出为红敏（625～1000nm）。

（3）选择比色杯，紫外为石英，可见为玻璃，并放入比色槽内。

（4）旋转暗电流调节钮使"0"位计指针指到0，顺时针转动灵敏度钮3圈，此时"0"位计指针可偏转3格。

（5）拉动换样拉杆，空白管移入光路，旋转读数钮，使测量读数盘指到 T 100%。

（6）扳动选择开关到"1"处，拉开光门，使单色光通过样品池后射到光电管上。旋转狭缝旋钮使"0"位指针指到0，并调节灵敏度挡微调，使指针准确指到0位。

（7）拉动换样拉杆，样品管移入光路，此时"0"位指针偏离0，旋转读数钮使"0"位计指针重新指向0。此时，从读数盘中可读出样品液的 A（吸收值）和 T（透光度）。

（8）若 T<10%，A>1.0。则将选择开关扳到"0.1"处，当"0"位计指针重新调至0后，读数盘中的 T 值应乘以0.1，而 A 值应加1。

（9）若要反复调节100%时，将选择开关扳回"校正"挡，用灵敏度钮调"0"位至0即可。无需旋转刻度盘至100%。

3. 使用分光光度计的注意事项

（1）分光光度计要放在固定且不受振动的仪器台上，不能随意搬动且注意防潮和阳光直射。

（2）预热时要将暗箱盖打开，以防光电管发生疲劳效应，仪器未关闭前要停止测定时，也应将暗箱盖打开。

（3）比色杯首先要进行匹配，其中溶液量为杯体积的2/3左右，若溶液不小心流出杯外，用滤纸吸干，再用擦镜纸或绸布擦净。盛了溶液的比色杯不要放在仪器表面，以免溶液流出腐蚀仪器。

（4）不要用手拿比色杯的光面，禁止用毛刷等粗糙物洗刷。

（5）吸光度值读数控制在0.2～0.8，以减少测量误差。若超出此读数范围，可采用稀释、加大取样量或改变比色杯长度来调整。

（6）测量的溶液要保持澄清，以免光散射带来测量的误差。

（7）仪器连续使用不应超过2h，两次使用间歇在0.5h以上。

五、蛋白质含量测定的紫外可见分光光度法

目前，在蛋白质定量分析中，紫外可见分光光度法是测定蛋白质含量的主要手段。常见的方法包括有蛋白质含量的紫外吸收光度法、双缩脲法、Lowry 法及基于蛋白质与染料结合的光度法等。下面就这几类中最常用的方法做一阐述：

（一）蛋白质含量测定的紫外可见分光光度法

1. 原理 蛋白质分子中常含有带共扼双键的酪氨酸、色氨酸及苯丙氨酸等结构,因而蛋白质在紫外光波段有吸收,其最大波长在 280nm 处。在此波长范围内,其吸收值与蛋白质浓度成正比,可做定量测定。

2. 实验器材及试剂

（1）实验器材:紫外分光光度计、吸管、试管及试管架。

（2）标准蛋白溶液:任选一种标准蛋白质(如牛血清白蛋白、卵清蛋白、胰蛋白酶、肠毒素、核糖核酸酶等),准确称量,用适当的溶液(水、缓冲液或 0.9% NaCl 溶液)溶解并配制成 1mg/ml 的溶液。

3. 实验操作步骤

（1）标准曲线的绘制:按表 12-2 加入不同的溶液。

表 12-2 紫外可见分光光度法测定蛋白质含量的标准曲线绘制表

管 号	1	2	3	4	5	6	7	8
标准蛋白质(ml)	0	0.5	1.0	1.5	2.0	2.5	3.0	4.0
蒸馏水(ml)	4	3.5	3.0	2.5	2.0	1.5	1.0	0
蛋白质浓度(mg/ml)	0	0.125	0.25	0.375	0.500	0.625	0.75	1.0
吸光度值								

各管混匀后,在 280nm 处,以"0"管调零,测量其吸光度值,以蛋白质浓度为横坐标,吸光度值为纵坐标,绘制标准曲线。

（2）样本的测定:取待测溶液 1ml,加入蒸馏水 3ml,按标准管的测量方法测定其在 280nm 处的吸光度值,并从标准曲线上查出待测样本中蛋白质的浓度。若样品液超出了标准曲线范围,可对样品液进行稀释后再测定,最后乘以稀释倍数即可。

（3）核酸干扰的校正

1）原理:在蛋白质制备过程中常常会混杂有核酸物质,核酸在 280nm 处也有吸收,会影响蛋白质的测定。但是核酸在 260nm 处的紫外吸收比其在 280nm 处更强,而蛋白质则相反,在 280nm 处的紫外吸收大于 260nm 处,利用此性质,通过适当的计算可校正核酸对蛋白质紫外测定的干扰。

2）方法:分别测定样品液在 280nm 和 260nm 处的吸光度值(A),计算出 A_{280nm}/A_{260nm} 的比值,从表 12-3 中查出校正因子 F 值,同时可查出样液中混杂的核酸含量。将 F 值带入下列经验公式可计算出样液中蛋白质的浓度:

$$蛋白质浓度(mg/ml) = F \times A_{280nm} \times D \quad (D——样品液的稀释倍数)$$

或用下列经验公式求得:蛋白质浓度(mg/ml) = $1.55 \times A_{280nm} - 0.76 \times A_{260nm}$

表 12-3 紫外可见分光光度法测定蛋白质校正系数表

A_{280nm}/A_{260nm}	核酸(%)	因子(F)	A_{280nm}/A_{260nm}	核酸(%)	因子(F)
1.75	0.00	1.116	1.36	1.00	0.994
1.63	0.25	1.081	1.30	1.25	0.970
1.52	0.50	1.054	1.25	1.50	0.944
1.40	0.75	1.023	1.16	2.00	0.899

A_{280nm}/A_{260nm}	核酸(%)	因子(F)	A_{280nm}/A_{260nm}	核酸(%)	因子(F)
1.09	2.50	0.852	0.767	7.50	0.565
1.03	3.00	0.814	0.753	8.00	0.545
0.979	3.50	0.776	0.730	9.00	0.508
0.939	4.00	0.743	0.705	10.00	0.478
0.874	5.00	0.663	0.671	12.00	0.422
0.846	5.50	0.656	0.644	14.00	0.377
0.822	6.00	0.632	0.615	17.00	0.372
0.804	6.50	0.607	0.595	20.00	0.278
0.784	7.00	0.585			

表 12-3 中数据是根据酵母烯醇化酶和纯酵母核酸吸光度值而来。若在表中查不到所测比值,可用内插法计算校正因子。纯的蛋白质 A_{280nm}/A_{260nm} 约 1.80,纯的核酸比值约为 0.50。

4. 实验注意事项

(1) 分光光度计的使用注意事项(参见本章第一节)。

(2) 该方法不受低浓度盐的干扰,测定后样品液可回收利用,因此,在蛋白质柱层析分离中,常被应用来检查蛋白质的洗脱。但该法特异性较差,对于那些与标准蛋白质的氨基酸组成差异较大的蛋白质测量有一定的误差。核酸的存在即使进行了上述的校正,因为不同的蛋白质和核酸的吸收是不同的,因而仍存在一定的误差。

(3) 蛋白质紫外吸收会随着 pH 的改变而改变,因而测定过程中要保持样品管和标准管的 pH 尽量一致。

(4) 测量时一定注意使用石英比色杯,因为玻璃可吸收紫外波长的光。

(5) 不同的标准蛋白质在 1mg/ml 时有不同的吸收值,不要错误地认为 1cm 比色杯中测量的吸收值为 1.0 时,蛋白质浓度大约为 1mg/ml。

(二) 双缩脲法测定蛋白质浓度

1. 原理 蛋白质因含有两个以上的肽键而具有双缩脲反应。在碱性溶液中蛋白质和 Cu^{2+} 反应可形成紫红色的络合物,其颜色深浅与蛋白质浓度成正比,可用于定量检测。

2. 实验器材与试剂

(1) 实验器材:可见分光光度计、吸管、试管与试管架。

(2) 蛋白标准溶液:准确称取标准蛋白物质(牛血清白蛋白、卵清蛋白、酪蛋白等),用 0.05mol/L 氢氧化钠溶液稀释至 10mg/ml。

(3) 双缩脲试剂:溶解 1.5g 硫酸铜($Cu_2SO_4 \cdot 5H_2O$)和 6.0g 酒石酸钾钠($NaKC_4H_4O_6 \cdot 4H_2O$)于 500ml 水中,在搅拌下加入 300ml 10% 氢氧化钠溶液,用水稀释至 1L,储存在内壁涂以石蜡的瓶中,可长期保存。

3. 实验步骤

(1) 标准曲线的绘制:按表 12-4 加入不同的溶液。

表 12-4　双缩脲法测定蛋白质浓度的标准曲线绘制表

管　号	1	2	3	4	5	6
标准蛋白质(ml)	0	0.3	0.6	0.9	1.2	1.5
蒸馏水(ml)	2	1.7	1.4	1.1	0.8	0.5
双缩脲试剂(ml)	4.0	4.0	4.0	4.0	4.0	4.0
蛋白质含量(mg)	0	3	6	9	12	15
吸光度值						

各管在室温下放置30min,于540nm波长下,以"0"管调零,测定其吸光度值。以蛋白质含量为横坐标,吸光度值为纵坐标,绘制标准曲线。

（2）样本的测定:用 0.05mol/L 氢氧化钠配制成适当的浓度（使测定值在标准曲线范围内）,取待测溶液1ml,用水补足 2ml,按标准管的测量方法测定其在 540nm 处的吸光度值,并从标准曲线上查出待测蛋白质的含量。按稀释倍数求出样品中蛋白质的浓度。

4. 实验注意事项

（1）分光光度计使用注意事项（参见本章第一节）。

（2）标准管和样品管应同时操作并使各管显色时间尽可能保持一致。若室温过低,可统一采用25℃温浴进行显色。

（3）适用于 0.5～10mg/ml 的蛋白质溶液的测定。

（4）巯基乙醇及具有肽性的缓冲液如 Tris 缓冲液会干扰测定,可用等体积 10% 三氯乙酸溶液沉淀蛋白质,弃去上清液,再用已知体积的 0.05～0.10mol/L 氢氧化钠溶解蛋白质。硫酸铵不影响测定,因而用硫酸铵分级沉淀初步提纯的蛋白质含量可用此法进行测定。

（三）Lowry 法（Folin-酚试剂法）测定蛋白质浓度

1. 原理　实际上是双缩脲法的进一步发展。试剂 A 相当于双缩脲试剂,蛋白质在碱性条件下与其中的 Cu^{2+} 形成络合物。由于蛋白质含带有酚基的酪氨酸,生成的络合物可还原试剂 B 中的磷钼酸和磷钨酸而产生钼蓝和钨蓝复合物,该复合物显蓝色,其颜色深浅与蛋白质浓度成正比,可用于定量分析。

2. 实验器材与试剂

（1）实验器材:分光光度计、吸管、试管和试管架。

（2）Folin-酚试剂 A:称取 0.5g $Cu_2SO_4 \cdot 5H_2O$ 溶于100ml 1% 酒石酸钾钠溶液中,配成 A1 溶液;称取 20g 碳酸钠溶于1000ml 0.1mol/L 氢氧化钠溶液中,配成 A2 溶液;按 A1∶A2＝1∶50 体积比混合,即可得到 Folin-酚试剂 A。

（3）Folin-酚试剂 B:称取 100g 钨酸钠和25g 钼酸钠,加入水 700ml 和 85% 的磷酸溶液50ml 及浓盐酸100ml,充分混匀后小火回流 10h,加入硫酸锂150g,50ml 水和数滴溴水,开口沸腾 15min 去除过量的溴,冷却后稀释到1000ml,过滤,滤液呈黄绿色,装于棕色瓶中,暗处储存,此液也可购买,使用时将自制或购买的试剂 B,以酚酞为指示剂,标准氢氧化钠溶液滴定,然后用水稀释至酸浓度为1mol/L,此即 Folin-酚试剂 B。

（4）标准蛋白质溶液:准确称取标准蛋白物质（牛血清白蛋白、卵清蛋白、酪蛋白等）,

用 0.05mol/L 氢氧化钠溶液稀释至 0.5mg/ml。

3. 实验步骤

(1) 标准曲线的绘制:按表 12-5 加入不同溶液。

表 12-5 Lowry 法测定蛋白质浓度的标准曲线绘制表

管 号	1	2	3	4	5	6	7
标准蛋白质(ml)	0	0.05	0.1	0.2	0.3	0.4	0.5
蒸馏水(ml)	0.5	0.45	0.4	0.3	0.2	0.1	0
试剂 A(ml)	2.5	2.5	2.5	2.5	2.5	2.5	2.5
混匀,室温放置 10min							
试剂 B(ml)	0.25	0.25	0.25	0.25	0.25	0.25	0.25

混匀,室温放置 30min。以"0"管调零,660nm 波长处测量吸光度值,以蛋白质浓度为横坐标,吸光度值为纵坐标绘制标准曲线。

(2) 样本测定:取待测溶液 0.5ml,按标准管的测量方法测定其在 660nm 处的吸光度值,并从标准曲线上查出待测蛋白质含量。按稀释倍数求出样品中蛋白质的浓度。

4. 实验注意事项

(1) 分光光度计使用注意事项(参见本章第一节)。

(2) 此法较双缩脲法灵敏 100 倍,可用于 0.05~0.5mg/ml 蛋白质浓度测定。

(3) 对酪氨酸和色氨酸含量与标准蛋白质差异较大的样品会产生一定的测量误差。

(4) Folin-酚试剂只在酸性溶液中稳定,但本实验在 pH10 条件下反应,因而加入 Folin-酚试剂后立即混匀,使 Folin-酚试剂在被破坏之前就和溶液发生反应。

(5) 枸橼酸、琥珀酸等缓冲液,EDTA 等螯合剂,葡萄糖、蔗糖等糖类,酚、巯基乙醇等还原剂,Triton 等去垢剂,高浓度的尿素、硫酸铵、三氯乙酸等均会干扰测定。因而本法适用于较纯的蛋白样品测定。去垢剂、糖类和 EDTA 干扰可通过在 Folin-酚试剂中加入 SDS 消除。其他干扰可通过对照实验消除。

(四) 染料光度法测定蛋白质浓度

在蛋白质的临床分析中,基于蛋白质与染料结合的反应是应用最为广泛的光度分析法。由于蛋白质中含有的某些氨基酸残基,在酸性条件下可与阴离子染料发生静电结合而显色。目前,可与蛋白质发生结合反应的染料颇多,主要包括有酸性三苯甲烷类染料、羟基醌类化合物、变色酸双偶氮类化合物、荧光酮类化合物等。本书就最常用的 Bradford 检测法和溴甲酚绿法测定蛋白质浓度实验详述如下:

1. Bradford 检测法

(1) 原理:考马斯亮蓝 G-250 在酸性条件下呈红色,和蛋白质通过疏水作用结合以后产生蓝色的化合物,在 595nm 波长处有最大吸收。化合物颜色深浅与蛋白质含量呈正比,可用于定量测定。

(2) 实验器材与试剂

1) 实验器材:分光光度计、吸管、试管和试管架。

2）标准牛血清白蛋白：配成 0.1mg/ml 浓度。

3）考马斯亮蓝 G-250 染料溶液：称取考马斯亮蓝 G-250 0.1g 溶于 95% 乙醇溶液 50ml 中，再加 85% 浓磷酸溶液 100ml，用水稀释至 1000ml，混匀备用。有商品出售。

（3）实验操作步骤

1）标准曲线的绘制：按表 12-6 加入不同溶液。

表 12-6　Bradford 检测法测定蛋白质浓度的标准曲线绘制表

管　号	1	2	3	4	5	6
标准蛋白质（ml）	0	0.2	0.4	0.6	0.8	1.0
蒸馏水（ml）	1.0	0.8	0.6	0.4	0.2	0
染料溶液（ml）	5	5	5	5	5	5
蛋白质含量（mg）	0	0.2	0.4	0.6	0.8	1.0
吸光度值						

混匀，室温放置 5min。以"0"管调零，595nm 波长处测量吸光度值，以蛋白质浓度为横坐标，吸光度值为纵坐标绘制标准曲线。

2）样本测定：取待测溶液 1.0ml，按标准管的测量方法测定其在 595nm 处的吸光度值，并从标准曲线上查出待测蛋白质含量。按稀释倍数求出样品中蛋白质的浓度。

（4）实验注意事项

1）分光光度计使用注意事项（参见本章第一节）。

2）由于不同蛋白质与染料的结合作用不同，因而本法对于测定与标准蛋白质氨基酸组成差异较大的样品有一定的误差。但该反应显色稳定，干扰较少。

3）本法适合 0.05 ~ 0.25mg/ml 蛋白质浓度的测定。测定时，染料极易吸附在比色杯上，可用 SDS 稀溶液清洗。

4）显色 5min 反应完全，在 10min 后会出现沉淀，因而应在 10min 内完成所有显色样品的测定。

5）pH 的改变会影响显色，因而要求样品管和标准管尽可能在同一 pH 下显色。

2. 溴甲酚绿染料法

（1）原理：溴甲酚绿是一种阴离子染料，在非离子表面活性剂 Brij-35 存在下，于酸性环境中，可与蛋白结合，形成一种绿色复合物。其颜色深浅与蛋白质浓度呈正比，可用于定量测定。

（2）实验器材与试剂

1）实验器材：可见分光光度计、试管与试管架、吸管。

2）0.5mol/L 琥珀酸缓冲储存液：称取 56g 琥珀酸、10g 氢氧化钠溶解于 800ml 水中，用 1mol/L 氢氧化钠滴定至 pH4.1 左右，加水至 1000ml，4℃保存。

3）溴甲酚绿储存液（10mol/L）：称取 1.75g 溴甲酚绿于 5ml 1mol/L 氢氧化钠中，用水稀释至 250ml。

4）聚氧乙烯月桂醚（Brij-35）储存液：称取 Brij-35 25g，溶解于水中（若不溶，可加热助溶），用水定容至 100ml。

5）溴甲酚绿应用液：加入 100ml 琥珀酸缓冲液储存液、8.0ml 溴甲酚绿储存液及 Brij-35 储存液 2.5ml，加水至 1000ml。

6）白蛋白标准液：配成 2mg/ml 溶液。

（3）实验操作步骤

1）标准曲线的绘制：按表 12-7 加入不同溶液。

表 12-7　溴甲酚绿染料法测定蛋白质浓度的标准曲线绘制表

管　号	1	2	3	4	5	6
蛋白标准溶液（ml）	0	0.1	0.2	0.5	0.8	1.0
蒸馏水（ml）	1.0	0.9	0.8	0.5	0.2	0
溴甲酚绿应用液	4.0	4.0	4.0	4.0	4.0	4.0
蛋白浓度（mg/ml）	0	0.04	0.08	0.20	0.32	0.4
吸光度值						

混匀，室温 10min，"0" 管调零，于 630nm 波长下测定各管的吸光度值，以标准蛋白溶液浓度为横坐标，吸光度值为纵坐标绘制标准曲线。

2）样品测定：取适当稀释的样品液 1.0ml，与标准溶液同样显色测定，以其吸光度测得值从标准曲线查出相应的蛋白质浓度，以稀释倍数求出样品中的蛋白质含量。

（4）注意事项

1）分光光度计的使用注意事项（参见本章第一节）。

2）本实验常用于临床上测定血清白蛋白的含量，但溴甲酚绿与白蛋白反应并非特异反应，血清中多种蛋白质成分均会呈色。如 α_1-球蛋白、转铁蛋白等。因而测定结果会有一定的误差。

3）含脂类较多的血清，显色后会使溶液变浑浊，可加入乙醚进行处理或做样品空白管校正。

（邹晓莉）

第二节　荧光分光光度法

一、荧光分光光度法的基本原理

（一）定义

某些物质的分子吸收了外界能量后，能发射出荧光，根据发射出的荧光光谱的特征和荧光强度对物质进行定性和定量的分析方法称为分子荧光分析法，是一种发光光谱法。

（二）荧光产生的机制

某些物质吸收了一定波长的光能之后，基态电子跃迁到激发态，此类电子经与同类分子或与异类分子相互碰撞，消耗相当能量，而下降至第一电子激发态的最低振动能阶。由此最低振动能阶下降到基态中的不同振动能阶，同时发射出比原来所吸收光波长更长的光，即荧光。

（三）定量依据

对于稀溶液：$F = KI_0 kcl$

式中，F 为荧光强度，I_0 为入射光强度，c 为溶液中荧光物质的浓度，l 为液层厚度。

对稀溶液而言，在激发光波长、强度和液层厚度固定时，物质发生的荧光强度和溶液的浓度成正比，这是荧光分析的定量依据。

（四）常用定量方法

1. 工作曲线法 荧光分析因荧光干扰因素较多，所以都采用工作曲线法，绘制方法同紫外-可见分光光度法标准曲线法部分，只是标准溶液均须经过与样品同样的处理后进行测定。

（1）荧光基准物质：由于影响荧光强度测定的因素较多，同一型号的仪器，甚至同一台仪器在不同的时间操作，所得的结果也不尽相同，因而在每次测定时，首先要用一种稳定的荧光物质，配成一定的浓度对仪器进行校正。即将该物质的荧光强度读数调至 100% 或 50%，以此作为调试仪器的标准进行测定。有些仪器如 F930 需要用荧光基准物质调试仪器，而有些型号的仪器则不用，直接进行调零和 100% 即可。

（2）基准物质的选择：可选择系列中某一标准溶液，但当待测物质不稳定时，改用另一种稳定且所发出的荧光光谱和试样溶液的荧光光谱相近似的标准溶液。荧光基准物质的浓度要通过实验来确定，使浓度最高的测定管的荧光强度不能超过满度，最低管测定值又不能太小。

（3）仪器调零后，测定空白溶液的荧光强度，然后测定试液，用后者减去前者才是试液本身的荧光强度。

2. 直接比较法

$$C_X = (F_X - F_0) / (F_S - F_0) \times C_S$$

式中，C_X 为待测液的浓度，C_S 为标准溶液的浓度，F_S 为标准溶液的荧光强度，F_X 为待测液的荧光强度，F_0 为空白溶液的荧光强度。

其余参见紫外可见分光光度法一节。

二、荧光分光光度计

详见紫外可见分光光度法一节。

（一）荧光分光光度计的基本部件

$$\boxed{激发光源} \longrightarrow \boxed{单色器} \longrightarrow \boxed{样品池} \longrightarrow \boxed{检测器} \longrightarrow \boxed{指示系统}$$

1. 激发光源 主要有高压汞灯（发射 365nm、398nm、405nm、436nm、546nm、579nm、690nm、734nm 谱线，提供近紫外光），低压汞灯（可发射小于 300nm 的紫外线，最强谱线 254nm），氙灯（连续光谱，250～700nm，荧光光度计常用光源）。

2. 单色器 两个单色器。

（1）激发单色器：用于选择激发光波长。

（2）荧光单色器:用于选择特征波长的荧光照射于检测器,主要色散元件为光栅。

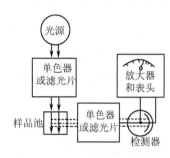

图 12-2 荧光光度计的结构
示意图

3. 样品池 因为激发光大多于紫外区域,而玻璃要吸收紫外光,因而荧光检测吸收池为石英比色皿。

4. 检测器 光电倍增管。检测荧光的方向和光源的方向垂直。

5. 指示器 放大装置和记录装置。

图 12-2 为荧光光度计的结构示意图。

（二）荧光光度计的基本操作

1. F930 荧光光度计的基本操作（图 12-3、图 12-4）。

（1）仪器接通电源之前,电表指针应位于 0 位,否则调节电表上的校正螺丝调节至 0 位。

（2）接通电源,打开暗箱盖,调节调零电位器使电表指针处于 0 位,预热 10min。

（3）将适当浓度的荧光基准物质装入比色皿中并放入样品池架上,盖上暗箱盖,调节电表指针指满度。

（4）将装有样品液的比色皿放入样品池架中,读出指针所指的数值即可。

（5）选择灵敏度挡时,先将挡位放置最低,再逐渐提高。在灵敏度满足的条件下选择较低挡,这样可以使仪器获得较高的稳定性。各挡的灵敏度范围是:第一挡×1 倍,第二挡×10 倍,第三挡×100 倍,第四挡×200 倍,第五挡× 400 倍。

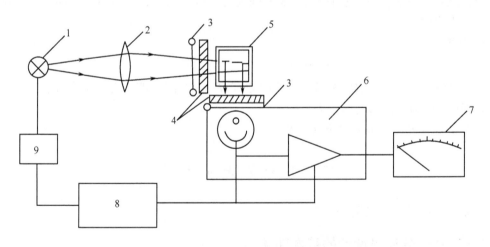

图 12-3 930 型荧光光度计的基本结构示意图

1. 光源灯；2. 透镜；3. 光闸；4. 滤光片；5. 样品池；6. 光电管及放大器；7. 微安表；8. 稳压电源；9. 灯电源

2. F95 荧光分光光度计的基本操作

（1）接通氙灯开关,点燃氙灯,再接通仪器开关,预热 30min。

（2）关上暗箱,按调零键调节仪器的 0 点。

（3）将装有样品液的比色皿放入试样槽中,调节测试波长至最佳位置。

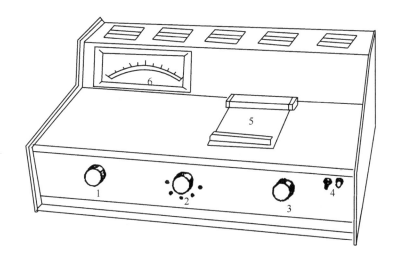

图 12-4　930 型荧光光度计面板结构示意图

1. 调零；2. 灵敏度选择；3. 满度调节；4. 电源开关；5. 样品室盖；6. 电流表

（4）调节增益挡，使荧光光度值显示在 10～50 即可读数。若需示值较大时，按"Scale"键，调节 Scale 值，再按"Scale"至"Corr"指示灯亮，其值为当前的荧光值。

（5）测试完毕后，先关闭仪器开关，再关闭氙灯电源。

3. 使用荧光光度计的注意事项

（1）测定时要用石英比色皿，且保持比色皿清洁，装液后不要放在仪器面板上。

（2）尽量减少氙灯的触发次数，因为其寿命与开关次数密切相关。关闭氙灯开关后，若要重新使用，需数秒后重新触发。

（3）仪器预热时应检查所选择的滤光片是否已置于光路中，否则光电管将受强光照射而损伤。

三、荧光分光光度法在蛋白质测定中的应用

荧光分光光度法是对蛋白质定量检测的另一常用方法，其灵敏度较紫外可见分光光度法更高。由于蛋白质中存在酪氨酸和色氨酸，因而蛋白质本身就能吸收紫外光而产生荧光，通过测量所产生的荧光强度可用于蛋白质定量研究。另外，与紫外可见分光光度法类似，蛋白质可以与某些荧光染料结合，通过比较结合前后荧光强度的改变（荧光增强或荧光熄灭）来进行蛋白质的定量。这类荧光染料较多，如血管黄素、罗丹明染料、曙红、藻红、异硫氰酸荧光素、卟啉类化合物、喹啉类化合物、荧光酮类化合物等均有文献报道，可供查阅。下面仅就实验中应该注意的问题简要叙述一下。

（1）荧光分光光度法的灵敏度较紫外可见分光光度法高（2～3 个数量级），线性范围较宽，选择性较强，所以可用于微量蛋白质或某一类蛋白质的测定。但是影响荧光强度的外界条件较多，能产生荧光的物质并不多，因而也就限制了荧光光度法的应用。

（2）温度对荧光强度影响较大，温度升高，荧光强度减小，现在许多仪器都有冷温槽供

检测使用。荧光反应也尽量在冷暗环境中进行。

（3）荧光强度还受溶剂、溶液酸度及表面活性剂（在表面活性剂的胶束溶液中进行荧光测定可提高其强度）的影响，在荧光反应中，可通过选择适当的实验条件及加入表面活性剂，来提高反应的选择性、灵敏度及稳定性。

（4）环境中的荧光干扰因素甚多，因而在实验中要注意严格控制实验条件。样品液和标准液应在同一条件下进行反应，放置的温度、时间、溶剂介质等须保持一致。

（5）仅能用稀硝酸清洗荧光光度法所用器皿，洗衣粉和铬酸洗液内常含有荧光物质，所以禁用洗衣粉和铬酸洗液。

（6）凡士林会产生荧光干扰，因而所用仪器及器具的接头处不得涂以凡士林。样品萃取常用的分液漏斗，其活塞的连接处不能像常规操作一样涂上凡士林，只需塞紧活塞即可。另外，试剂瓶不能用软木塞，因为木头中也会有荧光干扰物质。

（7）实验用水应为双蒸水，以离子交换树脂所制得的离子交换水因在制备过程中会引入荧光干扰物质，不能用于荧光法的检测中。

（8）滤纸上存在荧光干扰物质，实验中不得使用滤纸对样品进行过滤。

（9）强光直射会使荧光物质分解，进行荧光检测时，不能将反应好的待测溶液放在仪器旁，以免仪器光源发出的光照射或仪器所散发的热量使其中荧光物质分解，荧光强度降低；若反复测定同一样品液管的荧光强度，也会因比色次数过多，受仪器光源光的直射时间过长，而使其荧光强度降低，测定时要注意。

（10）溶剂、容器及能形成胶粒的溶质在激发光照射下，常发射散射光，当荧光光谱与散射光有重叠时，就会影响荧光的测量，在测定时要设法避免。散射光谱在空白溶液中常会出现，可用所需的激发光源先测试空白溶液的发射光谱，若散射光谱离荧光光谱较近或有重叠，可选择另一比原来波长短的激发光源，对某一溶剂，不同激发光源会产生不同的散射光。

（11）荧光物质浓度仅在低浓度时，其荧光强度与浓度呈线性。在高浓度时，由于荧光物质分子自身碰撞及与溶剂分子间的碰撞，会发生自吸现象而产生荧光自熄灭，使线性关系发生偏离。因而实验中样品管荧光强度不能超过标准曲线的范围。

（邹晓莉　王廷华）

第三节　HPLC、CE 分离定量

高效液相色谱和毛细管电泳不仅可用于蛋白质的分离及纯化，两者也具有很强的定量能力，其在蛋白质分离中的应用可参见前面章节的阐述，下面仅关于两者在定量方面的一些常用方法加以叙述。

一、外标法（校正曲线法）

1. 作法　作法参见分光光度法。

2. 特点

（1）优点：简单，不必用校正因子。

（2）缺点：需严格控制操作条件和进样量才能得到准确的结果。

二、内　标　法

1. 作法　准确称取样品 m，加入一定量（m_s）的某纯物质作为内标物，根据内标物与样品重量之比及被测组分峰面积 A_i 和内标物峰面积 A_s 之比，即可求得某组分的百分含量 $C_i\%$。

2. 公式

$$C_i\% = \frac{m_s \cdot \dfrac{f_i A_i}{f_s A_s}}{m} \times 100 = \frac{f_i A_i}{f_s A_s} \cdot \frac{m_s}{m} \times 100$$

式中，f_i 为被测组分的校正因子；f_s 为内标物的校正因子。

校正因子测定：配制已知浓度的内标物与被测组分标准物质的混合溶液，通过色谱测定分别测得两者各自的峰面积，带入上述公式计算可得，此时内标物的校正因子为1。

3. 内标物的选择

（1）内标物在原样品中没有。

（2）与待测物质性质接近，保留时间应与待测组分接近，但能完全分开。

（3）必须是纯物质。

（4）应与样品互溶。

（5）加入的重量也要接近被测组分的含量。

4. 内标法的特点

（1）优点：定量准确，进样量和操作条件不要求严格控制，适于微量杂质检查。

（2）缺点：每次分析都要准确称量样品和内标物，不适于快速控制分析。

（邹晓莉）

第四节　酶联免疫吸附试验

1971 年，瑞典学者 Engvail 和 Perlmannn，荷兰学者 van Weerman 和 Schuurs 分别报道，将免疫技术发展为检测体液中微量物质的固相免疫测定方法。其基本原理是先将已知的抗体或抗原结合在某种固相载体上，并保持其免疫活性；利用标记技术，将酶标记到抗体（抗原）上；测定时，将待检标本和酶标抗原或抗体按不同步骤与固相载体表面吸附的抗体或抗原发生特异性反应，在遇到相应的酶底物时，酶能高效、专一地催化，分解底物，生成有颜色的产物。根据颜色的有、无或深、浅来判断待检物中是否有相应的特异抗原（抗体）及其量的多少。最初发展的免疫酶测定方法，是使酶与抗体或抗原结合，用以检查组织中相应的抗原或抗体的存在。后来发展为将抗原或抗体吸附于固相载体，在载体上进行免疫酶染色，底物显色后用肉眼或分光光度计判定结果。这种技术就是目前应用最广的酶联免疫吸附试验（enzyme linked immunosorbant assay, ELISA）。

　　本实验可定性、定量和定位地检测待检物。由于酶的催化效率极高,加上抗原-抗体反应的高度特异性,故本法兼有敏感性(纳克至皮克水平)和特异性高的优点。另外,该方法也是一种简便、无需特殊设备的测量技术(图 12-5)。

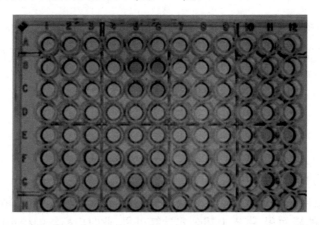

图 12-5　酶标板

（摘自 http://user. nankai. edu. cn）

一、基本原理与类型

　　酶联免疫吸附试验是一种固相免疫测定技术,先将抗体或抗原包被到某种固相载体表面,并保持其免疫活性。测定时,将待检样本和酶标抗原或抗体按不同步骤与固相载体表面吸附的抗体或抗原发生反应,后加入酶标抗体与免疫复合物结合,用洗涤的方法分离抗原-抗体复合物和游离的未结合成分,最后加入酶反应底物,根据底物被酶催化产生的颜色及其吸光度(A)值的大小进行定性或定量分析(图 12-6)。

图 12-6　酶联免疫吸附试验的基本原理

（摘自 http://user. nankai. edu. cn）

ELISA 根据检测目的和操作步骤的不同,有双抗体夹心法、间接法、竞争法三种类型的常用方法。

(一) 间接法

此法是测定抗体最常用的方法。将已知抗原吸附于固相载体,加入待检标本(含相应抗体)与之结合。洗涤后,加入酶标抗球蛋白抗体(酶标抗抗体)和底物进行测定(图 12-7)。

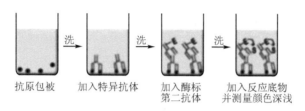

抗原包被　　加入特异抗体　　加入酶标　　　加入反应底物
　　　　　　　　　　　　　第二抗体　　　并测量颜色深浅

图 12-7　间接 ELISA

(摘自 http://user. nankai. edu. cn)

(1) 将特异性抗原与固相载体连接形成固相抗原。清洗除去未结合的抗原。

(2) 加入受检标本,经过温育(37℃ 2h),使之与固相抗原结合(样品中特异性抗体与固相抗原结合,形成固相抗原-抗体复合物)。清洗除去其他未结合的物质。

(3) 加入酶标记抗免疫球蛋白抗体(抗抗体,二抗),再次温育(37℃ 2h),使它与固相复合物中的抗体结合,清洗除去未结合的酶标抗抗体。固相载体上的酶量就代表特异性抗体的含量。

(4) 加入底物显色,在 20～60min 内观察显色结果。酶催化底物变为有色产物,根据颜色反应的深度进行抗体的定性或用酶标仪测吸光度值进行定量。

(二) 双抗体夹心法

此法常用于测定抗原, 将已知抗体吸附于固相载体, 加入待检标本(含相应抗原)与之结合。温育后洗涤,加入酶标抗体和底物进行测定(图 12-8)。

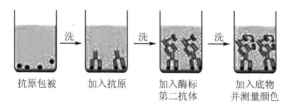

抗原包被　　加入抗原　　　加入酶标　　　加入底物
　　　　　　　　　　　　第二抗体　　　并测量颜色

图 12-8　双抗体夹心法(三明治 ELISA)

(摘自 http://user. nankai. edu. cn)

（1）将特异性抗体与固相载体连接即包被，形成固相抗体。清洗除去未结合的抗体。

（2）加入受检标本，经过温育，使相应抗原与固相抗体结合（样品中特异性抗原与固相抗体结合，形成固相抗原-抗体复合物）。清洗除去其他未结合的物质。

（3）加入酶标特异性抗体。固相免疫复合物上的抗原就可以与酶标记抗体结合，清洗除去未结合的酶标抗体。

（4）加入底物显色，在 20～60min 内观察显色结果。酶催化底物变为有色产物，根据颜色反应的深度进行抗原的定性或用酶标仪测量吸光度值进行定量测定。

本法只适用于二价或二价以上大分子抗原，而不能用于测定半抗原等小分子物质。

（三）竞争法

此法可用于抗原和半抗原的定量测定，也可用于测定抗体（图 12-9）。

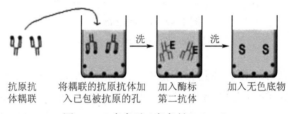

抗原抗　　将耦联的抗原抗体加　　加入酶标　　加入无色底物
体耦联　　入已包被抗原的孔　　第二抗体

图 12-9　竞争法（竞争性 ELISA）

（摘自 http：//user. nankai. edu. cn）

（1）将特异性抗体与固相载体连接形成固相抗体。清洗除去未结合的抗体。

（2）同时加入受检样品和一定量酶标抗原的混合液，使之与固相抗体相结合。若受检样品中无抗原，则酶标抗原可顺利与固相抗体相结合。反之，若受检样品中含有抗原，则可与固相抗体相结合，竞争性占去酶标抗原与固相抗体相结合的机会，使酶标抗原与固相抗体的结合量减少。

（3）加入底物显色，在 20～60min 内观察显色结果。参考管中只加入酶标抗原，不加受检样品，因而与固相抗体结合的酶标抗原最多，故颜色最深。测定管的颜色深度与受检样品的量有关。测定管中的抗原量越多，竞争性抑制酶标抗原与固相抗体的结合，使得固相上结合的酶标抗原越少，测定管颜色就越浅。分别测定两管的吸光度（A）值，根据参考管与测定管 A 值之比，计算标本中待测抗原含量。

二、ELISA 技术在测定 CDK4 R24C 基因突变鼠血浆中 Tpo 水平中的应用——双抗体夹心法

将正常小鼠的细胞周期蛋白激酶 4（CDK4）基因用 CDK4 R24C 基因置换，制成 CDK4 R24C 基因突变鼠，用酶联免疫吸附试验（ELISA）检测小鼠血清中血小板生成素（Tpo）的表达水平，从而观察骨髓中巨核细胞的增殖是否与 CDK4 基因突变有关。

为了检测 CDK4 基因突变鼠和正常小鼠血液中 Tpo 的水平,我们采用了酶联免疫吸附试验对其进行定量分析。首先,用特异性抗鼠 Tpo 单克隆抗体(第一抗体)对酶标板进行预包被。将标准品、野生型组样品和基因突变组样品用移液管移入酶联检测板内与特异性抗鼠 Tpo 单克隆抗体进行反应;洗脱未结合的反应物后加入酶标特异性抗鼠 Tpo 多克隆抗体(第二抗体);洗脱未结合的酶联抗体反应物后加入底物稀释液进行反应;最后,加入终止液后使得酶联反应产生的蓝色物变为黄色产物。通过比色法初步检测 Tpo 的浓度。通过与标准曲线比较,分析出样本中 Tpo 的水平。

(一) 实验材料和试剂

(1) 96 孔聚苯乙烯板。

(2) 待检血清。

(3) 阳性标本血清。

(4) 鲑精 DNA (1mg/ml)。

(5) HRP(辣根过氧化物酶)标记的兔抗小鼠 IgG(酶标抗体)。

(6) 洗涤液(PBST)(含 0.05% Tween-20 的 PBS)。

(7) 稀释和封闭液(含 2% BSA 的 PBS)。

(8) 底物液:OPD(邻联苯二胺)400μg/ml, 30% H_2O_2 0.25μl/ml,用磷酸-枸橼酸缓冲液配制。

(9) 终止液:1mol/L H_2SO_4。

(10) PBS 缓冲液:pH7.4,0.01mol/L。

(11) 磷酸-枸橼酸:pH5.0,0.1mol/L。

(二) 操作过程

(1) 试剂的准备包括稀释对照溶液、稀释第二抗体和标准缓冲液。

(2) 用特异性抗鼠 Tpo 单克隆抗体稀释液包被酶联反应板。

(3) 每孔加入 50μl 分析液。

(4) 每孔加入 50μl 标准样品和对照样品混合 1min,室温下包被酶联反应板 2h。

(5) 吸去包被液,漂洗 5 次。然后倒置反应板,用纸吸去液体,晾干反应孔。

(6) 每孔加入 100μl 酶标特异性抗鼠 Tpo 多克隆抗体溶液于室温下反应 2h。

(7) 吸出第二抗体液,充分漂洗。

(8) 每孔加入 100μl 底物稀释液于室温反应 30min。

(9) 加入 100μl 终止反应液终止反应。

(10) 在酶联检测仪上,540nm 或 570nm 波长处测定各孔吸光度(A)值。

(三) 结果判断

(1) 直接用"阳性"或"阴性"表示结果。一般用于传染性疾病(如肝炎)的诊断。在进行大量阳性和阴性标本测定后,定出某吸光度值(例如,0.1)为阳性和阴性的分界点。

（2）用终点"滴度"表示阳性结果。将样本进行一系列稀释,用阳性的最高稀释度表示结果,如 1：128 为阳性。

（3）吸光度读数直接表示阳性的程度,如 0.7、1.2 等。这时应用某固定阳性标本为参考。在以后的测定中以此为分界点。

（4）用"比率"表示,以某固定阴性标本为参考,以阳性标本读数为该参考阴性标本读数的倍数来表示阳性程度,如阴性 $A=0.1$,而 $0.1×2=0.2$ 以上为阳性。

（5）标准曲线法,以阳性标准化标本做一系列稀释得到标准曲线。各受检标本的读数与标准曲线相比计算出绝对值。ELISA 法中标准曲线,每次测定都需要重新做。

本实验对 CDK4 R24C 纯合子和野生型血清中的 Tpo 水平进行了测定,并与标准曲线进行比较。如果待检样品的 A 值为阴性对照的两倍即为阳性,见表 12-8、图 12-10。

表 12-8　CDK4 纯合子和野生型小鼠血清中 Tpo 水平分析

	Tpo（μg/ml）	P
w/w	1555 ± 1009	>0.05
/	1255 ± 571	

注:w/w,野生型; */*,纯合子;经 t 检验,纯合子和野生型之间 Tpo 水平没有显著性差异。

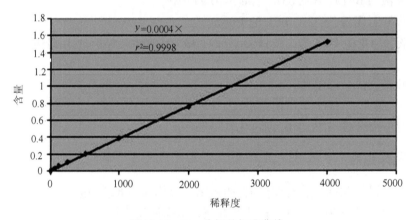

图 12-10　Tpo 分析的标准曲线

（四）注意事项

（1）酶标记抗体以及待检样本的使用浓度应事先滴定。

（2）保存的血清切忌反复冻融,以免降低血清中抗体或抗原的免疫学活性。

（3）酶-底物反应时间除人为规定(常规规定为 30min)外,还可以阳性参考标本的 A 值达到 1.0 时为反应终点。

（4）底物液一定在临用前现配。

（王特为　王廷华　曾园山）

参 考 文 献

华东理工大学分析化学教研组,成都科学技术大学分析化学教研组 . 1995. 分析化学 . 第 4 版 . 北京：高
　　等教育出版社

陶慰孙 . 2003. 蛋白质分子基础 . 第 2 版 . 北京:高等教育出版社

汪家政，范明 . 2000. 蛋白质技术手册 . 北京:科学出版社

杨安钢 . 2001. 生物化学与分子生物学技术 . 北京：高等教育出版社

于如嘏 . 1986. 分析化学 . 第 2 版 . 北京:人民卫生出版社

袁玉荪 . 1979. 生物化学实验 . 北京:人民教育出版社

第十三章　生物信息学预测蛋白质序列技术

各种氨基酸通过肽键相连就形成了蛋白质生物大分子。由于氨基酸组成、氨基酸排列顺序及肽链空间特定排布位置的差异,使蛋白质的分子结构及功能各不相同。

蛋白质的一级结构,即组成蛋白质的氨基酸序列,决定了蛋白质的性质。构成蛋白质的氨基酸是蛋白质的分子基础,其物理和化学性质早已为人熟知,而由于这 20 种氨基酸的化学构造不同,在结构和功能上具有多样性,因而任一氨基酸残基都能对蛋白质的物理和生化性质产生影响,即序列决定构象。随着分子生物学研究的重点从基因组扩展到蛋白质组,生物学研究进入了后基因组时代。而今,根据蛋白质的氨基酸序列预测其空间结构和功能也日益受到科研人员的重视。目前,预测空间结构的方法主要有两类:①运用分子力学、分子动力学的方法,根据物理化学的基本原理,从理论上预测蛋白质分子的空间结构;②运用丰富的网络资源,通过对已知空间结构的蛋白质进行分析处理,找出蛋白质一级结构与空间结构的关系,总结其规律,并用之于对其他蛋白质空间结构的预测。本章节将介绍利用分析蛋白质的氨基酸组成来确认未知蛋白质并预测其结构和功能的一些计算工具和方法。

第一节　概　　述

除了 NCBI 的 BLAST 外,网上提供的另一个使用频率最高的免费计算工具是蛋白质分析专家系统(ExPASy),BLAST 在蛋白质的生物信息学中(上篇)已经做了详细的介绍,这里将着重介绍 ExPASy 的各种计算工具以及一些相关的链接。

蛋白质分析专家系统(Expert Protein Analysis System,ExPASy)http://www.expasy.org/,是由瑞士生物信息院(SIB)提供的蛋白质在线分析工具,专门从事蛋白质序列、结构、功能和蛋白质 2D-PAGE 图谱的分析,在瑞士、澳大利亚、玻利维亚、中国(http://cn.expasy.org/)、加拿大、韩国、美国等国家和地区设有镜像站点,可直接链接到 Swiss-Prot/TrEMBL、PROSITE、SWISS-2DPAGE、ENZYME、SWISS-3DMAGE、SWISS-MODEL Repository、CD40Lbase、SeqAnalRef 及其他一些分子生物学数据库。图 13-1 为 ExPASy 的主页。图 13-2 为 ExPASy 蛋白质分析工具的界面(http://us.expasy.org/tools/)。该分析工具提供的服务项目包括:蛋白质识别与描述、DNA-蛋白质转换、序列相似性搜索、模型搜索、翻译后的改良预测、拓扑预测、一级结构分析、二级结构分析、三级结构分析、序列对比、生物学原文分析等。其中的一些服务由 ExPASy 服务器直接提供,如 AACompIdent、AACompSim、MultiIdent、PeptIdent、TagIdent、FindMod、Translate、ScanProsite、Myristoylator、ProtParam、SWISS-MODEL、Swiss-PdbViewer、SIM+LALNVIEW 等,另外一些服务通过其他服务器提供。

图 13-1　ExPASy 主页

The tools marked by 🏠 are local to the ExPASy server. The remaining tools are developed and hosted on other servers.

[Protein identification and characterization] [DNA -> Protein] [Similarity searches]
[Pattern and profile searches] [Post-translational modification prediction]
[Topology prediction] [Primary structure analysis] [Secondary structure prediction]
[Tertiary structure] [Sequence alignment] [Biological text analysis]

Protein identification and characterization
• AACompIdent 🏠 - Identify a protein by its amino acid composition
• AACompSim 🏠 - Compare the amino acid composition of a Swiss-Prot entry with all other entries
• MultiIdent 🏠 - Identify proteins with *pI*, *Mr*, amino acid composition, sequence tag and peptide mass fingerprinting data
• PeptIdent 🏠 - Identify proteins with peptide mass fingerprinting data, *pI* and *Mr*

图 13-2　ExPASy 蛋白质分析工具网页

第二节　蛋白质识别与描述

一、AACompIdent

AACompIdent 是利用蛋白质的氨基酸组成来识别未知蛋白质的计算工具。如果已知蛋白质的氨基酸排列顺序,即一级结构,可以用 FASTA、BLAST 等工具对其进行识别;只要知道蛋白质的氨基酸组成、种属、等电点(pI)和分子质量(Mw)时,就可以通过 AACompIdent 搜索 Swiss-Prot 和(或)TrEMBL 的蛋白质数据库,找出相似的蛋白质并对其打分,分数越低,则为该蛋白质的可能性也就越大。用 AACompIdent 对某个未知蛋白质进行识别前,必须按其程序提示输入蛋白质的氨基酸组成、pI、蛋白质分子质量、种属及一些特别的关键词等。该程序还提供了 7 种氨基酸的"组合"供选择,如图 13-3,不同的选择对蛋白质的识别有一定的影响。

Constellation 0:ALL amino acids:Ala, Ile, Pro, Val, Arg, Leu, Ser, *Thr*, Gly, Met, His, Phe, Tyr, Lys, Asp, Asn, Gln, Glu, Cys and Trp.

Constellation 1:Ala, Ile, Pro, Val, Arg, Leu, Ser, Asx, Thr, Glx, Gly, Met, His, Phe and Tyr. (Asp+Asn=Asx; Gln+Glu=Glx; Lys, Cys and Trp are not considered).

Constellation 2:Ala, Ile, Pro, Val, Arg, Leu, Ser, Asx, Lys, Thr, Glx, Gly, Met, His, Phe and Tyr. (Asp+Asn=Asx; Gln+Glu=Glx; Cys and Trp are not considered).

Constellation 3:Ala, Ile, Pro, Val, Arg, Leu, Ser, Asx, Lys, Thr, Glx, Gly, Met, His and Phe. (Asp+Asn=Asx; Gln+Glu=Glx; Tyr, Cys and Trp are not considered).

Constellation 4:Ala, Ile, Pro, Val, Arg, Leu, Ser, Asx, Lys, Thr, Glx, Met, His, Phe and Tyr. (Asp+Asn=Asx; Gln+Glu=Glx; Gly, Cys and Trp are not considered).

Constellation 5:Ala, Ile, Pro, Val, Arg, Leu, Ser, Asx, Lys, Thr, Glx, Gly, Met, His, Phe, Tyr and Cys. (Asp+Asn=Asx; Gln+Glu=Glx; Trp is not considered).

Free Constellation:(select any amino acids) Warning:This program is resource consuming. Please use it only if the constellation does not exist above.

图 13-3　AACompIdent 供用户选择的 7 种氨基酸"组合"方式

图 13-3 说明:"Constellation 0"考虑所列出的 20 种氨基酸,"Constellation 1"~"Constellation 5"则把 Asp+Asn 组合为 Asx,Gln+Glu 组合为 Glx,并分别不考虑 Lys、Cys、Trp 等。"Free Constellation"考虑任意一种氨基酸,只有氨基酸的组成不在以上 6 种"组合"之内时,才选用。

用户根据已知的氨基酸组成选择完"组合"之后(以选择 Constellation 0 为例),程序将提供输入界面,如图 13-4。

用户按照要求填写完各项内容之后,AACompIdent 对 Swiss-Prot 和(或)TrEMBL 蛋白质数据库的每一个蛋白质序列进行搜索,找出相似的蛋白质并对其打分。查询的结果将由电子邮件返回。下面我们把 RRF-ECOLI(P16174)蛋白质作为未知蛋白,用该工具进行蛋白质识辨。氨基酸的组合方式选"Constellation 0",然后按照其要求在 AAcompIdent 的输入页面上依次填写 E-mail,未知蛋白名(RRF-ECOLI),pI(6.44),Mw(20639),种属栏(ESCHERICHIA COLI),关键词栏(PROTEIN BIOSYNTHESIS),氨基酸组成百分比(根据实验室所得的数据,此处数据根据已知的序列计算而得),如图 13-5。

在选择数据库 Swiss-Prot 之后,运行 AACompIdent。ExPASy 把查询的结果返回到用户提供的 E-mail,结果分为三级列表,如图 13-6。

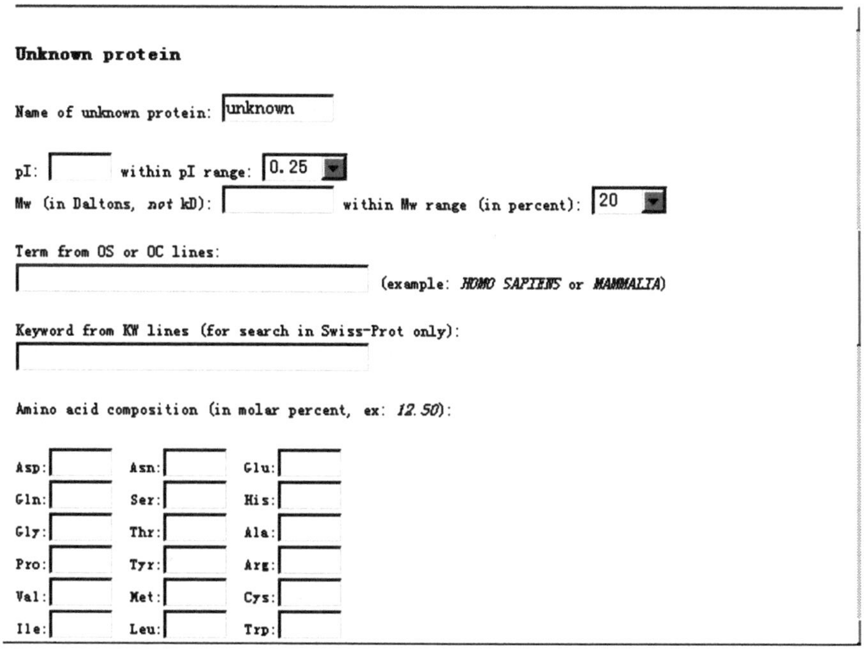

图 13-4　AAcompIdent 输入界面

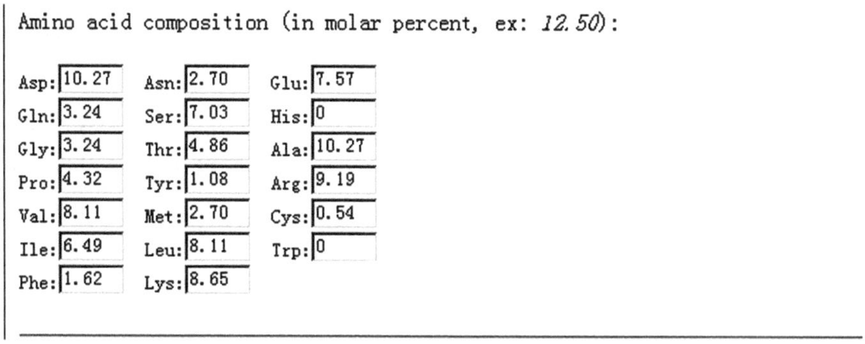

图 13-5　氨基酸组成例子

第一级列表所列的蛋白质只考虑关键词(PROTEIN BIOSYNTHESIS)和种属(ESCHE-RICHIA COLI),不考虑 pI 和 Mw;第二级列表所列的蛋白质只考虑关键词,不考虑种属、pI 和 Mw;第三级列表所列的蛋白质在考虑关键词和种属的范围内还考虑 pI 和 Mw。从三级列表的结果来看,RRF-ECOLI 的分值最低(均为 0),表明所查询的未知蛋白质是 RRF-ECOLI 的可能性最大(均为 0,则就是 RRF-ECOLI)。

```
------------------
Scan the Swiss-Prot database (148516 entries)
------------------


The closest Swiss-Prot entries (in terms of AA composition)
for the keyword PROTEIN BIOSYNTHESIS and the species ESCHERICHIA COLI:

Rank Score  Protein   (pI      Mw)  Description
============================================================
  1    0  RRF_ECOLI   6.44    20639 Ribosome recycling factor (Ribosome
  2   71  SYGB_ECOL6  5.29    76682 Glycyl-tRNA synthetase beta chain (EC 6
  3   71  RF2_ECOL6   4.64    41221 Peptide chain release factor 2 (RF-2).
  4   71  SYGB_ECOLI  5.29    76682 Glycyl-tRNA synthetase beta chain (EC 6
  5   72  RF2_ECOLI   4.64    41251 Peptide chain release factor 2 (RF-2).
  6   77  SYD_ECOLI   5.47    65913 Aspartyl-tRNA synthetase (EC 6.1.1.12)
  7   78  SYP_ECOLI   5.12    63693 Prolyl-tRNA synthetase (EC 6.1.1.15)

The closest Swiss-Prot entries (in terms of AA composition)
for the keyword PROTEIN BIOSYNTHESIS and any species:

Rank Score  Protein   (pI      Mw)  Description
============================================================
  1    0  RRF_ECOLI   6.44    20639 Ribosome recycling factor (Ribosome
  2    6  RRF_SALTY   7.76    20556 Ribosome recycling factor (Ribosome
  3   11  RRF_YERPE   6.01    20710 Ribosome recycling factor (Ribosome
  4   24  RRF_PHOLL   5.80    20875 Ribosome recycling factor (Ribosome
  5   25  RRF_SHEON   6.76    20587 Ribosome recycling factor (Ribosome
  6   26  RRF_BORBR   6.78    20709 Ribosome recycling factor (Ribosome
  7   26  RRF_BORPA   6.78    20709 Ribosome recycling factor (Ribosome

The closest Swiss-Prot entries (in terms of AA composition)
and having pI and Mw values in the specified range
for the keyword PROTEIN BIOSYNTHESIS and the species ESCHERICHIA COLI:

Rank Score  Protein   (pI      Mw)  Description
============================================================
  1    0  RRF_ECOLI   6.44    20639 Ribosome recycling factor (Ribosome


-------------------- This message was generated on ExPASy.
```

图 13-6　AACompIdent 返回的查询结果

二、AACompSim

AACompSim 工具以 SWISS-PROT 数据库中蛋白质序列的氨基酸组成为依据,把用户所要查询的蛋白质与其进行比较分析,最后给出氨基酸组成最接近于用户所提供的数据的蛋白质。与 AACompIdent 的不同之处在于,AACompIdent 是以实验室所得的数据为依据进行搜索,而 AACompSim 则只需 SWISS-PROT 的 ID(识别符)、AC(编号)和蛋白质的种属即可进行搜索。与 AACompIdent 相似,AACompSim 也提供 4 种氨基酸的组合方式(Constellation 0~3),用户选择一种之后,按照要求输入所需查询蛋白质的 ID 或 AC 及种属,即可查询。AACompSim 的输入页面如图 13-7。

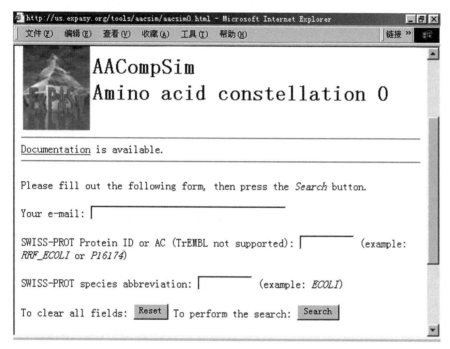

图 13-7　AACompSim 输入界面

同样以蛋白质 RRF-ECOLI(P16174)为例,填写 E-mail,ID 或 AC 及种属后,运行 AA-CompSim 进行查询。查询结果仍以三级列表返回到用户提供的 E-mail,如图 13-8。

第一级列表的结果只考虑种属(ECOLI),第二级列表的结果考虑所有的种属,第三级列表的结果在考虑种属的范围内考虑 pI 和 Mw。

三、MultiIdent

MultiIdent 工具通过蛋白质的 pI、Mw、氨基酸组成、序列标志、肽段"指纹"识别数据、种属和 SWISS-PROT 关键词等来识别未知的蛋白质。MultiIdent 特征性的引入了序列标志和肽段"指纹"识别数据作为蛋白质参数。序列标志是指蛋白质的 N-末端、C-末端或序列内部的几个(3~6 个)连续的氨基酸残基;查询时,用氨基酸代码输入。而蛋白质通过酶或化学试剂分解就会产生一些特征性的肽段,如同人的指纹一样,这些肽段是蛋白质识别的一种重要标志。该程序首先通过蛋白质的氨基酸组成产生一系列最匹配的 SWISS-PROT 和(或)

```
The closest SWISS-PROT entries (in terms of AA composition)
for the species ECOLI:

Rank Score  Protein    (pI      Mw)  Description
=========================================================
  1      0  RRF_ECOLI   6.44   20639 Ribosome recycling factor (Ribosome
  2     36  HFLC_ECOLI  6.30   37650 HflC protein (EC 3.4.-.-).
  3     47  RBFA_ECOLI  5.96   15023 Ribosome-binding factor A (P15B protein)
  4     52  YFJF_ECOLI  8.96   10789 Protein yfjF.


The closest SWISS-PROT entries (in terms of AA composition)
for any species:

Rank Score  Protein    (pI      Mw)  Description
=========================================================
  1      0  RRF_ECOLI   6.44   20639 Ribosome recycling factor (Ribosome
  2      6  RRF_SALTY   7.76   20556 Ribosome recycling factor (Ribosome
  3     11  RRF_YERPE   6.01   20710 Ribosome recycling factor (Ribosome
  4     24  RRF_PHOLL   5.80   20875 Ribosome recycling factor (Ribosome


The closest SWISS-PROT entries (in terms of AA composition)
and having pI and Mw values in the specified range
for the species ECOLI:

Rank Score  Protein    (pI      Mw)  Description
=========================================================
  1      0  RRF_ECOLI   6.44   20639 Ribosome recycling factor (Ribosome
  2     80  IDNK_ECOLI  6.52   21004 Thermosensitive gluconokinase (EC 2.7.1
  3     83  URK_ECOLI   6.39   24353 Uridine kinase (EC 2.7.1.48) (Uridine
  4     88  GNTK_ECOLI  6.22   19412 Thermoresistant gluconokinase (EC 2.7.1
```

图 13-8　AACompSim 返回的查询结果

TrEMBL 序列,然后再用其他的蛋白质参数(如 pI、Mw、序列标志、肽段数据等)对这些序列进行比较分析,最后识别出最可能的蛋白质。用户在两种氨基酸的组合方式(Constellation 2 和 4)中选择一种,之后按照要求填写各项内容,运行 MultiIdent 即可查询。查询结果同样是通过用户提供的 E-mail 返回,这里就不再进行详细介绍。

四、PepMAPPER

PepMAPPER 工具能够利用质谱(MS)技术获取被特定蛋白酶消化得到的肽段信息,并将该信息与数据库进行比较分析,从而对未知蛋白质进行识别。用户登陆 PepMAPPER 网页(http://wolf. bms. umist. ac. uk/mapper/),按照要求在线输入蛋白质的种属、所用的消化酶、所得的肽段、肽段类型、质谱中得到的粒子类型、每个肽段的电荷数、丢失的最大肽段数、N-末端氨基酸、确定的肽变异及蛋白质参数等信息后即可进行查询。该方法不需要知道全部的氨基酸组成或测序结果,因而大大节约了实验的时间和资源。图 13-9 为 PepMAPPER 的界面,点击"Help pages"可以获取更多的细节信息。

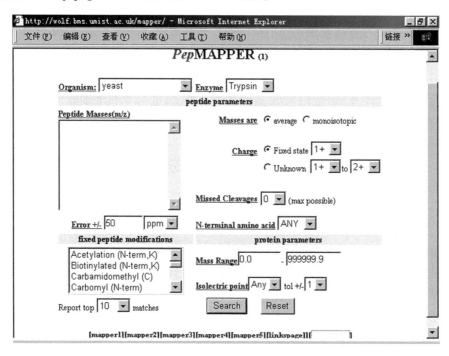

图 13-9　PepMAPPER 查询界面

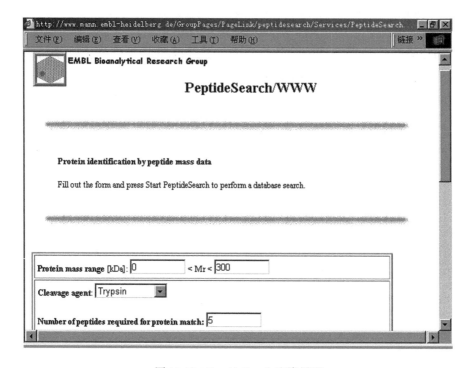

图 13-10　PeptideSearch 查询界面

五、PeptideSearch

PeptideSearch 工具能够利用质谱(MS)数据(如肽段图谱或部分氨基酸序列等)搜索 nr 蛋白质数据库(nrdb),进而对未知蛋白质进行辨认。用户可以在 http://www. mann. emblheidelberg. de/GroupPages/PageLink /peptidesearchpage. html 上查询,也可以下载其程序,索引文件及 nr 蛋白质数据库到个人电脑进行单机查询。图 13-10 为 PeptideSearch 在线查询的界面。

第三节　蛋白质序列的物理性质计算

一、Compute pI/Mw Tool(ExPASy)

Compute pI/Mw 是计算蛋白质序列的理论等电点(pI)和理论分子质量(Mw)的工具。理论 pI 是通过计算氨基酸的 pK 获得;理论 Mw 是把蛋白质序列中每个氨基酸的平均放射性核素质量(average isotopic mass)相加,再加上一个水分子的平均放射性核素质量而得。用户进入输入界面,提供 SWISS-PROT 标识(ID)或是 SWISS-PROT/TrEMBL 注册号(AC),也可以 FASTA 格式输入一段蛋白质序列,即可进行计算。提供 ID 或 AC 时,该工具会询问计算全序列还是部分片段;如果计算部分片段则还需输入 N-末端和 C-末端的位置。图 13-11 为 Compute pI/Mw 输入界面。

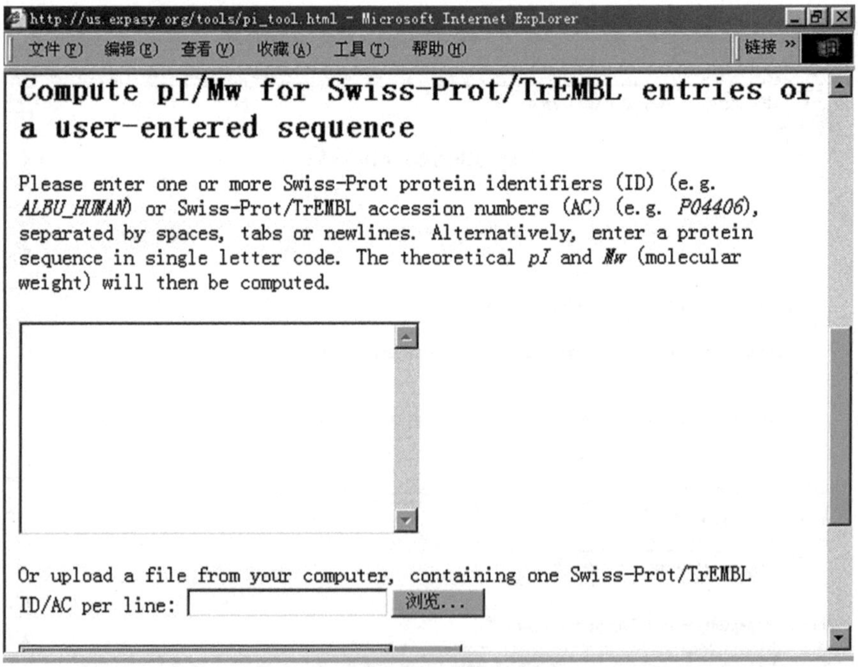

图 13-11　Computer pI/Mw 输入界面

我们仍以蛋白质 RRF-ECOLI（P16174）为例,计算 pI 和 Mw。结果为:理论 pI/Mw: 6.44/20638.57。

二、PeptideMass（ExPASy）

PeptideMass 工具主要针对肽段图谱进行分析,用于预测和分析化学试剂或消化酶分解蛋白质产生的理论肽段,以协助对肽段"指纹"识别的解释和肽段图谱做图。蛋白质序列可以由用户提供,也可以指定为 SWISS-PROT 和（或）TrEMBL 数据库中的蛋白质序列。指定 SWISS-PROT 数据库中的序列时,该程序还会利用该库中的信息进行改进计算（如除去信号序列、考虑蛋白质翻译后的修饰等）以产生正确的肽段。用户进入查询界面后,按照要求输入:氨基酸序列或是 ID/AC、翻译后的修饰（半胱氨酸处理、蛋氨酸氧化等）、消化酶（Trypsin、Lys C、CNBr、Arg C、Asp N、Glu C、Chymotrypsin、Pepsin、Proteinase K 等）、允许丢失的最大肽段数等内容,即可进行查询。图 13-12 为 PeptideMass 的查询界面。

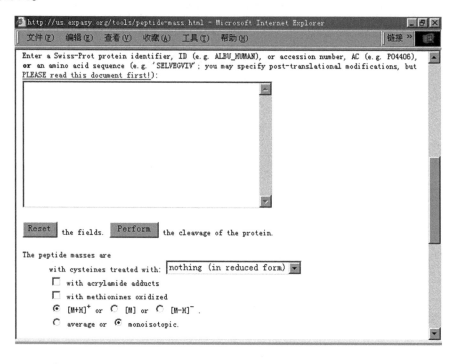

图 13-12　PeptideMass 查询界面

我们以蛋白质 RRF-ECOLI（P16174）为例,选择 Trypsin（胰蛋白酶）,蛋氨酸修饰,允许丢失的最大肽段数为 0,其他参数使用系统提供的数据进行查询,结果如下（图 13-13）。

查询的结果包括两部分:第一部分为 Trypsin（胰蛋白酶）分解该蛋白质产生的肽段的详细列表（图片已修改未完全列出）,第二部分为各肽段在原序列中的位置图例。此外,还有理论 pI、Mw 值及部分说明等。

The peptide masses from your sequence are:

[Theoretical pI: 6.44 / Mw (average mass): 20638.57 / Mw (monoisotopic mass): 20625.86]

mass	position	#MC	artif.modification(s)		peptide sequence
2248.1859	32-52	0			ASPSLLDGIVVEYYGTPTPL R
1901.9385	81-99	0	MSO: 83	1917.9334	AIMASDLGLNPNSAGSDIR
1204.6168	53-63	0			QLASVTVEDSR
1150.6466	100-109	0			VPLPPLTEER
978.4010	147-154	0			EISEDDDR
867.3917	179-185	0	MSO: 183	883.3866	EAELMQF
562.2467	134-138	0			DANDK

78.9% of sequence covered (you may modify the input parameters to display also peptides < 500 Da):

```
       1          11         21         31         41         51
       |          |          |          |          |          |
     1 MISDIRkDAE VRmdkCVEAF KTQISKirtg rASPSLLDGI VVEYYGTPTP LRQLASVTVE     60
    61 DSRtlkINVF DRSMSPAVEK AIMASDLGLN PNSAGSDIRV PLPPLTEERr kdltkivrGE    120
   121 AEQARvavrn vrrDANDKvk allkdkEISE DDDRrSQDDV QKLTDAAIKk IEAALADKEA    180
   181 ELMQF
```

图 13-13 PeptideMass 返回的查询结果

注:第一部分的列表有省略

三、SAPS

SAPS(Statistical Analysis of Protein Sequence)是瑞士实验癌症研究院生物信息研究组提供的蛋白质序列统计分析程序。该程序由斯坦福大学 Samuel Karlin 教授领导的小组开发,用于查询蛋白质序列的广泛统计信息。用户按照程序规定的格式提供蛋白质序列,如纯文本格式、FASTA 格式等,也可提供蛋白质的 SWISS-PROT 数据库 ID、TrEMBL 数据库 ID、GenPept 的 gi 等;运行 SAPS 进行查询即可得到该蛋白质的一些物理化学信息。图 13-14 为 SAPS 的查询界面,我们以蛋白质 RRF-ECOLI(P16174)为例做一介绍。

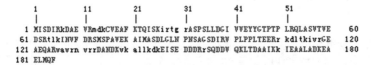

图 13-14 SAPS 查询界面

返回的查询结果包括：氨基酸组成、全序列电荷分布、正负电荷及混合电荷聚集区分析、序列高得分的正负电荷聚集片段、混合电荷聚集片段、无电荷聚集片段分析、电荷趋向和模式分析、高疏水性区域、跨膜区域、重复序列、周期性、间隔区分析等方面的信息。图 13-15 仅列出氨基酸组成和全序列电荷分布的分析结果，其他结果省略。

```
A : 19(10.3%); C  :   1( 0.5%); D  : 19(10.3%); E  : 14( 7.6%); F  :  3( 1.6%)
G  :  6( 3.2%); H  :   0( 0.0%); I  : 12( 6.5%); K  : 16( 8.6%); L  : 15( 8.1%)
M  :  5( 2.7%); N  :   5( 2.7%); P  :  8( 4.3%); Q  :  6( 3.2%); R  : 17( 9.2%)
S  : 13( 7.0%); T  :   9( 4.9%); V  : 15( 8.1%); W  :  0( 0.0%); Y  :  2( 1.1%)


KR      :  33 ( 17.8%);    ED     :  33 ( 17.8%);   AGP     :  33 ( 17.8%);
KRED    :  66 ( 35.7%);    KR-ED  :   0 ( 0.0%);    FIKMNY  :  43 ( 23.2%);
LVIFM   :  50 ( 27.0%);    ST     :  22 ( 11.9%).


  1   000-0++-0- 0+0-+00-00 +0000+0+00 +000000-00 00-0000000 0+0000000-
 61   -0+00+0000 -+000000-+ 00000-0000 000000-0+0 000000--++ +-00+00+0-
121   0-00+000+0 0++-00-+0+ 000+-+-00- ---++00--0 0+00-000++ 0-0000-+-0
181   -0000
```

图 13-15 SAPS 返回的查询结果

第四节 蛋白质二级结构和折叠类型分析

蛋白质分子的多肽链并非呈线性伸展，而是折叠和盘曲构成特有的比较稳定的空间结构。蛋白质的生物学活性和理化性质主要决定于空间结构的完整，因此，仅仅测定蛋白质分子的氨基酸组成和它们的排列顺序并不能完全了解蛋白质分子的生物学活性和理化性质。

蛋白质的二级结构（secondary structure）是指多肽链中主链原子的局部空间排布，即构象，不涉及侧链部分的构象。蛋白质主链构象的结构单元主要为：α-螺旋（α-helix）、β-片层（β-pleated sheet）结构或称 β-折叠、β-转角（β-turn 或 β-bend）、无规卷曲（random coil）。此外，许多蛋白质分子中可发现两个或 3 个具有二级结构的肽段，它们在空间上相互接近，形成一个具有特殊功能的空间结构，称之为基序（motif）。每个基序总有其特征性的氨基酸序列，并发挥着特殊的功能。蛋白质的一级结构是二级结构的基础，而蛋白质的空间构象是其功能活性的基础。当蛋白质的构象发生变化时，其功能活性也随之改变，甚至造成机体生理功能的异常（如"分子病"）。因此，研究蛋白质的二级结构对蛋白质空间结构的确定、设计合理的生化实验等有着重要的意义。

蛋白质二级结构的预测程序同核酸序列预测程序一样，多采用了"计算机神经网络"技术，即在计算过程中赋予了类似人的学习能力，使用了数据库中已知的数据作为训练集。利用这些计算工具可以预测出蛋白质序列折叠成 α-螺旋和 β-折叠的能力，可能存在的基序及功能结构域等。各种计算工具可以在线使用，也可下载程序及数据库到个人电脑进行单机操作。如果不是大量序列分析，那么使用在线工具已经足够。ExPASy 的 Protemics Tools 提供了许多蛋白质二级结构预测工具，现对部分计算工具进行介绍。

一、AGADIR

AGADIR 是基于螺旋/卷曲转换原理的一种预测算法,用于预测单肽链的螺旋情况。计算过程只考虑肽链较小范围内的相互影响,同时,pH、温度和离子强度等条件也计算在内。此外,肽链的末端修饰也是允许的。AGADIR 只是一种计算方法,不是预测蛋白质二级结构的程序,但该服务器提供的预测工具均基于 AGADIR 算法。通过对 1200 多条肽链的分析来评估该算法的性能,结论为:与实验值相比,该算法对螺旋含量的预测平均有 2% 的偏差(一般的标准偏差为 6%)。AGADIR 的使用很简单,用户可以通过 ExPASy 的 Protemics Tools 直接链接到 AGADIR 服务器(http://www. embl-heidelberg. de/Services/serrano/agadir/agadir-start. html),进行在线查询;也可发送电子邮件将查询序列提交给 AGADIR(serrano@ embl-heidelberg. de、lacroix@ nmr. embl-heidelberg. de、petukhov@ nmr. embl-heidelberg. de),查询结果将返回到用户提供的 E-mail。现以蛋白质 RRF-ECOLI(P16174)为例,对其螺旋情况进行查询。图 13-16 为在线查询的输入界面:

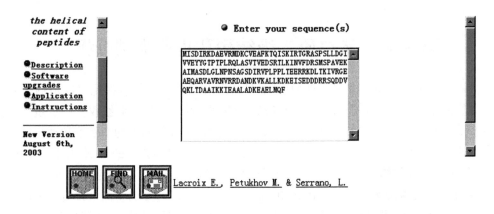

图 13-16　AGADIR 查询界面

二、NNPREDICT

NNPREDICT 是一个预测氨基酸序列每个残基的二级结构类型的程序,该程序预测的基础是一个双层、前馈神经网络。查询方式同样分为在线查询(可由 ExPASy 的 Protemics Tools 直接链接到该网页 http://www. cmpharm. ucsf. edu/~nomi/nnpredict. html)和通过电子邮件提交给服务器两种。用户在提交蛋白质序列时,可用单字母氨基酸代码(A、C、D 等),也可用三字母氨基酸代码(ALA CYS 等,用空格隔开)。程序对序列中的每个位置进行二级结构预测后给出结果。多链蛋白质可按段进行预测,也可按单条序列进行预测。我们仍以蛋白质 RRF-ECOLI(P16174)为例,进行介绍。图 13-17 为 NNPREDICT 的输入界面。

NNPREDICT
Protein Secondary Structure Prediction

Enter a protein sequence and nnpredict will predict the secondary structure.

Click here for instructions

Tertiary structure class: ⊙ none ○ all-alpha ○ all-beta ○ alpha/beta

Name of sequence (optional)

Sequence
(Use single-letter amino acid codes or three-letter codes separated by spaces)

Submit　Clear

图 13-17　NNPREDICT 查询界面

把蛋白质 RRF-ECOLI 序列以单字母格式填入框内,选择蛋白质结构类型(缺省、全 α、全 β 或 α/β)按"Submit"键即进行查询,查询结果如图 13-18。

Results of nnpredict query

Tertiary structure class: none

Sequence *RRF-ECOLI*:
MISDIRKDAEVRMDKCVEAFKTQISKIRTGRASPSLLDGIVVEYYGTPTPLRQLASVIVE
DSRTLKINVFDRSMSPAVEKAIMASDLGLNPNSAGSDIRVPLPPLTEERRKDLTKIVRGE
AEQARVAVRNVRRDANDKVKALLKDKEISEDDDRRSQDDVQKLTDAAIKKIEAALADKEA
ELMQF

Secondary structure prediction *(H = helix, E = strand, - = no prediction)*:
------------HHHHHHHHHHHH-EEE----------EEEEE-------HE---EEHH
-----EEEE-------HHHHHHHHHH-------------------------EHHHHH
HHHHHHHHHHH-----HHHHHHHH--------------HHHHHHHHHHHHHHHHHHHHHH
HHH--

图 13-18　NNPREDICT 返回的查询结果

输出的结果包括单字母表示的序列本身和每个氨基酸残基的二级结构类型（α、β 或 α/β）。残基的预测结果中："H"表示 α-螺旋，"E"表示 β-折叠，"-"表示无规则卷曲，"T"表示转角。此外，如果在某个残基的位置上标"?"，则表示无法得出可信的结果。这个方法对全 α 蛋白能达到 79% 的准确率。

三、PredictProtein

PredictProtein server 是一个功能较全的综合性程序，它提供蛋白质序列分析的同时，也提供蛋白质二级结构预测。用户提供任何一段蛋白质序列后，PredictProtein 会在数据库内搜索相似的序列进行同源性比较，并预测其结构方面的特征。PredictProtein 提供的数据库搜索包括：多重序列比较（MaxHom）、功能区检测（PROSITE）、组成偏好-低复杂度区域检测（SEG）、结构域检测（PRODOM）、折叠区域识别（TOPITS）。其预测方面可以提供：蛋白质二级结构预测（PHDsec 和 PROFsec）、残基可溶解性（PHDacc 和 PROFacc）、跨膜螺旋定位和拓扑学（PHDhtm，PHDtopology）、球形蛋白预测（GLOBE）、卷曲螺旋预测（COILS）、二硫键预测（CYSPRED）、构象转换预测（ASP）等。此外，PredictProtein 还提供二级结构预测精确度评估（EvalSec）。用户登陆 PredictProtein 的主页（http：∥cubic. bioc. columbia. edu／predictprotein／，也可通过 ExPASy 的 Proteomics Tools 直接链接），根据引导选择并填写相关内容即可对蛋白质序列进行同源性搜索和结构预测。图 13-19 为其主页。

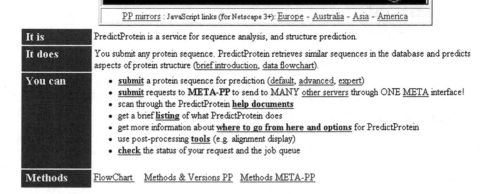

图 13-19　PredictProtein 主页

我们以蛋白质 RRF-ECOLI（P16174）的搜索和结构预测为例进行介绍。选择 Submit 或是条目中的 default、advanced 或 expert 后（以 default 为例），出现输入界面，如图 13-20。

按照服务器要求提供 E-mail，并填入查询的蛋白质序列（密码栏和蛋白质名称栏可选择填写），之后单击"SUBMIT／RUN PREDICTION"即完成序列的提交。服务器会返回一个信息，如图 13-21。

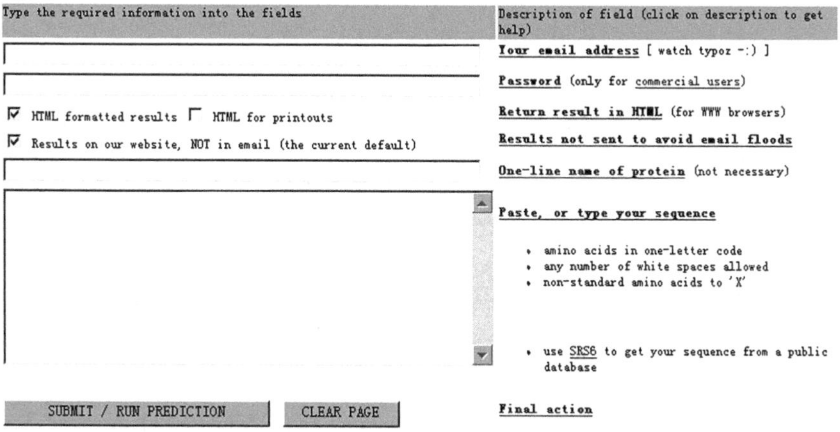

图 13-20　PredictProtein 查询界面

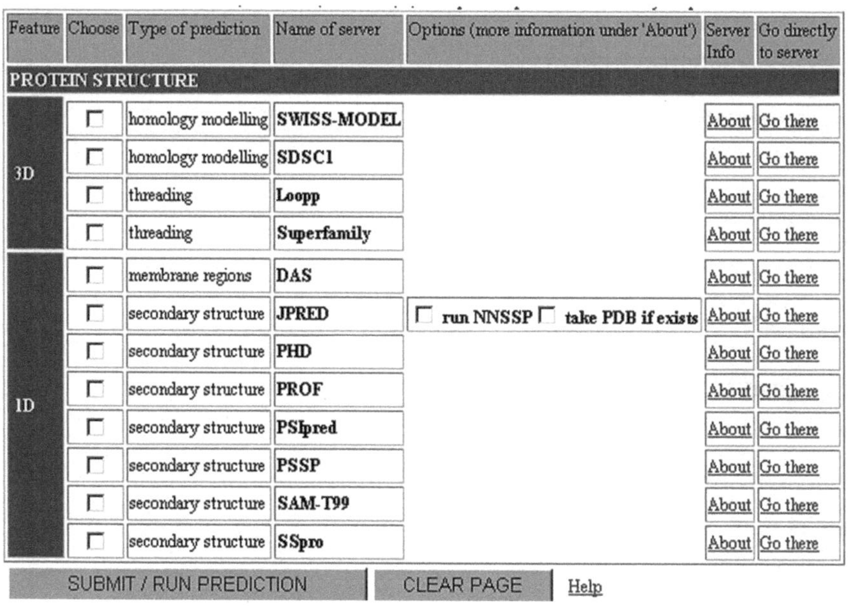

图 13-21　PredictProtein 提供的查询选项

　　服务器对用户提交的序列进行简单描述后,要求用户选择所需进行的序列同源性搜索和二级结构预测项目。选择之后单击"SUBMIT/RUN PREDICTION"即完成查询。服务器自动根据用户要求把蛋白质序列提交到其他服务器(如 SWISS-MODEL、SDSCI、DAS 等),查询结果则返回到用户提供的 E-mail。如果用户选择的项目较多,则各服务器将分别发送电子邮件返回查询结果。由于各个服务器查询的速度不一,返回结果的时间不同,因此,用户可能需要多次查询信箱以获得完整的结果。返回的结果这里不再进行详细介绍。

四 、SOPMA

　　法国 Lyon 的 SOPMA 是将五种预测方法结合起来对蛋白质的二级结构进行预测,并将结果优化组合,汇集整理后得出"一致结果"的一种蛋白质二级结构预测法。其采用的五种方法为:Garnier-Gibrat-Robson(GOR)法、Levin 同源预测法、双重预测法、PredictProtein 中的 PHD 法和 SOPMA 法。简单来说,SOPMA 首先用已知二级结构的蛋白质建立一个次级数据库,库中的每个蛋白质都经过了基于序列相似性的二级结构预测。然后,用库中的信息对查询序列进行二级结构预测。用户可登陆 SOPMA 主页(http:∥npsa-pbil. ibcp. fr/cgi-bin/npsa _automat. pl? page=npsa_sop ma. html,可以通过 ExPASy 的 Proteomics Tools 直接链接),进行在线查询,也可以发送电子邮件到 deleage@ ibcp. fr 完成查询(邮件主题标明 SOPMA)。图 13-22 为 SOPMA 的查询界面。

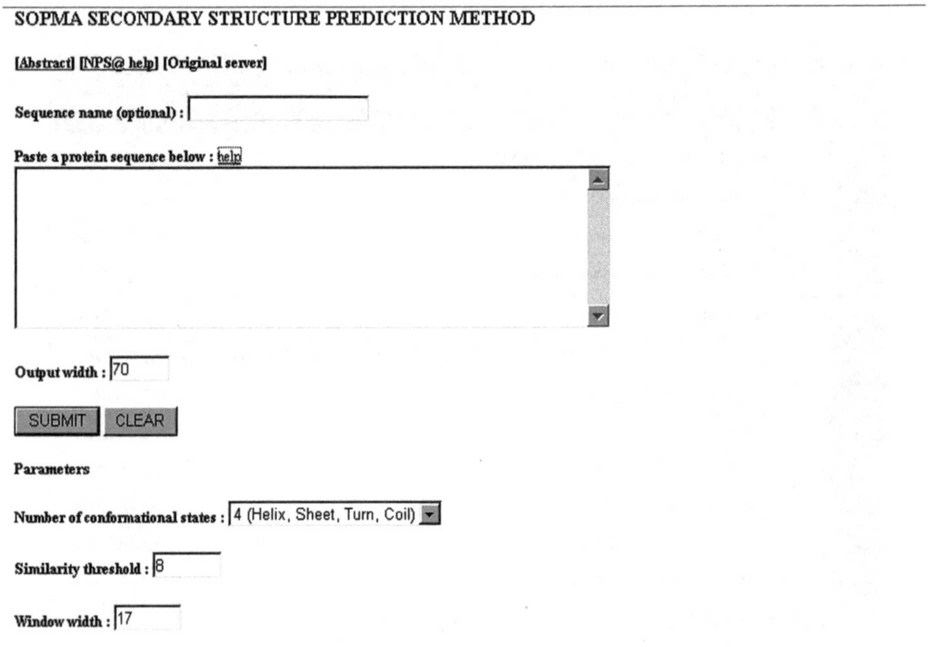

图 13-22　SOPMA 查询界面

　　我们以蛋白质 RRF-ECOLI(P16174)为例,用 SOPMA 进行二级结构预测,结果见图 13-23。

　　返回的查询结果分为四部分:①整个蛋白质序列上各个氨基酸可能的二级结构;②序列上各种二级结构的含量;③用直方图的形式表示整个序列上二级结构的分布;④整个序列上各种二级结构的分布曲线。

SOPMA result for : RRF_ECOLI

Abstract Geourjon, C. & Deléage, G., SOPMA: Significant improvement in protein secondary structure prediction by consensus prediction from multiple alignments., Cabios (1995) 11, 681-684

View SOPMA in: [MPSA (Mac, UNIX) , About...] [AnTheProt (PC) , Download...] [HELP]

```
         10        20        30        40        50        60        70
          |         |         |         |         |         |         |
MISDIRKDAEVRMDKCVEAFKTQISKIRTGRASPSLLDGIVVEYYGTPTPLRQLASVTVEDSRTLKINVF
hhhhhhhhhhhhhhhhhhhhhhhhhhhh tt    hhhhheeeeet     hhhhhhee  tt eeeee
DRSMSPAVEKAIMASDLGLNPNSAGSDIRVPLPPLTEERRKDLTKIVRGEAEQARVAVRNVRRDANDKVK
 hhhhhhhhhhhhht         eeee      hhhhhhhhhhhhhhhhhhheehhhhhhhhhhhhhh
ALLKDKEISEDDDRRSQDDVQKLTDAAIKKIEAALADKEAELMQF
hhhhhh   hhhhhhhhhhhhhhhhhhhhhhhhhhhhhhhhhhhhhh
```

Sequence length :   185

SOPMA :

Alpha helix	(Hh) :	125 is	67.57%
3₁₀ helix	(Gg) :	0 is	0.00%
Pi helix	(Ii) :	0 is	0.00%
Beta bridge	(Bb) :	0 is	0.00%
Extended strand	(Ee) :	18 is	9.73%
Beta turn	(Tt) :	6 is	3.24%
Bend region	(Ss) :	0 is	0.00%
Random coil	(Cc) :	36 is	19.46%
Ambigous states	(?) :	0 is	0.00%
Other states	:	0 is	0.00%

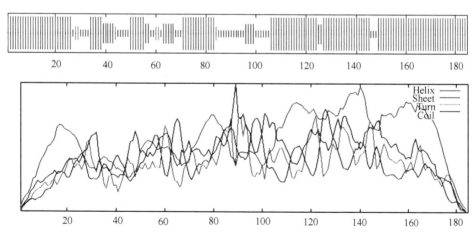

Parameters :
 Window width   : 17
 Similarity threshold : 8
 Number of states   : 4

Prediction result file (text): [SOPMA]
Intermediate result file (text): [BLASTP on SWISS-PROT] [CLUSTALW]

图 13-23　SOPMA 返回的查询结果

五、小　结

上述的各种蛋白质二级结构预测方法操作简便,各有优缺点,但均不完美。从输出的结果来看,NNPREDICT 简单明了,但对蛋白质 RRF-ECOLI(P16174)的预测结果不如 Predict-Protein 和 SOPMA 两个工具。一般来说,PredictProtein 方法在整体上预测表现较好,并带有相关预测,而 SOPMA 的输出形式则较为直观。各种预测方法对不同的实例可能表现不同,并且由于没有更多的信息可以用来评估哪一种预测方法更好。因此,用户最好把序列提交给多种服务器进行预测,将结果汇集整理,根据各自的不同需要,人为比较判断结果是否成立。

第五节　特殊结构或特征性结构的预测

蛋白质分子除 α-螺旋、β-折叠等局部空间结构外,一些特殊蛋白质还有其他一些特殊结构或特征性结构,如跨膜区域和信号肽等。像 α-螺旋和 β-折叠的位置可以较为准确地预测一样,这些特殊结构或特征性结构也可以预测。由于这些结构的折叠规律尚不十分清楚,相关的预测软件也不是很多,下面仅针对跨膜区域、信号肽和卷曲螺旋预测的相关工具做一介绍。

一、跨膜区域的预测

跨膜蛋白质的跨膜区域对蛋白质的性质,功能有十分重要的意义。一旦确定了跨膜蛋白质的跨膜区域,就可以对该区域的氨基酸残基顺序、功能团性质、可能的立体结构进行研究,从而进一步确定蛋白质在细胞信号传导机制、细胞识别等方面的生物功能。网上提供了一些专门的预测工具,如前面已经提到的 PredictProtein。在 ExPASy 的 Proteomics Tools 上,还提供有 DAS、TMAP、Tmpred 等免费计算工具。此处将对 DAS 和 Tmpred 做一介绍。

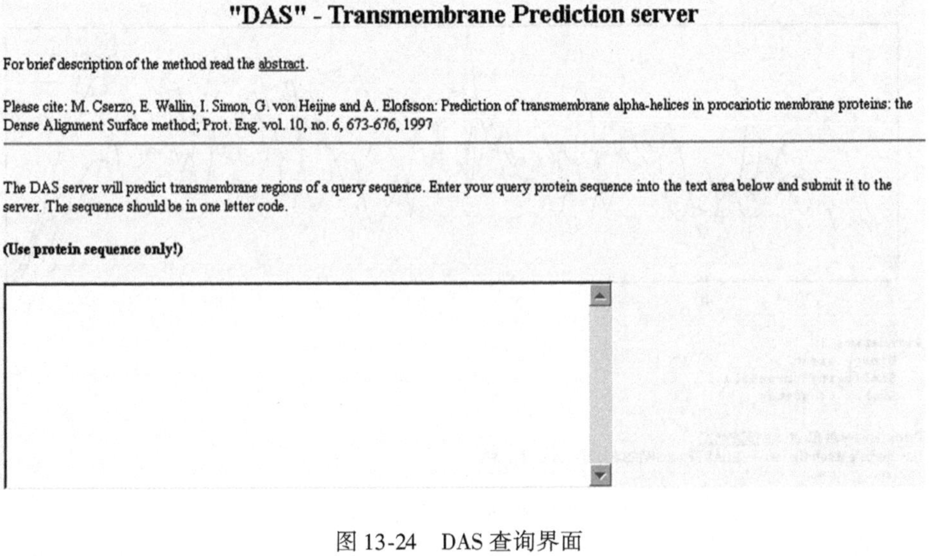

"DAS" - Transmembrane Prediction server

For brief description of the method read the abstract.

Please cite: M. Cserzo, E. Wallin, I. Simon, G. von Heijne and A. Elofsson: Prediction of transmembrane alpha-helices in procariotic membrane proteins: the Dense Alignment Surface method; Prot. Eng. vol. 10, no. 6, 673-676, 1997

The DAS server will predict transmembrane regions of a query sequence. Enter your query protein sequence into the text area below and submit it to the server. The sequence should be in one letter code.

(Use protein sequence only!)

图 13-24　DAS 查询界面

（一）DAS

DAS 是由瑞典斯德哥尔摩生物信息中心（STOCKHOLM BIOINFORMATICS CENTER，SBC）http:∥www. sbc. su. se／，提供的一项跨膜区域预测服务。用户可登录 DAS 的网页（http:∥www. sbc. su. se／~miklos/DAS/maindas. html）进行直接在线查询，也可发送邮件到 miklos@ bip. bham. ac. uk 进行查询。图 13-24 为 DAS 的输入界面。

现以胆碱能受体 M2（gi：4502817 sp：p08172）为例，进行跨膜区域预测。服务器对该蛋白质进行简单描述后，分别以数据和定量曲线图形式给出查询结果，见图 13-25。

"DAS"TM-区域预测

电势		跨膜	片段	
开始	结束	长度	～	截止值
21	48	28	～	1.7
22	47	26	～	2.2
61	119	59	～	1.7
62	88	27	～	2.2
94	102	9	～	2.2
111	118	8	～	2.2
142	167	26	～	1.7
144	166	23	～	2.2
185	208	24	～	1.7
189	207	19	～	2.2
387	414	28	～	1.7
388	401	14	～	2.2
405	412	8	～	2.2
421	431	11	～	1.7
426	428	3	～	2.2

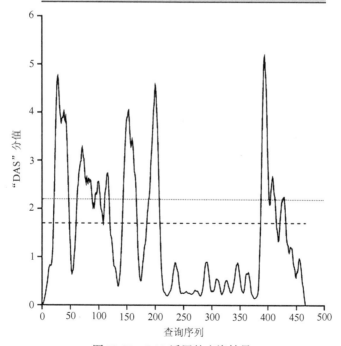

图 13-25　DAS 返回的查询结果

虚线是 loose cut off，以分数 1.7 为阈值；实线是 strict cut off，以分数 2.2 为阈值

（二）TMpred

TMpred 是一个专门预测跨膜区域及其定位的程序,算法基于跨膜蛋白质数据库 TMbase 的统计分析。TMbase 源于 SWISS-PROT 数据库,其内含有跨膜蛋白质及其跨膜结构区域的信息(如跨膜结构区域的数量、位置及其侧翼序列的情况等)。利用这些信息并与其他一些加权矩阵结合起来,TMpred 就可以对蛋白质的跨膜区域进行预测。用户登录 Tmpred(http://www. ch. embnet. org/software/TMPRED_form. html),即可进行在线查询,图 13-26 为 TMpred 的查询输入界面。

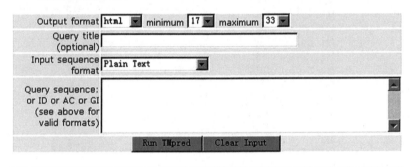

图 13-26　TMpred 查询界面

1) Possible transmembrane helices

```
The sequence positions in brackets denominate the core region.
Only scores above 500 are considered significant.
Inside to outside helices :    6 found
      from         to      score center
  23 (   23)  39 (  39)    2144    31
  60 (   65)  86 (  83)    2050    73
  91 (   99) 120 ( 116)     914   108
 140 (  143) 162 ( 162)    3073   152
 185 (  185) 205 ( 205)    2199   195
 388 (  388) 409 ( 409)    2717   399
Outside to inside helices :    7 found
      from         to      score center
  23 (   23)  48 (  41)    2534    33
  61 (   61)  85 (  80)    1888    70
 101 (  101) 119 ( 117)    1797   109
 139 (  143) 160 ( 160)    2359   152
 186 (  186) 207 ( 204)    2574   196
 385 (  391) 408 ( 408)    1858   399
 424 (  424) 443 ( 443)    1357   432
```

2）Table of correspondences

Here is shown, which of the inside->outside helices correspond to which of the outside->inside helices.

Helices shown in brackets are considered insignificant.
A "+"-symbol indicates a preference of this orientation.
A "++"-symbol indicates a strong preference of this orientation.

```
       inside->outside | outside->inside
23-  39 (17) 2144       |   23-  48 (26) 2534 ++
60-  86 (27) 2050  +    |   61-  85 (25) 1888
91- 120 (30)  914       |  101- 119 (19) 1797 ++
140- 162 (23) 3073 ++   |  139- 160 (22) 2359
185- 205 (21) 2199      |  186- 207 (22) 2574 ++
388- 409 (22) 2717 ++   |  385- 408 (24) 1858
                        |  424- 443 (20) 1357 ++
```

2 possible models considered, only significant TM-segments used

*** the models differ in the number of TM-helices ! ***

-----> STRONGLY prefered model: N-terminus outside
7 strong transmembrane helices, total score : 16102
```
# from   to length score orientation
1   23   48 (26)    2534 o-i
2   60   86 (27)    2050 i-o
3  101  119 (19)    1797 o-i
4  140  162 (23)    3073 i-o
5  186  207 (22)    2574 o-i
6  388  409 (22)    2717 i-o
7  424  443 (20)    1357 o-i
```

------> alternative model
6 strong transmembrane helices, total score : 11362
```
# from   to length score orientation
1   23   39 (17)    2144 i-o
2   61   85 (25)    1888 o-i
3   91  120 (30)     914 i-o
4  139  160 (22)    2359 o-i
5  185  205 (21)    2199 i-o
6  385  408 (24)    1858 o-i
```

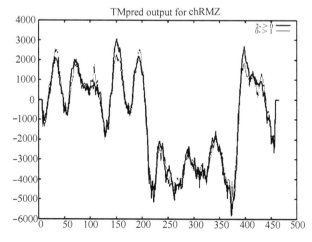

图 13-27　TMpred 返回的查询结果

　　用户可以选择各种输入格式,并可指定预测时采用的跨膜螺旋疏水区的最大和最小长度。以胆碱能受体 M2(gi:4502817 sp:p08172)作为查询序列,运行 TMpred 后,查询结果分为四个部分输出:可能的跨膜螺旋区、相关性列表、建议的跨膜拓扑模型和曲线示意图。如图 13-27 所示。

　　其他的跨膜预测计算工具与 DAS 和 Tmpred 类似,用户可根据需要采用多个工具对同一跨膜蛋白质进行预测,再进行比较,最后得到一个较为满意的结果。

二、信号肽的预测

　　信号肽是未成熟蛋白质中,可被细胞转运系统识别的特征氨基酸序列。不论是原核还是真核生物,在细胞浆内合成的蛋白质需定位于细胞特定的区域;穿过合成所在细胞到其他组织细胞中的蛋白质统称为分泌性蛋白质。绝大多数分泌性蛋白质的 N-端都具有 15～30 个以疏水氨基酸为主的 N-端信号序列或称信号肽(signal peptide),信号肽的疏水段能形成一段 α-螺旋结构。在信号序列之后的一段氨基酸残基也能形成一段 α-螺旋,两段 α-螺旋以反平行方式组成一个发夹结构,很容易进入膜的脂质双层结构,一旦分泌性蛋白质的 N-端锚定在膜上,后续合成的其他肽段部分将顺利通过膜。疏水性信号肽对于新生肽链跨膜及把它固定于膜上起一个拐棍作用。之后位于内膜外表面的信号肽酶将信号肽序列切除。通过对相当多的信号肽进行一级结构分析后,发现它们大致分为三个区段:①N-端有带正电的氨基酸,如 Lys 和 Arg,称为碱性氨基末端。②中间较大的或更多的以中性氨基酸为主组成疏水核心区,常见有 Leu 和 Ile 等。③C-端含有小分子氨基酸,如 Glu、Ala 和 Ser 等,是被信号肽酶剪切的部位,称为加工区。

　　SignalP 是丹麦技术大学的生物序列分析中心(The Center for Biological Sequence Analysis,CBS)提供的免费计算工具,主要用来预测氨基酸序列中信号肽的存在与否及其剪切位点。其算法基于数个神经网络和隐藏的 Markov 模型的结合,并用已知信号序列的革兰阴性原核生物、革兰阳性原核生物及真核生物的序列作为训练集。用户可登录 SignalP 的网页(http:∥www.cbs.dtu.dk/services/SignalP-2.0/,版本为 V2.0β2),也可通过 ExPASy 的 Proteomics Tools 直接链接到 SignalP(其版本为 V1.1)进行信号肽序列的查询。图 13-28 为 SignalP V2.0 版的界面。

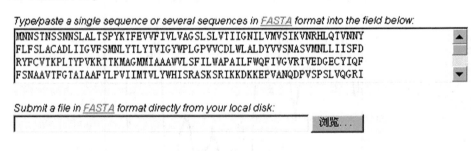

图 13-28　SignalP V2.0 版查询界面

　　现以胆碱能受体 M2(gi:4502817 sp:p08172)为例,用 SignalP V2.0 进行信号肽的预测。在第一个框内输入其序列,也可以在第二个框内输入文本格式的文件。之后,用户还要对所使用的训练集(即有机体组)、方法[神经网络和(或)Markov 模型]、曲线图、输出格式、切断点等进行选择,提交序列即完成查询。

选择真核生物作为训练集,输出的结果按选择的方法分为:神经网络(NN)和隐藏的 Markov 模型(HMM)两种结果。每种结果都包括两部分:①SignalP 最后的预测结果曲线图;②SignalP 对序列各氨基酸位点的打分。在第二部分中,C 值为原始剪切位点的分值;S 值为信号肽的分值;Y 值为组合的剪切位点分值,表明该位点具有高 C 值而 S 值又有从高到低的特性。对于每一个序列,SignalP 都会给出最大 C 值、最大 S 值、最大 Y 值和平均 S 值(位于 N-末端和预测的剪切位点之间)。这些分值用来区分信号肽和非信号肽。如果序列被预测有一个信号肽,那么预测的剪切位点应该位于最大 Y 值之前。此外,从 SignalP 最后的预测结果曲线图来看:

(1) 对于典型的信号肽:C 值和 Y 值应该在剪切位点之前+1 位点处高,而 S 值应该在剪切位点之后处高。

(2) 对于剪切位点的判断:仅仅依赖于最大 C 值,可能会出错;而 SignalP 可以用组合的 Y 值得出正确的判断。

(3) 对于典型的非分泌性蛋白:整个序列的各项分值都很低。

(4) 对于一些 C 值和 S 值都高于域值的非分泌性蛋白 SignalP 根据其 Y 值和平均 S 值仍能做出正确的判断。

胆碱能受体 M2(gi:4502817 sp:p08172)的信号肽预测结果:从最后的预测结果来看,最大 C 值和最大 Y 值的位点分别为 35 和 41,所以不能算典型的信号肽。最后计算的综合结果:信号肽位点为 1～40。

三、卷曲螺旋的预测

ExPASy 上预测卷曲螺旋区域(coiled coil region)的程序主要有 COILS、Paircoil 及 Multicoil 等,虽然各有特点,但算法大致相同。此处只对 COILS 做一介绍。

COILS 算法将查询序列与一个已知的平行双链卷曲螺旋数据库进行比较并得到相似性得分,同时也将查询序列与包含球形蛋白序列的 PDB 次级数据库进行比较,据此算出序列形成卷曲螺旋的概率。用户可下载 COILS 程序及相关数据库到 VAX/VMS 系统进行单机查询,也可在线使用。通过 ExPASy 的 Proteomics Tools 可直接链接到 COILS 的主页(http://www.ch.embnet.org/software/COILS_form.html),图 13-29 为 COILS 的在线查询输入界面。

用户向系统提交的蛋白质序列必须为 GCG 格式或 FASTA 格式,可同时提交一条或多条序列。用户还需选择打分矩阵:MTIDK 和 MTK。①MTIDK 是根据肌球蛋白、副肌球蛋白、原肌球蛋白、中间纤维类蛋白Ⅰ～Ⅴ、桥粒蛋白和 kinesins 序列得到的打分矩阵;②MTK 是根据肌球蛋白、原肌球蛋白和角蛋白得到的打分矩阵;MTK 适合检测双链结构,而 MTIDK 适合其他情况。此外,该程序还提供了一个权重选项:用户可以指定两个疏水性残基位(a、d 位)和五个疏水性残基位(b、c、e、f、g 位)相同的权重。如果在有权重和无权重情况下得到的预测结果相差很大,则表明可能存在错误。COILS 特别适用于溶剂接触性左手卷曲螺旋的预测,其他类型的螺旋,如右手螺旋则可能检测不到。现以上皮生长因子前体(p00533 sp:2811086)为例,对其卷曲螺旋区域进行预测,得到的预测结果如图 13-30,显示沿序列各个部分形成卷曲螺旋的倾向性。

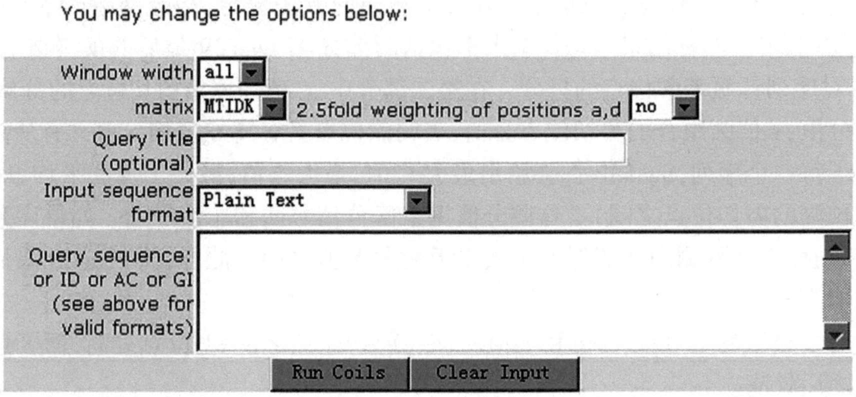

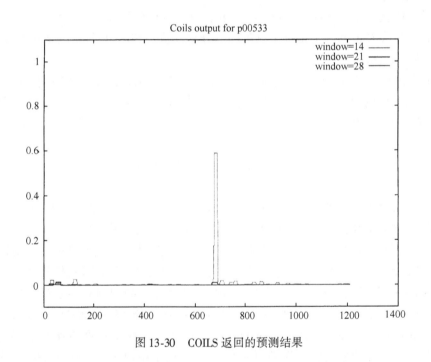

图 13-29　COILS 查询界面

图 13-30　COILS 返回的预测结果

第六节　三级结构的预测

　　蛋白质的多肽链在各种二级结构的基础上再进一步盘曲或折叠形成具有一定规律的三维空间结构,称为蛋白质的三级结构(tertiary structure)。研究发现,序列差异较大的蛋白质序列也可能折叠成类似的三维构象,而自然界里的蛋白质结构骨架的多样性远少于蛋白质序列的多样性。由于蛋白质的折叠过程仍然不十分明了,从理论上解决蛋白质折叠的问题还有待进一步发展,但目前也开发出一些蛋白质的三级结构预测方法。最常见的是"同源建模"和"Threading"方法。前者先在蛋白质结构数据库中寻找未知结构蛋白的同源伙伴,再利用一定的计算方法把同源蛋白的结构优化构建出预测结果。后者则将序列"穿"入已知的各种蛋白质的折叠子骨架内,计算出未知结构序列折叠成各种已知折叠子的可能性,由此为预测序列分配最合适的折叠子结构。ExPASy 上 Proteomics Tools 提供的 SWISS-MODEL 和 Swiss-PdbViewer (http://swissmodel. expasy. org/spdbv/)是较为常用的蛋白质三级结构预测工具。

SWISS-MODEL(http://swissmodel. expasy. org/):是一个自动化比较蛋白质同源建模服务器,是基于"同源建模"方法的三级结构预测工具。它提供两种工作模式:第一步模式(First Approach Mode)和方案优化模式(Project Optimize Mode)。服务器先将提交的序列在晶体图像数据库(ExPdb)中搜索相似性足够高的同源序列,建立最初的原子模型,再对这个模型进行优化,产生预测的结构模型。SWISS-MODEL 的分析步骤分为五步:①搜索适合的模板;②检测序列的同源性;③产生一个 ProMod Ⅱ 输入文件;④用 ProMod Ⅱ 建立三级结构模型;⑤用 Gromos 96 算法修正,使模型的能量最小。图 13-31 为 SWISS-MODEL 第一步模式的输入界面。

图 13-31　SWISS-MODEL 第一步模式的查询界面

以胆碱能受体 M2(gi:4502817 sp:p08172)为例进行预测,返回到用户邮箱的查询结果包括:AlignMaster 和 ProMod Ⅱ 队列等比较得到的结果,以及 SWISS-MODEL 计算的三级结构(附件)。三级结构以 PBD 格式输出,再用相关软件打开(如 RasMol 等)。

Swiss-PdbViewer 也是以同源建模为基础,可以同时对多条蛋白质序列进行分析,具体的使用方法和注意事项用户可登录其主页,通过 User Guide 进行了解。

第七节 蛋白质的质谱鉴定

一、质谱定性的基本原理

质谱法是通过将样品分子转化为运动的气态离子并按质荷比(m/z)大小进行分离并记录其信息的分析方法。所得结果以质谱图(mass spectrum)表达。根据质谱图提供的信息可以进行多种物质的定性、定量及结构分析。

20 世纪 80 年代,随着电喷雾电离(ESI)和基质辅助激光解吸技术(MALDI)的实现,质谱法更为普遍地用于大分子物质的分析,如蛋白质、核酸和糖类等。人们从质谱图中获得信息,得出相关的实验数据,来阐明物质的分子结构。

二、质 谱 仪

(一) 质谱仪的工作原理

利用电磁学原理,使带电的样品离子按质荷比进行分离的装置。离子电离后经加速进入磁场中,其动能与加速电压及电荷 z 有关,即

$$zeU = \frac{1}{2}mv^2$$

式中,z 为电荷数,e 为元电荷($e = 1.60 \times 10^{-19}$ C),U 为加速电压,m 为离子的质量,v 为离子被加速后的运动速度。具有速度 v 的带电粒子进入质谱仪的电磁场中,根据所选择的分离方式,实现各种离子按 m/z 大小的分离。

(二) 质谱仪的结构

质谱仪由进样系统、离子源、质量分析器和检测系统组成。质谱仪有多种不同的离子源与质量分析器的结合,其中常用于蛋白质和多肽分析的仪器类型有 MALDI-飞行时间(TOF)质谱仪、ESI-三级四极杆质谱仪和 ESI-离子阱质谱仪。图 13-32 为质谱仪的结构示意图。

1. 真空系统 质谱仪的离子产生及经过的系统必须处于高真空状态(离子源真空度应达 $1.3 \times 10^{-4} \sim 1.3 \times 10^{-5}$ Pa,质量分析器中应达 1.3×10^{-6} Pa)。若真空度过低,则会造成离子源灯丝损坏、本底过高,从而使图谱复杂化、干扰离子源的调节。一般质谱仪都采用机械泵抽真空后,再用高效率扩散泵保持真空。现代质谱仪则采用分子泵以获得更高的真空度,分子泵可直接与离子源或分析器相连,抽出的气体再由机械真空泵排出体系。

2. 进样系统 进样系统可将样品高效重复地引入到离子源中并不会造成真空度的降低。目前,常用的进样装置有三种类型:间歇式进样系统、直接探针进样系统及色谱进样系统。一般质谱仪都配有前两种进样系统以适应不同样品的需要。

3. 离子源 离子源(电离源)是质谱仪的心脏,其功能是将欲分析的样品电离,得到

带有样品信息的离子。由于离子化所需要的能量随分子不同差异很大,因此,对于不同的分子应选择不同的离解方法。能给样品较大能量的电离方法通常称为硬电离方法,而给样品较小能量的电离方法称为软电离方法,后一种方法适用于易破裂或易电离的样品。下面仅介绍蛋白质分析中应用最多的两种软电离方式即电喷雾电离源和基质辅助激光解析技术。

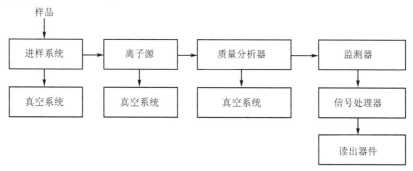

图 13-32　质谱仪结构示意图

（1）电喷雾电离源（ESI）:ESI 是近年来出现的一种新的电离方式。它主要应用于液相色谱-质谱联用仪。它的主要部件是一个多层套管组成的电喷雾喷嘴。最内层是液相色谱流出物,外层是喷射气,喷射气常采用大流量的氮气,可使喷出的液体分散成微滴。另外,在喷嘴的斜前方还有一个补助气喷嘴,作用是使微滴的溶剂快速蒸发。在微滴蒸发过程中,其表面电荷密度逐渐增大,当增大到某个临界值时,离子就可以从表面蒸发出来。离子产生后,借助于喷嘴与锥孔之间的电压,穿过取样孔进入分析器。电喷雾电离源是一种软电离方式,即便是分子质量大、稳定性差的化合物,也不会在电离过程中发生分解。它适合于分析极性强的大分子有机化合物,如蛋白质、肽、糖等。电喷雾电离源容易形成多电荷离子。如一个分子质量为 10 000kDa 的分子若带有 10 个电荷,则质荷比只有 1000kDa,在一般质谱仪可以分析的范围之内。因而采用电喷雾电离,可以测量分子质量在 300 000kDa 以上的蛋白质。

（2）基质辅助激光解吸电离源（MALDI）:也是最近出现的一种软电离方式,被分析的样品置于涂有基质的样品靶上,激光照射到样品靶上,基质分子吸收激光能量,与样品分子一起蒸发到气相并使样品分子电离。MALDI 特别适合于飞行时间质谱仪（TOF）,组成 MALDI-TOF。它适于分析生物大分子,如肽、蛋白质、核酸,得到的质谱主要是分子离子和准分子离子,而碎片离子和多电荷离子较少。MALDI 常用的基质有 2,5-二羟基苯甲酸、芥子酸、烟酸、α-氰基-4-羟基肉桂酸等。MALDI 离子化时动能有微小的分散,从而降低了 MALDI-MS 的分辨能力,通常可采用离子镜和时间延迟聚焦来减少这种分散。

4. 质量分析器　质谱仪的质量分析器位于离子源和检测器之间,不同类型的质量分析器依据不同方式将样品离子按质荷比 m/z 分离。质量分析器的主要类型有:磁分析器、飞行时间分析器、四极杆分析器、离子阱分析器和离子回旋共振分析器等。下面主要介绍蛋白质分析中常用的飞行时间分析器、四极杆分析器和离子阱分析器。

（1）飞行时间分析器（time of flight,TOF）:见图 13-33。从离子源飞出的离子动能基本

一致,在飞出离子源后进入分析器中的无场漂移管,离子加速后的速度为:

$$v = (\frac{2Uze}{m})^2$$

此离子达到无场漂移管另一端的时间为 $t=L/v$,故对于具有不同 m/z 的离子,到达终点的时间差:

$$\Delta t = L\frac{\sqrt{(m/z)_1} - \sqrt{(m/z)_2}}{\sqrt{2U}}$$

由此可见,Δt 取决于 m/z 的平方根之差。

因为连续的电离和加速将导致检测器的连续输出而无法获得有用信息,所以 TOF 是以大约 10kHz 的频率进行电子脉冲轰击法产生正离子,随即用一个具有相同频率的脉冲加速电场加速,被加速的粒子按不同的时间经漂移管到达收集极上,并馈入一个水平扫描频率与电场脉冲频率一致的示波器上,从而得到质谱图。用这种仪器,每秒钟可以得到多达 1000 幅的质谱。

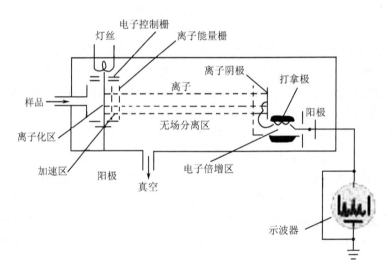

图 13-33   飞行时间质谱仪示意图

(2) 四极杆分析器 (quadrupole mass filter, QMF):四极杆分析器由四根平行的金属杆组成。通过在四极杆上加上直流电压 U 和射频电压 RF voltage,在极间形成一个射频场,离子进入此射频场后,会受到电场力的作用,只有合适 m/z 的离子才会通过稳定的振荡进入检测器。只要改变 U 和 V 并保持 U/V 比值恒定时,便可以实现不同 m/z 的检测。

目前,在蛋白质鉴定和测序中常常使用 ESI-三级四极杆质谱仪,即其质量分析器是由三套四极杆组成,其中第一级和第三级四极杆是质量过滤器,第二级仅施加射频电压,以产生碎片离子。这种质谱仪有不同的工作模式:MS 模式、MS/MS 模式、中性丢失扫描模式、前体离子扫描模式和源内 CID 模式(图 13-34)。

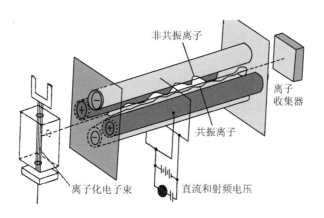

图 13-34　一种四极杆质谱仪

（3）离子阱分析器：离子阱是一种通过电场或磁场将气相离子控制并储存的装置。它由一环形电极再加上下各一的端罩电极构成。以端罩电极接地，在环电极上施以变化的射频电压，此时处于阱中具有合适 m/z 的离子在环中指定的轨道上稳定旋转，若增加该电压，则较重离子转至指定稳定轨道，而轻些的离子将偏出轨道并与环电极发生碰撞。当一组由电离源产生的离子由上端小孔中进入阱中后，射频电压开始扫描，陷入阱中离子的轨道则会依次发生变化而从底端离开环电极腔，从而被检测器检测（图 13-35）。

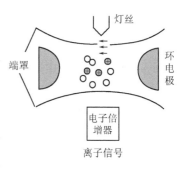

图 13-35　离子阱原理示意图

5. 检测与记录　质谱仪常用的检测器有法拉第杯（Faraday Cup）、电子倍增器、闪烁计数器及照相底片等。Faraday 杯是其中最简单的一种，它可与质谱仪的其他部分保持一定电位差以便捕获离子，当离子经过一个或多个抑制栅极进入杯中时，将产生电流，经转换成电压后进行放大记录（图 13-36）。但 Faraday 杯只适用于加速电压<1kV 的质谱仪，因为更高的加速电压可产生能量较大的离子流，这样离子流轰击入口狭缝或抑制栅极时会产生大量二次电子甚至二次离子，从而影响信号检测。

目前，质谱仪常常与一些分离度较高的仪器联用，如色谱-质谱联用，毛细管电泳-质谱联用等，混合物通过色谱、电泳分离后，再进入质谱进行定性分析。

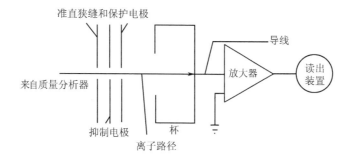

图 13-36　Faraday 杯结构原理图

三、质谱在蛋白质分析中的应用

随着软电离技术的发展,质谱在蛋白质分析中的应用越来越广泛,如肽段质量的测定、蛋白质序列的分析和蛋白质修饰位点的确定等,都可以通过质谱分析来实现,下面仅简要介绍其在蛋白质鉴定和磷酸位点确定中的一些应用。

(一) 蛋白质的鉴定

1. 数据库中已知序列的蛋白质鉴定 对于质谱数据库中已知序列的蛋白质鉴定,通常采用专一酶进行水解后,对所得的肽片段质量用 MALDI-MS 或 ESI-MS 进行测定,然后与数据库中的序列进行匹配,从而获得蛋白质相应的序列。在这个过程中,肽片段质量的测定精度和酶的纯度具有决定性的作用。在测定肽质量时,应该选择具有延迟提取和内标校正的质谱仪进行。

2. 数据库中未知序列的蛋白质鉴定 对于质谱数据库中未知序列的蛋白质进行鉴定时,通常要应用数据库中已有的信息对蛋白质从头测序。在测序时,常常将 Edman 化学降解与 MALDI 质谱结合进行。通过加入 Edman 试剂,将蛋白质分解成多个肽段,在每个循环处加入 N-端封闭剂或蛋白质底物,从而产生该蛋白质的序列阶梯,再经 MALDI-MS 分析来实现蛋白质序列的测试。

(二) 磷酸化位点的分析

蛋白质的磷酸化是一种非常重要的蛋白质修饰,为了揭示磷酸化对蛋白质功能的影响,需要对蛋白质在体内的磷酸化位点进行定位,这个过程可以直接用质谱来实现。但是因体内磷酸化蛋白含量很低,目前的质谱仪灵敏度难于达到要求,另外,样品的提纯制备很繁琐,因而常常利用体外反应来进行,即在体外通过激酶反应使蛋白质磷酸化,然后扩大反应规模,再经质谱鉴定,与体内磷酸化蛋白进行比较来解决。

用质谱确定蛋白质的磷酸化位点通常是在已知蛋白质一级序列的基础上进行的。通过磷酸脂键断裂产生的离子或通过磷酸脂基团加合到氨基酸残基引起的质量数改变,可确定出磷酸肽的存在。如磷蛋白通过特定的酶解或化学降解后,比较脱磷酸前后的质谱图,如果分子质量减少了 80 或 80 的倍数,便可确定出磷酸肽,通过已知的一级序列及多肽片段的质量谱图,便可确定磷酸化的位点。

(邹晓莉　金立德　王廷华)

参 考 文 献

坎普 RM,威特曼-利伯德 B,乔里-帕帕多普洛 T,著. 2000. 蛋白质结构分析:制备、鉴定与微量测序. 施蕴渝、饶子和、陈常庆,等译. 北京:科学出版社

钱小红,贺福初. 2003. 蛋白质组学:理论与方法. 北京:科学出版社

于如嘏. 1986. 分析化学. 第 2 版. 北京:人民卫生出版社

张维铭. 2003. 现代分子生物学实验手册. 北京:科学出版社

赵雨杰. 2002. 医学生物信息学. 北京:人民军医出版社

Pennington SR, Dunn M 著. 2002. 蛋白质组学:从序列到功能. 钱小红、贺福初译. 北京:科学出版社

Brendel V, Bucher P, Nourbakhsh I, et al. 1992. Methods and algorithms for statistical analysis of protein sequences. Proc Natl Acad Sci, 89:2002~2006

Cordwwell SJ, Wildins MR, Cerpa-Poljak A, et al. 1995. Cross-sepcies identification of proteins separated by two-dimensional gel electrophoresis using matrix-assisted laser desorption time of flight mass spectrometry and amino acid composition. Elecrophoresis, 16:438

Corpet F, Gouzy J, Kahn D, et al. 1998. The ProDom database of protein domain families. Nucl Acids Res, 26: 323

Cserzo M, Wallin E, Simon I, et al. 1997. Prediction of transmembrane alpha-helices in procariotic membrane proteins: the Dense Alignment Surface method. Prot Eng, 10(6): 673~676

Deleage G, Blanchet C, Geourjon C, et al. 1997. Secondary consensus prediction protein structure prediction. Implications for the biologist. Biochimie, 79(11): 681~686

Emanuelsson O, Nielson H, heijne GV, et al. 1999. ChloroP, A neural network-based method for predicting chloroplast transit peptides and their cleavage sites. Protein Science, 8:978~984

Emanuelsson, Nielsen H, Brunak S, et al. 2000. Predicting subcellular localization of proteins based on their N-terminal amino acid sequence. Mol. Biol, 300:1005~1016

Geourjon C, Deleage G. 1995. SOPMA: significant improvements in protein secondary structure prediction by consensus prediction from multiple alignments. Comput Appl Biosci, 11(6):681~684

Golaz O, Wildins MR, Sanchez JC, et al. 1996. Identification of proteins by their amino acid composition:An evaluation of the method. Electrophoresis, 17:573

Gouet P, Courcelle E, Stuart DI, et al. 1999. Espript:Multiple sequence alignments in PostScript. Bioinformatics, 15:305

Guermeur Y, Geourjon C, Gallinari P, et al. 1999. Improved performance in protein secondary structure prediction by inhomogeneous scorecombination. Bioinformatics, 15(5):413

Guex N, Diemand A, Peitsch MC, et al. 1999. Protein modelling for all. TiBS, 24:364~367

Henrik Nielsen, Søren Brunak, Gunnar von Heijne, et al. 1999. Machine learning approaches to the prediction of signal peptides and other protein sorting signals. Protein Engineering, 12: 3~9

Henrik Nielsen, Jacob Engelbrecht, Søren Brunak, et al. 1997. Identification of prokaryotic and eukaryotic signal peptides and prediction of their cleavage sites. Protein Engineering, 10:1~6

Hofmann K, Stoffel W. 1993. TMbase-A database of membrane spanning proteins segments. Biol Chem Hoppe-Seyler, 374:166

Ilkins M R, Lindskog I, Gasteiger E, et al. 1997. Detailed peptide characterisation using PEPTIDEMASS-a World-Wide Web accessible tool. Electrophoresis, 18(3-4):403~408

Kneller DG, Cohen FE, Langridge R, et al. 1990. Improvements in Protein Secondary Structure Prediction by an Enhanced Neural Network. Mol Biol, 214:171~182

Lacroix E, Viguera AR, Serrano L, et al. 1998. Elucidating the folding problem of a-helices: Local motifs, long-range electrostatics, ionic strength dependence and prediction of NMR parameters. J Mol Biol, 284:173~191

Llqvis B, Basse B, Olsen E, et al. 1994. Reference points for comparisons of two-dimensional maps of proteins from different human cell types defined in a pH scale where isoelectric points correlate with polypeptide compositions. Electrophoresis, 15:529~539

Lupas A, Van Dyke M, Stock J, et al. 1991. Predicting Coled Coils from Protein Sequences. Science,

252:1162~1164

Lupas A. 1996. Prediction and Analysis of Coiled-Coil Structures. Meth Enzymology, 266:513~525

Madden TL, Tatusov RL, Zhang J, et al. 1996. Applications of network BLAST server. Meth Enzymol, 266:131~141

Muñoz V, Serrano L. 1997. Development of the Multiple Sequence Approximation within the Agadir Model of a-Helix Formation. Comparison with Zimm-Bragg and Lifson-Roig Formalisms. Biopolymers, 41:495~509

Nielson H, Brunak S, Heijne GV, et al. 1999. Machine learning approaches to the prediction of signal peptides and other protein sorting signals. Protein Engineering, 12:3

Nielson H, Engelbrecht J, Brunak S, et al. 1997. Identification of prokaryotic and eukaryotic signal peptides and prediction of their cleavage sites. Prot Eng, 10:1~6

Pearson W. 1990. Rapid and Sensitive Sequence Comparison with FASTP and FASTA Methods in 55. Enzymology, 183:63~98

Peitsch MC, Jongeneel V. 1993. A3-dimensional model for the CD40 ligand predicts that it is a compact 28 trimer similar to the tumor necrosis factors. Int Immunol, 5:233~238

Peitsch MC, Schwede T, Guex N, et al. 2000. Automated protein modeling-the proteome in 3D. Pharmacogenomics, 1:257~266

Rost B, Casadio R, Fariselli P, et al. 1995. Transmembrane helices predicted at 95% accuracy. Protein Sci, 4 (3): 521~533

Rost B, Fariselli P, Casadio R, et al. 1996. Topology prediction for helical transmembrane proteins at 86% accuracy. Prot Science, 7:1704~1718

Schwede T, Diemand A, Guex N, et al. 2000. Protein structure computing in the genomic era. Res. Microbiol, 151:107~112

Schwede T, Kopp J, Guex N, et al. 2003. SWISS-MODEL:an automated protein homology-modeling server. Nucleic Acids Research, 31:3381~3385

Wilkins MR, Gasteiger E, Wheeler C, et al. 1998. Multiple parameter cross-species protein identification using MultiIdent-a world-wide web accessible tool. Electrophoresis, 19(18):3199~3206

Wilkins MR, Ou K, Appel R D,et al. 1996. A Rapid protein identification using N-terminal "sequence tag" and amino acid analysis. Biochem Biophys Res Commun, 221: 609~613

Wilkins MR, Pasquali C, Appel RD, et al. 1996. From Proteins to Proteomes: Large Scale Protein Identification by Two-dimensional Electrophoresis and Amino Acid Analysis. Bio/Technology, 14: 61~65

Wilkins MR, Gasteiger E, Bairoch A, et al. 1998. Protein identification and analysi tools in the ExPASy server In: Link AJ eds,2-D Proteome Anaylsis Protocols. New Jersey:Humana Press

Wilkins MR, Williams KL. 1997. Cross-species protein identification using amino acid composition, peptide mass fingerprinting, isoelectric point and molecular mass: A theoretical evaluation. Theor Biol, 186:7~15

Young MM, Kirshenbaum K, Dill KA, et al. 1999. Predicting conformational switches in proteins. Protein Science, 8:1752~1764

Zhang J, Madden TL. 1997. PowerBLAST: A new network BLAST application for interactive or automated sequence analysis and annotation. Genome Res, 7:649~656

第十四章　蛋白质技术的应用

第一节　用细胞钓蛋白技术检测备用根猫脊髓背角内神经营养因子的生物活性

蛋白质的生物活性是蛋白质功能的重要基础,通过观察蛋白质对培养细胞存活及生长的影响,可了解蛋白质的生物活性。本节介绍用聚丙烯酰胺凝胶电泳分离蛋白质,再与神经细胞培养结合检测蛋白质神经营养活性的方法。

一、材料和方法

(一)动物模型的制备

1. 双侧备用根猫动物模型的制备　健康成年雄性家猫 5 只,体重 3.0 ~ 4.0kg。用 3.5% 戊巴比妥钠溶液按 1.4 ~ 1.5ml/kg 剂量经腹膜腔注射麻醉。无菌条件下于硬膜外切除双侧 L_1 ~ L_5,L_7 ~ S_2 DRG,保留 L_6 背根为备用背根。

2. 穴位选择及针刺方法

(1) 穴位选择:选择 L_6 脊神经外周支配区内的两对穴位:足三里与悬钟,伏兔与三阴交。具体解剖部位是:足三里,腓骨小头前下方 1.5cm 处的肌沟中;悬钟,外踝尖上 1.5cm 近腓骨前缘处;伏兔,髂前上棘与髌底外侧端连线的中下 1/3 交界处,即髌底上方 2 ~ 3cm 处;三阴交,内踝尖上 1.5cm,胫骨内缘后方。随机确定一侧为针刺侧(手术+针刺),另一侧为非针刺侧(手术非针刺)。

(2) 针刺方法:电针刺激于术后 1h 开始。使用 HB-EDT-Ⅱ 型袖珍穴位诊治仪(石家庄医用电子仪器厂),以两根 1 寸(1 寸=3.3cm)毫针分别刺入同一组的两个穴位作为正负极电针。频率 96 次/分,针刺 30min,15min 时交换电极。每天针刺一对穴位,两对穴位交替进行,连续针刺 6 次(每对穴位针刺 3 次)。

(二)聚丙烯酰胺梯度电泳

1. 电泳样品液制备　术后第五天击毙动物,分别切取猫两侧下胸段至骶段(即 T_{12} ~ S_3A 节段)脊髓背角组织,按 40mg 组织加入 1ml 冷冻的 Tris-HCl 样品缓冲液(TBS,pH7.2),玻璃匀浆器冰浴匀浆 15min,4℃离心,12 000r/min,30min(离心机型号:HITACHICR15T)。取上清液,经 721 型分光光度计(上海分析仪器厂)分别测其浓度,用蛋白质考马斯亮蓝显色法测其蛋白含量,调整两侧蛋白含量均为 2.0mg/ml,即为电泳样品液。

2. 电泳　用夹心式垂直板型电泳槽（DYY-Ⅲ28型,北京六一仪器厂）进行聚丙烯酰胺凝胶梯度电泳。用梯度混合器灌制浓度为8%～30%的分离胶（缓冲液为TBS,pH8.9）,梯度混合器的A槽、B槽分别为8%和30%的凝胶液,控制灌胶速度为1.5ml/min左右,约10min完成灌胶,使分离胶浓度从上至下由8%逐渐增加到30%。在此分离胶上制备浓度为8%的样品胶（缓冲液为TBS,pH8.9）。电极缓冲液为Tris-甘氨酸,pH8.3。上样量为60μl（其中样品50μl,含蛋白质100μg,0.05%溴酚蓝溶液10μl）,稳流20mA进行电泳,电泳5h。电泳后凝胶经12.5%的三氯乙酸溶液固定30min,0.125%考马斯亮蓝R-250染色4h,用漂洗液漂洗至背景无色。对凝胶进行拍照。

（三）细胞钓蛋白带(protein band-fishing by cells,PBFC)

1. 鸡胚DRG摘取及细胞悬液制备　摘取Hamburger 35期京北904号鸡胚（胚龄8.5～9天,受精蛋由卫生部成都生物制品研究所动物室提供）腰段DRG于Eagle's MEM培养基中（补加葡萄糖5g/L,HEPES 4.776g/L,NaHCO$_3$ 2.2g/L,青霉素10^{5}U/L,链霉素0.1g/L,含小牛血清15%）,用白内障刀和尖镊剥去DRG被膜及脊神经残根后,吸取DRG于试管中,加入0.125%胰蛋白酶(1ml/100个节)及等体积EDTA,置37℃孵箱水浴消化25min。吸去胰蛋白酶,用含血清的培养基终止消化后,加入4ml培基,吸管反复吹打制成细胞悬液。经铜网过滤后,调整细胞密度为5×10^{5}个/ml。

2. 培养用凝胶条的获取　按本文上面的方法电泳,获得针刺组和非针刺组凝胶条,用含双抗的Hanks平衡液浸泡30min,培养基浸泡1min后放置于培养瓶内,加入已制好的细胞悬液4ml,置37℃孵箱培养48h。10%甲醛溶液固定10min,置显微镜（日本OLYMPUS）下用目镜计数框计数单位面积内贴附于凝胶上的神经细胞数（面积为1.02×10^{4}μm^2/视野）。

二、结　果

5例动物脊髓背角组织提取液电泳凝胶条与DRG神经细胞培养48h后,根据神经细胞贴附于凝胶上的位置绘出细胞分布曲线。对针刺组和非针刺组细胞分布趋势做统计分析,根据细胞分布曲线,按mR将其划分为四个区段:mR 0.01～0.08,mR 0.09～0.13,mR 0.14～0.47,mR 0.48～0.58。分别比较针刺组和非针刺组四个区段内的平均细胞数,发现两组mR 0.09～0.13范围内,恒定面积(1.02×10^{4}μm^2/视野)内的细胞数与其他三个区段相比明显增多($P<0.05$)。mR 0.09～0.13区段针刺组和非针刺组恒定面积内的细胞数分别为(17.08±0.51)个和(8.22±0.79)个,经统计学处理,有显著性差异($P<0.05$)。

三、经验及体会

本实验方法又称细胞钓蛋白技术,其原理是利用电泳将有神经营养活性的蛋白质得以分离,而后在凝胶上加鸡胚背根节细胞悬液。如果凝胶上某蛋白带内含神经营养因子,则神经元即可存活。据此找出有神经营养活性的蛋白带。进行该技术时需注意:①凝胶需用双抗(青霉素、链霉素)漂洗消毒灭菌。②细胞悬液置胶条上应避免振动,因为摇动很容易致胶条漂浮而使细胞不能落在胶上,而细胞落在胶下的器皿上会造成实验失败。所以,注意将胶条固定于底,另外,加上细胞送入孵箱培养时,动作要特别轻,勿使胶条漂浮。③由于凝胶有毒,在无神经营养因子的区域,DRG 细胞不能存活,大多数很快崩解,故有细胞贴附的位置是神经营养活性的部位,但可能因细胞密度的关系,不一定像想象中的那样,细胞贴附呈非常规则的细胞带,故对结果观察不可理想化,而要根据细胞密集贴附的趋势进行统计并注意与对照带对比分析,而后得出结果。

第二节　凝胶小块与背根节联合培养法

一、材料和方法

(一) 动物模型的制备

方法同第一节。

(二) 聚丙烯酰胺梯度电泳

方法同第一节。

(三) 凝胶小片与 DRG 联合培养

1. 鼠尾胶原液及生长基质盖片的制作　制备鼠尾胶原液:将制备好的鼠尾胶原液涂于 48 孔培养板孔内,稀氨溶液熏蒸 30min,Hanks 液浸泡平衡至颜色不再改变为止,加培养基浸泡待用。

2. 凝胶小片的准备　切取电泳带的凝胶小块,切成 1mm×1mm×1mm 大小的凝胶小片,分别用 Hanks 液,双抗液浸泡 10min,置培养基中浸泡待用。

3. 鸡胚 DRG 与凝胶小片联合培养　按本章第一节中的方法摘取鸡胚 DRG,用吸管吸取一个 DRG,种植于涂有鼠尾胶原液的培养板上,另取一块备用的凝胶小片种在距 DRG 约 1mm 处,吸去多余液体,使凝胶小片与 DRG 紧贴于胶上。用移液器加入 100μl Eagle's MEM 培养基(含 30% 小牛血清),快速翻转培养板,使 DRG 和凝胶小片悬于胶原下方,放入 37℃孵箱培养 48h。10% 甲醛溶液固定 30min 后,测量各 DRG 神经突起平均长度。

4. DRG 神经突起平均长度测量　显微镜(日本 OLYMPUS)下测量 DRG 神经突起长度。用备有 4 等分线的目镜测量,其 4 等分线中点放于 DRG 中心,测出四条自 DRG 周边分别与 4 等分线相交或靠得最近的神经突起长度。旋转目镜 45℃后,再测四条 DRG 神经突起长度,求其均值,即得各 DRG 神经突起的平均长度。

二、结　果

在相对迁移率(mR)0.11 凝胶小片与 DRG 联合培养 48h 组,针刺组神经突起平均长度

(220.43 ± 6.01)μm 明显大于非针刺组(187.08 ± 8.01)μm 及参照组(155.77 ± 2.02)μm,两两之间均存在显著性差异($P<0.05$)。由此推测,手术后 mR 0.11 凝胶小片对 DRG 神经突起的生长有明显促进作用,针刺可以进一步增强这种促神经突起生长效应。结果支持该两实验组凝胶条块内有神经营养因子。

三、经验及体会

本实验方法有利于研究神经营养因子对神经突起生长的诱导与促进作用。关键是放置 DRG 与凝胶小片的距离要适当。若太远,诱导神经生长作用可能不明显;太近,不利于观察。一般 1mm 左右较好。此外,放置 DRG 与凝胶小片时,要吸走液体并保留几分钟以便 DRG 与凝胶小片能牢固贴于基质上。最后需注意培养 24h、48h 过程中及时采集图片。终止实验后若需进行染色,要考虑到胶原附着载片不牢易于脱离的情况。

第三节　Western 印迹技术在检测鸡胚脊髓内神经营养因子中的应用

免疫组化研究证实鸡胚脊髓内存在多种神经营养因子,如神经生长因子(NGF)、脑源性神经营养因子(BDNF)、神经营养因子 3(NT-3)、胶质源性营养因子(GDNF)等。本实验采用 Western 印迹技术检测鸡胚脊髓内的神经营养因子。

一、实　验　原　理

蛋白质样品依据其分子质量的大小经 SDS-聚丙酰胺凝胶分离后,将带有蛋白质分离区带的凝胶与硝酸纤维膜紧贴,组成"凝胶-膜三明治",置于低压高电流的直流电场内,以电驱动为转移方式,可将凝胶上的分离区带转印到硝酸纤维膜上。最后使转移后的硝酸纤维膜与特定的抗体反应,经显色后对已知蛋白质进行定性及半定量分析。其过程包括蛋白质样品的制备、SDS-聚丙酰胺凝胶电泳、转移电泳、免疫显色。

二、实验所需的仪器、设备、试剂及溶液

(一) 所需仪器和设备

主要仪器和设备有匀浆器、离心机、DY-38 型稳压稳流定时电泳仪、垂直型平板电泳槽、玻璃板、电转移装置、转移电源、微量移液器和硝酸纤维膜。

(二) 所需试剂

试剂有 NGF 一抗、Western blot 试剂盒、蛋白质分子质量标准。

（三）溶液

（1）2×SDS 凝胶加样缓冲液［100mmol/L Tris-HCl（pH6.8），200mmol/L DTT 或 4% 的巯基乙醇溶液，4% SDS 溶液，0.2% 溴酚蓝溶液，20% 甘油溶液］：0.5mol/L Tris-HCl（pH 6.8）2ml，0.4g SDS，0.02g 溴酚蓝，2ml100% 甘油，0.31g DTT 或 0.4ml 巯基乙醇，加重蒸水至总体积为 10ml（注意 DTT 需在临用前加入）。

（2）提取缓冲液（10mmol/L Tris-HCl 缓冲液，pH7.4，2mmol/L EDTA，1mmol/L DTT）：0.1mol/L Tris-HCl（pH7.4）1ml，0.1mol/L EDTA 0.2ml，0.1mol/L DTT 0.1ml，加重蒸水至总体积为 10ml。

（3）30% 储备胶溶液：丙烯酰胺（Acr）29.0g，亚甲双丙烯酰胺（Bis）1.0g，混匀后加 ddH₂O，37℃溶解，定容至 100ml，置棕色瓶存于室温。

（4）分离胶缓冲液（1.5mol/L Tris-HCl，0.4% SDS 缓冲液 pH8.8）：10% SDS 4ml，加 1.5mol/L Tris-HCl（pH8.8）至总体积 100ml。

（5）压缩胶缓冲液（0.5mol/L Tris-HCl，0.4% SDS 缓冲液 pH6.8）：10% SDS 4ml，加 0.5mol/L Tris-HCl（pH6.8）至总体积 100ml。

（6）5×电极缓冲液（配制成 5×S 的储备溶液，用前稀释 5 倍）：900ml 蒸馏水中溶解甘氨酸 72g，10% SDS 50ml，Tris 15.1g，加蒸馏水至 1000ml。

（7）考马斯亮蓝 R-250 染色液（0.25% 考马斯亮蓝 R-250，10% 乙酸溶液）：考马斯亮蓝 0.25g，乙酸 10ml，甲醇和水各 45ml，待考马斯亮蓝溶解后，用 Whatman 1 号滤纸过滤染色液以去除颗粒状物质。

（8）考马斯亮蓝 R-250 染色脱色液：甲醇 100ml，乙酸 100ml，蒸馏水 800ml。

（9）固定液（25% 异丙醇溶液，10% 乙酸溶液）：25ml 异丙醇，10ml 乙酸，加水至 100ml。

（10）转移电极液（12.1g Tris，56.25g 甘氨酸，1000ml 甲醇）：Tris 12.1g，甘氨酸 56.25g，加甲醇 1000ml，加水至 5000ml。

（11）丽春红染液（0.2% 丽春红溶液，1% 乙酸溶液）：丽春红 0.2g，乙酸 1ml，加水至 100ml。

三、实　验　步　骤

（一）样品制备

取来亨鸡胚脊髓背角组织，加入预冷的 2 倍体积样品提取缓冲液冰浴匀浆 15min，4℃离心（10 000r/min）30min，取上清液，经透析、浓缩后置-80℃冰箱备用。用 Bradford 法测得每 10μl 样品中的蛋白质含量为 97.6μg。

（二）胶膜准备——配胶与灌胶

（1）组装凝胶模具：按厂商的使用说明用两块干净的玻璃平板和垫片组装电泳装置中的玻璃平板夹层，并固定在灌胶支架上。

（2）为防止灌入的凝胶泄漏，一般常用 1% 琼脂糖封底和边。

（3）配制 12% 的分离胶溶液 20ml（30% 储备胶溶液 8.0ml，分离胶缓冲液 5.0ml，蒸馏水 6.6ml，10% 过硫酸铵溶液 200μl 和 8μl 的 TEMED），过硫酸铵和 TEMED 最后加入，轻轻搅拌混匀。

（4）立即将配制好的分离胶灌入玻璃板夹层中，至距夹层顶部约 1.5cm 处，用吸管小心地在胶上覆盖一层水饱和异丁醇或水，让凝胶在室温下聚合 30~60min。待凝胶完全聚合后，倾去异丁醇或水，用 1×Tris-HCl/SDS（pH8.8）缓冲液洗涤胶顶。

（5）配制 5% 的浓缩胶溶液 5ml（30% 储备胶溶液 0.83ml，浓缩胶缓冲液 1.25ml，蒸馏水 2.91ml，10% 过硫酸铵溶液 50μl 和 5μl 的 TEMED），将配制好的浓缩胶用吸管加至分离胶上面，直至凝胶溶液到达前玻璃板的顶端。在浓缩胶内插入 Teflon 梳子至梳子齿的顶部与前玻璃板的顶部平齐（小心避免混入气泡）。置凝胶于室温下聚合 40min。

（三）上样

（1）加样前样品的处理：用 2×SDS 加样缓冲液稀释待测蛋白质样品，用 1×SDS 加样缓冲液溶解蛋白质分子质量标准混合物，于 100℃ 煮沸 3~5min 以使蛋白质变性，离心以去除蛋白质碎片并冷却至室温。

（2）用 25μl 或 100μl 的微量注射器按顺序把 20μl 的蛋白质样品加入样品孔底部，对照孔加入蛋白质分子质量标准。空置的加样孔须加等体积的 1×SDS 加样缓冲液，以防相邻泳道样品的扩散。制备双份样品，一份用于染色，一份用于免疫印迹分析。

（四）电泳

将电泳装置与电源相连，正极接下槽，负极接上槽。先在 70V 恒压下电泳至溴酚蓝染料从积层胶进入分离胶，再将电流调至 100V，继续电泳至溴酚蓝迁移至分离胶底部，关闭电源。

（五）考马斯亮蓝染色

（1）取一半聚丙烯酰胺凝胶放在塑料浅盘内，并以 3~5 倍体积的固定液覆盖，在摇床中摇动 2h。

（2）去固定液，加入适量的考马斯亮蓝染色液，缓慢摇动 4h。

（3）倾去染色液，用约 50ml 固定液冲洗凝胶。

（4）倾去固定液，以脱色液覆盖凝胶，缓慢摇动 6~8h，更换脱色液 3 次，脱色至获得清晰的蓝色条带和干净背景为止。照相保存结果。

（5）保存干胶。

（六）转移电泳

1. 电转移准备　SDS-聚丙酰胺凝胶电泳结束后，取另一半凝胶放入装有转移缓冲液的容器内平衡 30min。依次用转移缓冲液浸湿海绵垫、硝酸纤维膜（与凝胶大小相同）、滤纸。

2. 转移夹装配　采用水浴式电转移装置,按海绵垫、滤纸、凝胶、纤维膜、滤纸、海绵垫的顺序装配至转移夹,各层间要尽量排出气泡,凝胶朝负极,膜朝正极。

3. 电转移　关上转移夹,按正确的极性方向将转移夹放入转移槽中(有硝酸纤维膜的一侧向正极),加入转移缓冲液,连接好电极,接通电源,在冷却条件下,100V 电转移 30～60min,或在冷室中 14V 电转移过夜。

4. 丽春红染色　室温中将转印膜放入丽春红 S 染液中染色 5～10min。在去离子水中漂洗转印膜,对蛋白质分子质量标准参照物进行定位,标准蛋白质的位置可用铅笔标记。继续在去离子水中浸泡 10min 左右,使转移膜完全脱色。

(七) 转移膜的免疫检测

(1) 将电转移后的膜放入漂洗缓冲液中漂洗 2min,去除漂洗液后,将膜放入可热密封的塑料袋中,加入 5ml 封闭液(3% BSA/TBS 溶液或 5%～20% 脱脂奶粉/TBS)。在 37℃ 的摇床上摇动 30～60min。

(2) 弃去封闭液后加入用封闭液适当稀释的第一抗体(NGF,滴度 1∶3000,Sigma),37℃保温振摇 1～2h 或 4℃过夜,并设空白对照(膜上不加第一抗体,以 TBS 代替,其余步骤不变)。

(3) 将膜从塑料袋中取出,放入 Tween-TBS 漂洗缓冲液中漂洗 3～4 次,每次振摇 10min。

(4) 将膜放入可热密封的塑料袋内,加入用封闭液稀释(稀释度一般为 1∶200～1∶2000)的 HRP 标记第二抗体,在 37℃下振摇 1h。

(5) 将膜取出后,用 TBS 漂洗膜 3 次,每次 10min。

(6) 将膜放入四甲基联苯胺显色液中,观察颜色区带的出现,一旦特异性染色蛋白带清晰可见,就应尽快将膜放入水中。

(7) 用吸水纸吸干膜上的液体,干燥后避光保存。

四 、结 果

经 SDS-PAGE 电泳及考马斯亮蓝染色后,分子质量标准蛋白质泳道 3 可见 6 个分布均匀,密度相同的条带,其分子质量由上至下依次为 97.4kDa、66.2kDa、43.0kDa、31.0kDa、20.1kDa、14.4kDa,而在各样品泳道均可见分子质量为 13～128kDa 内,清晰多条的染色带。经 Western blot 检测之后,在 14kDa 相对应的蛋白质条带位置上出现 NGF 阳性染色条带。

五 、实 验 中 的 注 意 事 项

(1) 本实验中丙烯酰胺和甲叉双丙烯酰胺有神经毒性,操作时要注意防护,戴好口罩和手套。

(2) 样品的制备过程要尽量保持低温,一般要控制在 4℃ 左右,避免目的蛋白质降解,必要时可加入蛋白酶抑制剂。

（3）必须根据待测蛋白质的大小及聚丙酰胺的有效分离范围来确定相应浓度的凝胶。

（4）电转移时,海绵、凝胶和固相纸膜之间以及凝胶和滤纸之间必须确保无气泡,因气泡会阻断转印。滤纸、滤膜应和凝胶的面积相当,否则会引起电流短路而使蛋白质不能从凝胶向滤膜转移,而且不能切去凝胶的下角,以免引起短路。

第四节　牛脑 S-100 蛋白的纯化与鉴定

一、材料与方法

（一）材料与试剂

1. 牛脑　牛脑购自成都市乳品公司养牛场,−20℃储藏备用。

2. 主要试剂　缓冲液 A:(10mmol/L Tris-HCl pH7.4, 含 1mmol/L EDAT、1mmol/L 2-巯基乙醇),牛血清蛋白(Sigma),兔抗牛 S-100 蛋白多克隆抗体(DAKD),绵羊抗兔 IgG-HRP (华美),SDS-PAGE 低分子质量标准蛋白(Bio-Rad),等电聚焦标准蛋白(Pharmacia),载体两性电解质(pH3.5~10)(Pharmacia),丙烯酰胺(Fluka 进口分装,上海化学试剂分装厂),甲叉双丙烯酰胺(Aldrich chemical Co. Ltd),PEG 20 000 (日本进口分装,上海化学试剂厂),其余试剂均为国产(A. R)或进口分装(A. R)。

3. 层析凝胶　DEAE-Sepharose CL-6B (Pharmacia), Sephacry1 S-200HR (Pharmacia)。

4. 硝酸纤维薄膜(Schleicher and Schuell)

5. 主要仪器　Ls-M 超速离心机(转子:45TI, BECKMAN),紫外吸收分析仪(Pharmacia),普通电泳仪(上海市医疗器械批发部修配厂),DYY-ⅢT 转移电泳仪(北京六一仪器厂),721A 型分光光度计(四川仪表九厂)。

（二）方法

1. 牛脑 S-100 蛋白的纯化

（1）$(NH_4)_2SO_4$ 分级沉淀粗提牛脑 S-100 蛋白:整个提取过程均在 4℃左右进行。称取约 400g 牛脑,切碎,加 600ml 缓冲液 A 充分匀浆,静置过夜(4℃)。离心,17 000r/min, 30min。取上清,加等体积饱和 $(NH_4)_2SO_4$,以稀氨溶液调 pH 至 7.4,静置。第二次离心,17 000r/min,30min。取上清过滤去除脂质,搅拌,缓慢加入固体 $(NH_4)_2SO_4$,使 $(NH_4)_2SO_4$ 浓度达到 80%,以稀氨溶液调 pH 至 7.4,静置。第三次离心,17 000r/min, 30min。取上清,搅拌,缓慢加固体 $(NH_4)_2SO_4$ 至 100% 饱和。加 1mol/L HCl 调 pH 至 4.2,静置。第四次离心,17 000r/min,30min。弃上清,将沉淀以少量缓冲液 A 悬浮,装透析袋中,在大量缓冲液中透析至纳氏试剂检测无 NH_4^+ 为止。滤去不溶物,略为浓缩所得粗提液,命名为 S_1。取样测定蛋白浓度并做 7.5% PAGE 分析。

（2）DEAE-Sepharose CL-6B 阴离子交换层析：方法参考 Isobe，并略有改变。DEAE-Sepharose CL-6B 经处理后装柱，(2.6cm×10cm)，以缓冲液 A 平衡。上样加粗提液 S_1 50ml。在紫外吸收分析仪监测下，分别以含 0.10mol/L、0.17mol/L、0.22mol/L、0.30mol/L、0.35mol/L NaCl 的缓冲液 A 分段洗脱，流速 3ml/min。分管收集各段洗脱液，经 PEG 20 000 浓缩后，取样测定蛋白浓度，并做 7.5% PAGE 电泳分析。确定低分子质量蛋白主要存在于含 0.30mol/L NaCl 洗脱峰中。将 4 次经 $(NH_4)_2SO_4$ 分级沉淀所得粗提液分别进行阴离子交换层析，结果每次层析重复性好。收集 4 次层析所得 0.3mol/L NaCl 离子强度洗脱峰，浓缩后合并为提取液 S_2（图 14-1）。

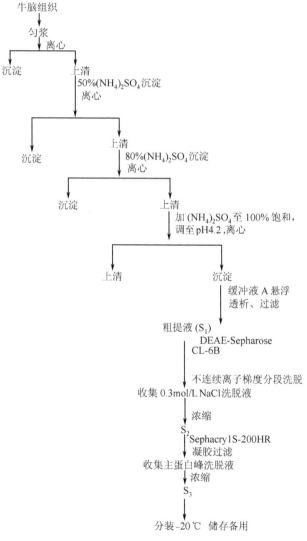

图 14-1　牛脑 S-100 蛋白分离纯化流程简图

（3）Sephacry1 S-200HR 凝胶过滤：将 Sephacry1 S-200HR 凝胶处理后装柱（2.6cm×130cm），洗涤，以含 0.05 mol/L NaCl 的缓冲液 A 平衡。上样加经阴离子交换层析所得提取液 S_2 9ml。以上述缓冲液洗脱，流速 0.5ml/min。收集主蛋白峰洗脱液，经 PEG 20 000 浓缩为提取液 S_3。S_3 经鉴定为纯化的 S-100 蛋白。样品分装后−20℃储存。

牛脑 S-100 蛋白分离纯化流程简图（图 14-1）。

2. 牛脑 S-100 蛋白的鉴定

（1）蛋白浓度测定：采用考马斯亮蓝 G-250 法。

（2）免疫印迹分析：按常规方法进行，简述如下：首先将获得的提取液 S_3 做 10% 聚丙烯酰胺凝胶板状电泳，然后切下一条用 DYY-Ⅲ T 型转移电泳仪将蛋白质转移到硝酸纤维素膜上。转移缓冲液含 48mmol/L Tris，39mmol/L 甘氨酸，20% 甲醇溶液。电转移条件：0.28A 1h。转移后薄膜于室温干燥 1h，然后以 1% BSA 溶液封闭 2h。洗涤后，加 DAKO 兔抗牛 S-100 蛋白多抗（1：500），37℃孵育 2h。洗涤后加绵羊抗兔 IgG-HRP（1：1000）室温孵育 1h。充分洗涤后，用新鲜配制的 0.05% DAB— 0.03% H_2O_2 显色 5min，蒸馏水洗涤。另外，PAGE 电泳后还切下一条电泳条带做考马斯亮蓝 G-250 染色。

（3）SDS-PAGE 测定蛋白分子质量：参考 L. aemmli 等的方法，采用不连续 SDS-PAGE 垂直板状电泳。15% 分离胶（分离胶缓冲液 Tris-HCl pH8.9），4% 浓缩胶（浓缩胶缓冲液 Tris-HCl pH6.7）。凝胶板厚 1mm。120V 稳压电泳约 5h。电泳后凝胶以考马斯亮蓝 G-250 染色。

（4）等电聚焦电泳测等电点：采用圆盘柱装电泳，胶柱直径 2mm，高 90mm。凝胶为 5% PAA，含两性载体 2.5%。电极液：阳性为 0.5% H_3PO_4，阴极为 0.5% NaOH。聚焦后以 12.5% 三氯乙酸溶液固定，0.2% 固绿染色。

二、结　　果

（一）牛脑 S-100 蛋白粗分离纯化结果

$(NH_4)_2SO_4$ 分级沉淀所得粗提液 S_1 经 7.5% PAGE 分析，分离结果良好。但是，虽经 50%、80%、100% $(NH_4)_2SO_4$ 三级沉淀，粗提液 S_1 在电泳后还是显示较多的蛋白区带。且大分子质量的蛋白质含量比较高，低分子质量的蛋白质含量相对较少。

（二）DEAG-Sepharose CL-6B 阴离交换层析结果

该结果以含 0.10mol/L、0.17mol/L、0.22mol/L、0.30mol/L、0.35mol/L NaCl 的缓冲液 A 分段洗脱共得出五个洗脱峰。经 7.5% PAGE 分析显示，0.30mol/L NaCl 缓冲液 A 洗脱峰蛋白有两个电泳区带，所含主蛋白是低分子质量蛋白。另几个洗脱峰中所含蛋白都为分子质量较大的杂蛋白。

（三）Sephacryl S-200 HR 凝胶过滤结果

凝胶过滤收集得到一明显主蛋白峰，7.5% PAGE 显示一区带。

（四）蛋白提取率结果

在 S-100 蛋白分离纯化过程中，各主要步骤提取率如表 14-1 所示。

表 14-1 牛脑 S-100 蛋白分离纯化过程中的提取率

	蛋白浓度 （mg/ml）	体积 （ml）	总蛋白 （mg）	提取率 （mg 蛋白/100g 脑）
牛脑			1720×10^3（湿重）	
（NH_4）$_2SO_4$ 分级				
沉淀粗提液 S_1	3.51	220	772.2	44.9
阴离交换层析提取液 S_2	7.85	9.5	74.6	4.3
凝胶过滤提取液 S_3	14.72	2.3	33.9	2.0

注：粗提液 S_1 蛋白浓度为四次提取液的平均浓度。

从 1720g（湿重）牛脑中提取纯化的 S-100 蛋白 33.9mg，蛋白提取率为 2.0mg 蛋白/100g 牛脑。纯化的 S-100 蛋白样品蛋白浓度为 14.72 mg/ml。

（五）牛脑 S-100 蛋白鉴定结果

PAGE 和免疫印迹实验结果显示，两者均在同一位置呈现单一条带，证明纯化蛋白为 S-100 蛋白。

（六）S-100 分子质量及等电点测定

纯化样品与标准分子质量蛋白经 15% SDS-APGE 分析。电泳图谱显示样品呈单一条带。根据标准曲线得纯化样品分子质量为 10.9kDa。

IEF 分析结果显示：S-100 蛋白样品呈现相邻的两条区带。根据标准 pI 曲线计算得出两条区带等电点分别为：4.2、4.4。

（王廷华　杨向东　江之泉　夏　阳　李咏梅）

参 考 文 献

奥斯伯.1998. 精编分子生物学实验指南. 颜子颖,王海林译. 北京：科学出版社. 329～373

吕国蔚.2002. 实验神经生物学. 北京：科学出版社. 472～478

萨姆布鲁克,弗里奇,曼尼阿蒂斯.1993. 分子克隆实验指南. 第 2 版. 金冬雁等译. 北京：科学出版社,
870～896

汪家政,范明.2000. 蛋白质技术手册. 北京：科学出版社

温进坤,韩梅.2002. 医学分子生物学理论与研究技术. 北京：科学出版社. 204～236

Bianchi R. 1995. S-100 protein and annexin Ⅱ 2-pll（2）（calpactin Ⅰ）act in concert to regulate the state of
assembly of GFAP intermediate filaments. Biophy Res Commun, 208（3）：910～918

Garbuglia M. 1996. Effects of calcium-binding proteins（S-100a_0, S-100a, S-100b）on desmin assembly in vitro.
FASEBJ, 10（2）：317～324

Jackson-Grusby L. 1987. A growth-related mRNA in cultured mouse cells encodes a placental calcium binding protein. Nucleic Aci Res, 15:6677~6690

Moore BW. 1965. A Soluble protein characteristic of the nervous system. Biochimica et Biochimica Research communication, 19(6):739~744

Mun-Yong Lee, Chang-Jae Lim, Soon-Lim Shin, et. al. 1998. Increased ciliary neurotrophic factor expression in reactive astrocytes following spinal cord injury in the rat. Neuroscience Letter, 255(2):79~82

NaKa M. 1994. Purification and characterization of a novel calcium-binding proten, S100C, from porcine heart. chim-Biophys-Acta, 1223(3):348~353

第十五章 大鼠皮质额叶双相电泳实验条件的建立

双相电泳(two-dimensional electrophoresis,2-DE)是指以等电聚焦聚丙烯酰胺凝胶电泳为第一相将蛋白质按等电点进行分离后,以SDS-聚丙烯酰胺凝胶电泳为第二相再按分子量大小对蛋白质进行分离的实验方法。是目前蛋白质组学研究的主要技术。然而,由于实验步骤较多,如何提高实验的质控,使实验有可重复性,是一个需要考虑的问题。本实验,比较了同一批次和不同批次之间的大鼠额叶皮质的双相电泳图谱,并对2-DE电泳实验中的可重复性包括组内和组间匹配率进行介绍。

第一节 实 验 原 理

2-DE的实验原理主要包括两部分:①等电聚焦(IEF),即在电解槽中放入两性电介质,当通以直流电时,即形成一个由阳极到阴极逐步增加的pH梯度。蛋白质在此体系中因解离而带不同的电荷并在其中泳动。当各蛋白质分子泳动到各自的等电点时即停止移动,从而使蛋白质彼此得以分离。②SDS-聚丙烯酰胺凝胶电泳(SDS-PAGE电泳),即在整个电泳体系中加入SDS。SDS是一种阴离子去污剂,能断裂分子内和分子之间的氢键,解裂后的氨基酸侧链与SDS充分结合,形成带负电荷的蛋白质-SDS分子。当蛋白质的分子质量在15~200kDa时,电泳迁移率与分子量的对数呈线性关系。此时,电泳的迁移率主要由分子量决定,而与所带电荷和形状无关,蛋白质因分子量大小而被分离。

第二节 实验所需设备、试剂及其配制

一、实 验 设 备

BECKMAN 冷冻离心机

Amersham Bioscience 蛋白核酸分析仪

PROTEAN IEF Cell 型等电聚焦仪(Bio-Rad)

PROTEAN-Ⅱ(R)Ⅺ Cell 型垂直电泳槽(Bio-Rad)

BIO-RAD 电泳仪(Bio-Rad)

凝胶成像系统(Bio-Rad)

Thermo 冷凝水循环仪

PDQuest 7.40 分析软件(Bio-Rad)

二、试　剂

pH3～10 线性 17cm 固相 pH 梯度(Immobilized pH gradients，IPG)胶条	美国 Bio-Rad 公司
20%（W/V）Bio-Lyte 两性电解质(ampholyte)	美国 Bio-Rad 公司
矿物油	美国 Bio-Rad 公司
尿素	美国 Bio-Rad 公司
丙烯酰胺	Sigma
甲叉双丙烯酰胺	Sigma
甘油	Sigma
SDS	Sigma
SB3-10	Sigma
DTT	Sigma
IAA	Sigma
硫脲	Sigma
TEMED	Amresco
APS	Amresco
考马斯亮蓝 G-250USB	国产分析纯

三、主要试剂的配制

1. 蛋白酶抑制剂(PMSF)　PMSF 17.4mg 用 1ml 异丙醇溶解为 100mmol/L 的储液,用时用去离子水稀释至 1mmol/L,-20℃保存备用。

2. 样品裂解液　5mol/L 尿素 3.0g,2mol/L 硫脲 1.52g,2% CHAPS 0.2g,2% SB3-10 0.2g,65mmol/L DTT 0.098g(现加),0.2%（W/V）bio-lyte 40μl（现加）,用去离子水定容到 10ml,-20℃保存备用。

3. 测蛋白浓度所需试剂的配制

染色液:考马斯亮蓝 G-250 0.02g,无水乙醇 9.6ml,85% 磷酸 20ml,用去离子水定容到 200ml。

测蛋白裂解液:5mol/L 尿素 0.96g,2% CHAPS 0.08g,Tris 0.0097g,65mmol/L DTT 0.02g,用去离子水定容到 2ml。

1mg/ml BSA:0.001g BSA,用 1ml 裂解液溶解。

0.1mol/L HCl:85% 浓盐酸 8.5μl,用去离子水 991.5μl 溶解。

4. 水化液Ⅲ　5mol/L 尿素 3.0g,2mol/L 硫脲 1.52g,2% CHAPS 0.2g, 2% SB3-10 0.2g,1% 溴酚蓝 10μl,用去离子水定容到 10ml,按需要量分装后,于-20℃保存备用。

5. 胶条平衡缓冲母液　6mol/L 尿素 36g,2% SDS 2g,1.5mol/L(pH 8.8)Tris-HCl 25ml, 20% 甘油 20ml,用去离子水定容到 100ml,按所用的 IPG 胶条长度分装后,-20℃保存备用。(7cm 胶条用 IPG 2.5ml,11cm 用 IPG 4ml,17cm 用 IPG 6ml)。

6. 胶条平衡缓冲液 I　胶条平衡母液 10ml,DTT 0.2g。

7. 胶条平衡缓冲液 II　胶条平衡母液 10ml,IAA 0.25g。

8. 30% 聚丙烯酰胺储液　丙烯酰胺 150g,甲叉双丙烯酰胺 4g,用去离子水定容到 500ml,滤纸过滤后,棕色瓶 4℃冰箱保存备用。

9. 1.5mol/L Tris-HCl(pH 8.8)　Tris 90.75g,先用去离子水 400ml 溶解后,再用 1mol/L HCl 调 pH 至 8.8,最后再用去离子水定容到 500ml,然后 4℃冰箱保存备用。

10. 10% SDS　SDS 10g,用去离子水溶解并定容到 100ml 后,室温保存。

11. 10% APS　APS 0.1g,用去离子水 1ml 溶解后 4℃冰箱保存备用。

12. 10×电泳缓冲液　Tris 30g,甘氨酸 144g,SDS 10g,用去离子水溶解并定容到 1000ml,室温保存。

13. 12% 分离胶　1.5mol/L(pH 8.8) Tris-HCl 20ml,30% 丙烯酰胺储液 30ml,去离子水 26.4ml,10% SDS 0.8ml,充分混匀并过滤后,再加 10% APS 0.8ml 和 TEMED 32μl。

14. 考染液　硫酸铵 100g,磷酸 100ml,考马斯亮蓝 G-250 1.2g,甲醇 200ml,用去离子水定容到 1000ml。

15. 固定液　甲醇 400ml,冰乙酸 100ml,用去离子水定容到 1000ml。

16. 3.6% 水合氯醛　水合氯醛 3.6g,用 0.9% 生理盐水定容至 100ml。

第三节　实 验 步 骤

一、蛋白质样品的制备

实验动物用 3.5% 戊巴比妥钠(1.3ml/kg)腹膜腔注射麻醉后,常规消毒去毛、备皮,从枕骨大孔处开口,打开颅骨,完整暴露大脑皮质,用 4℃预冷的双蒸水冲洗其上血渍,小心分离皮质组织。每 0.2g 样品加入 1ml 样品裂解液,用玻璃匀浆器冰浴匀浆至无肉眼可见固状物为止。匀浆液收集到 1.5ml 离心管中,加入 DNaSe(20μg/ml)、RNaSe(50μg/ml)和 MnCl$_2$(加量与 DNaSe 比例为 1∶1),充分混匀,4℃冰箱静置 15min,15000r/min 4℃离心 30min,取上清液分装后,−80℃保存备用。

二、蛋白质定量

采用 Bradford 法进行蛋白质定量:以小牛血清白蛋白(BSA)为标准蛋白,配成浓度为 1μg/μl 的标准溶液,充分混匀,放置 5min,测 595nm 处吸光度值,尽量在 20min 内完成。然后以 BSA 蛋白浓度为横坐标(X,μg/μl),吸光度值为纵坐标(Y,A595),作标准曲线获得线性回归方程。将待测样品 595nm 处的吸光度值代入方程,求得样品的蛋白质浓度。

三、双 相 电 泳

(一) 第一相等电聚焦(IEF)

将样品溶液 1.2mg 以 580μl 总体积与 DTT(0.02g/ml)和 bio-lyte(4μl/ml)室温充分混

匀后静置 1h。25000r/min 10℃ 离心 10min,取上清液线性加入水化盘中。将固相梯度(IPG)的干胶条(17cm,pH 3 ~ 10)从-20℃冰箱取出,室温解冻 10min,揭去表面的塑料支持膜,胶面向下浸入水化槽中,1h 后每槽覆盖 1ml 矿物油,泡胶 13h。IEF 程序设置为:50V 慢速 0.5h,250V 慢速 1h,500V 快速 1.5h,1000V 快速 1h,4000V 线性 3h,9000V 线性 3h,9000V 快速 50000Vh,500V 快速 30min。

(二) 胶条的平衡

用去离子水浸湿的滤纸充分吸干聚焦后 IPG 胶条上的矿物油和多余样品后,再用 6ml 平衡液 I 和 II 分别平衡两次,每次 15min。平衡液 I [6mol/L 尿素、2% SDS、0.375mol/L Tris-HCl(pH 8.8)、20% 甘油、3% DTT]中,于摇床摇振 15min。平衡液 II [6mol/L 尿素、2% SDS、0.375M Tris-HCl(pH 8.8)、20% 甘油、3.75% IAA]中摇床摇振 15min。

(三) 第二相 SDS-PAGE

预先配制浓度为 12% 的均一胶,灌胶后用水封胶。将平衡后的胶条放在滤纸上,吸去胶条背面多余的平衡液,在电极缓冲液中湿润胶条,然后将胶条的支持膜紧贴长玻板,用镊子平行下推胶条,使胶条与凝胶接触。用镊子压住胶条的中部,0.5% 热琼脂糖均匀加在胶条上面封胶,小心赶走胶条与凝胶之间的气泡。接通 4℃ 循环水流冷却电泳槽电源,以 70V 为起始电压进行电泳,待溴酚蓝指示线越过 IEF 胶条后,电压改为 300V,直至溴酚蓝前沿到达距玻璃板下缘 0.5cm,停止电泳。

(四) 固定、染色和成像

电泳结束后,取出凝胶,用甲醇和冰乙酸固定 2h,考马斯亮蓝 G-250 染色过夜,用去离子水脱色,直至背景清晰。

(五) 图像分析(PDQuest 7.40)

获得的考染 2-DE 凝胶图像经 Image Scanner 扫描仪(AMERICAN BIO-RAD)获取数字化图像,存储为 TIF 格式图像文件。并将第一批次的两块胶分别命名为 1-1 和 1-2,第二批次的两块胶命名为 2-1 和 2-2。然后按如下步骤进行处理:①编辑图像,调整所有待分析的 2-DE 图像的大小、方向、亮度和对比度使之一致,去除图像的背景噪声;②图像编辑完后,使用点检测向导,设置点检测参数,包括最小的点、最模糊的点、最大的点和胶的背景;③参数设置好后,对图像进行点的自动检测,再调节灵敏度,确定并获得最佳的检测效果;④对图像再经手工编辑进行补充,如增加未被识别的点、删除假点等,使图像达到最理想的效果;⑤通过 PDQuest 7.40 图像分析软件建立 1-1 和 1-2、2-1 和 2-2 两组的蛋白质组差异图谱(图 15-1),即通过点检测获得各组之间蛋白点互相匹配情况;⑥通过点定量寻找出有表达差异的蛋白点,其中包括两种表达差异,一是表达缺失或者新增的蛋白点,二是表达水平上下调或者上调的蛋白质点。

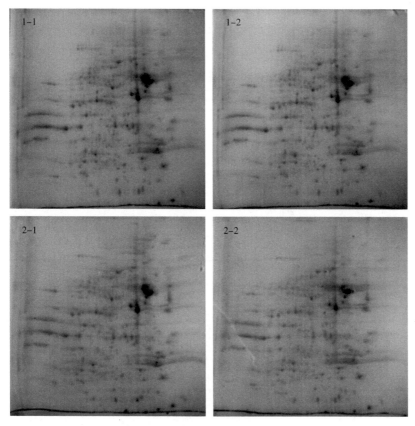

图 15-1　大鼠皮质双相电泳图谱

第四节　实验结果

一、同一次的组内匹配率比较

（1）第一批次的两块胶中,在胶 1-1 检测出的蛋白点是 490 个,胶 1-2(Master)检测出505 个,匹配的点(完全一致)是 433 个,第一次实验中 433 个匹配点占胶 1-1 总点数的比率是 88%,占胶 1-2 的匹配率是 85%。

（2）第二批的两块胶中,在胶 2-1 检测出的蛋白点是 431 个,胶 2-2(Master)检测出 433个,匹配的点是 322 个。第二次实验中共有的 322 个点占胶 2-1 总点数的比率是 74%(匹配率 1),占胶 2-2 的匹配率是 73%(匹配率 2)。

二、不同次的组间匹配率比较

（1）第一批次中的 1-1 和第二批次的 2-1(Master)匹配的点是 355 个,匹配率 1(匹配的点占 1-1 总点数的比率)是 72%,匹配率 2(匹配的点占 Master 胶总点数的比率)是 82%。

（2）第一批次中的 1-2（Master）和第二批次的 2-2 匹配的点是 367 个，匹配率 1（匹配的点占 2-2 总点数的比率）是 85%，匹配率 2（匹配的点占 Master 胶总点数的比率）是 72%（表 15-1、图 15-1 和图 15-2）。

表 15-1　各组内和组间图谱蛋白点数量和匹配率

批次	胶名	蛋白点数量	两胶间匹配的蛋白点	匹配率 1（%）	匹配率 2（%）
第一批	*1-2	505	433	88	85
	1-1	490			
第二批	*2-2	433	322	74	73
	2-1	431			
第一批与	*2-1	431	355	72	82
第二批比	1-1	490			
第一批与	*1-2	505	367	85	72
第二批比	2-2	433			

* Master。

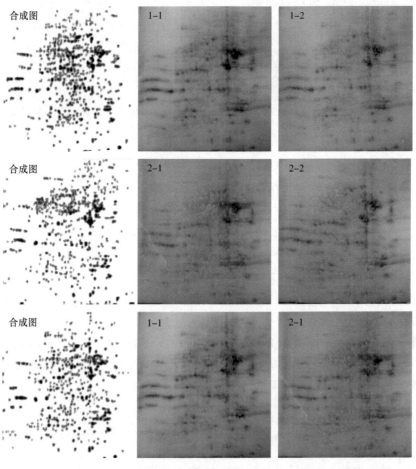

图 15-2

合成图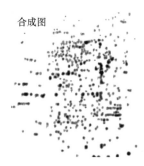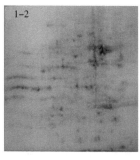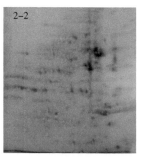

图 15-2(续) 大鼠皮质不同批次双相电泳图谱 PDQuest 软件分析图示

(合成图,为相比较的两张图谱所有蛋白点的总和)

第五节 实验体会

(1) 2-DE 技术影响因素较多,操作精细,过程复杂,其有效重复性一直颇有争议,所以实验过程中应加倍小心。

(2) 分辨率、匹配率和重复性是评价双相电泳技术是否可靠的两个重要指标。本实验探讨了 2-DE 技术分离皮质蛋白组的条件,实验的可重复性大约在 80%,因此使用蛋白组技术作为高通量筛选手段的最初方法时,要注意技术本身带来的误差。

(3) 样品制备是 2-DE 技术的关键,合理的样品制备是保证 2-DE 分离效果和可重复性的关键环节。样品制备必须遵循严格的处理方法,以避免蛋白质组成的任何定性和定量的变化:①定性,防止样品在制备过程中发生化学修饰(如酶解或化学降解等),避免其等电点的改变;②定量,尽可能扩大其溶解度,减少蛋白提取过程中的降解和丢失,以提高分辨率,防止样品在聚焦过程中发生聚集和沉淀,尽量去除样品中的核酸和某些干扰蛋白,简化样品处理步骤。样品制备的裂解液主要是变性剂、表面活性剂和还原剂的联合使用,使蛋白质去折叠并保持还原状态,因此样品处理最重要的是裂解液的选择。本实验选取的裂解液配方是 7mol/L 尿素、2mol/L 硫脲、4% CHAPS、65mmol/L DTT、0.2% bio-lyte,7mol/L 尿素和 2mol/L 硫脲搭配使用,更有利于大分子蛋白质的溶解,DTT 和 bio-lyte 的量要根据样品适量增减。

(4)本实验中的水化过程选用的是被动水化,被动水化可以促进小分子蛋白进入胶条,而主动水化虽然可以促进大分子蛋白进入胶条,但是问题多,而且容易损失小分子蛋白。本实验在水化液中适量地增加了 DTT 的量,同时适量减少了 bio-lyte 的量,既最大限度地保证了样品的溶解,又兼顾了后续等电聚焦的顺利进行。

(5) 等电聚焦的效果直接影响 2-DE 图谱的清晰度及蛋白点的分离效果。本实验在原来的基础上,优化了聚焦条件,小电压起始,并增加了多步除盐的过程,采用逐渐升压的方式,可以促进低分子质量蛋白进入胶条。聚焦时间太短,会导致水平和垂直条纹出现,过度聚焦易在胶条碱性端产生水平条纹以及蛋白丢失。等电聚焦前,在聚焦槽两端放置两片滤纸作为盐桥,除盐效果会更好。况且升压的时候,中间可以增加多个步骤以确保升至目标电压,使样品充分聚焦。由于普通考染的分辨率较低,本实验采用了改进的胶体考染法(blue-

silver)进行染色,此方法灵敏度介于普通考染和银染之间,取得了良好的染色结果。

(6) 在 PDQuest 软件分析中我们选用的是图谱中所有蛋白点进行分析,这样使实验结果具有很好的系统性和可靠性。

(赵　伟　王昭君　李力燕　王廷华)

参 考 文 献

曹江,贾振宇. 2001. 蛋白组学与人类疾病研究. 中国实验诊断学,5(5):277~279

刘建平,陈国华,陈本美,等. 2003. 蛋白质组双相电泳实验中一些常见失误分析. 生命科学研究,7(2):177~180

汪家政,范明. 2000. 蛋白质技术手册. 北京:科学出版社,42~46

Corthals GL,Molloy MP,Herbert BR,et al. 1997. Prefractionation of protein samples prior to two-dimensional electrophoresis. Electrophoresis,18(3,4): 317~333

Coumans JV,Humphery-smith I,dos Remedios CG,et al. 1997. Two-dimensional gel electrophoresis of action-binding proteins isolated by affinity chromatography from human skeletal muscle. Electrophoresis,18(7): 1079~1085

Du Peng,Feng Wei-hua,Guo Jun-sheng. 2005. Development of proteome two-dimensional electrophoresis technology. Journal of hygieng research,34(2): 0240~0244

Giovanni Candiano,Maurizio Bruschi,Luca Musante,et al. 2004. Blue silver:A very sensitive colloidal Coomassie G-250 staining for proteome analysis. Electrophoresis,25:1327~1333

Gorg A,Obemaier C,Boguth G. 2000. The current state of two-dimension electrophoresis with immobilized pH gradients. Electrophoresis,21(6):1037~1053

Liu Shilian,Qin Yanjiang,Zhang Xuhua,et al. 2005. Establishment of a two-dimensional electrophoresis technologic platform on neuroproteomics. Journal of Shandong University (Health sciences),43(5): 369~374

Perrincocon LA,Marche PN,Villiers CL,et al. 1999. Purfication of intracellular compartments involved in antigen processing:a new method based on magnetic storing. Biochem J,338: 123~130

Wang Fengru. 2005. Several Key Problems on Two-dimensional Electrophoresis. Biotechnology Bulletin,6: 62~64

Wasinger VC,Cordwell SJ,Cerpa-Poliak C,et al. 1995. Progress with gene-product mapping of the mollicutes:mycoplasma genitalium. J Electrophoresis,16(7): 1090~1094

第十六章　快速老化小鼠额叶皮质蛋白质组学的考马斯亮蓝染色技术

应用 13 月龄和 8 月龄快速老化小鼠(senescence-accelerated mouse,SAM)模型的快速老化 P 系(SAMP8)和抗快速老化 R 系小鼠(SAMR1)的额叶为研究对象,经双相电泳技术和考马斯亮蓝 G-250 染色,分别获取 13 月龄和 8 月龄 SAMP8 和同龄 SAMR1 额叶的 2-DE 考染图谱,用 PDQuest 7.40 图像分析软件,建立两组不同月龄蛋白质组的匹配差异图谱,分析两组图谱中 SAMP8 与 SAMR1 的蛋白质表达变化。

第一节　实　验　原　理

蛋白质组学是以基因组所表达的全部蛋白质,即蛋白质组为研究对象的科学。双相电泳(two-dimensional electrophoresis,2-DE)可以在一块胶上分辨出 1800 多个蛋白质点,能同时分析成百上千的基因表达产物,非常适于平行分析大量的蛋白质系,因此成为目前研究蛋白质组核心技术。双相电泳即以等电聚焦为第一相,SDS-聚丙烯酰胺凝胶电泳为第二相,是第一相电泳后再在其垂直方向上进行第二次电泳的分离方法。

蛋白质是两性分子,在不同的 pH 环境中可以带正、负或不带电荷。每个蛋白质都有一个特定的 pH,此时蛋白质的净电荷为零,此特定环境的 pH 就称为该蛋白的等电点(pI)。等电点由蛋白质中带电基团的数量及种类决定,是蛋白质的一个基本特征。对于某一蛋白质,当溶液 pH 小于它的 pI 时,该蛋白质带正电荷,当溶液 pH 大于它的 pI 时,该蛋白质带负电荷。而溶液 pH 等于蛋白质的 pI 时,该蛋白质的净电荷为零,其在电场中就不发生移动。利用蛋白质的这种特性,可以对蛋白质按等电点进行分离。

2-DE 技术的第一相是等电聚焦(isoelectric focusing,IEF):即在电解槽中放入两性电解质,当通以直流电时,即形成一个由阳极到阴极逐步增加的 pH 梯度。蛋白质在此体系中因解离而带不同的电荷,其泳动率也不同。当蛋白质扩散到低于其等电点的 pH 区域时,带正电荷,在电场的影响下重新向阴极移动。同样,如果蛋白质扩散到高于其等电点的 pH 区域时,则带负电荷,在电场的作用下会向阳极移动。在移动过程中,蛋白分子可能获得或失去质子,并且随着移动的进行,该蛋白所带的电荷数和迁移速度下降。各蛋白质分子泳动到各自的等电点即停止移动,此时净电荷为零,在电场中不再移动。这样,根据各自不同的等电点,彼此得以分离。

2-DE 技术的第二相是 SDS-聚丙烯酰胺凝胶电泳(SDS-PAGE 电泳):即将固相 pH 梯度(Immobilized pH gradients, IPG)胶条中经过第一相分离的蛋白质转移到第二相 SDS-PAGE 凝胶上,再根据蛋白质的相对质量或分子质量(Mw)大小在与第一相相垂直的位置进行分离。但在整个电泳体系中加入了十二烷基硫酸钠(SDS),SDS 是一种阴离子去污剂,不但能断裂分子内和分子之间的氢键,使解裂后的氨基酸侧链与 SDS 充分结合,形成带负电荷蛋白质-SDS 复合物。而且所带的负电荷远远超过蛋白质分子原有的电荷量,能消除不同分子之间原有的电荷差异,从而使得凝胶中电泳迁移率不再受蛋白质原有电荷的影响,而主要取决于蛋白质分子质量的大小。当蛋白质的分子质量在 15~200kDa 时,电泳迁移率与分子质量的对数呈线性关系。

第二节　实验所需设备、试剂及其配制

一、主要设备

灌胶模具	BIO-RAD 公司
等电聚焦仪	BIO-RAD 公司
电泳仪	BIO-RAD 公司
电泳槽	BIO-RAD 公司
POWER PAC300 电源	BIO-RAD 公司
PDQuest 7.40 分析软件	BIO-RAD 公司
冷凝水循环仪(Thermo)	BIO-RAD 公司
Image Scanner 扫描仪(Amersham Pharmacia Biotech)	BIO-RAD 公司
蛋白核酸分析仪(Amersham Bioscience)	BIO-RAD 公司

二、试　剂

线性 IPG 胶条(pH 3~10)	Bio-Rad 公司
Bio-Lyte	Bio-Rad 公司
矿物油	Bio-Rad 公司
低熔点琼脂糖封胶液	Bio-Rad 公司
CHAPS	Amresco 公司
硫脲(thiourea)	Amresco 公司
考马斯亮蓝 G-250	Amresco 公司
IAA	Sigma 公司
SB3-10	Sigma 公司
RNA 酶	Sigma 公司
DNA 酶	Sigma 公司
TEMED	Sigma 公司
SDS	Sigma 公司
甘油	Sigma 公司
过硫酸铵	Sigma 公司
DTT	Bebco 公司

PMSF	Bebco 公司
EDTANa$_2$	Bebco 公司
Tris	Bebco 公司
尿素	Bebco 公司
丙烯酰胺	Bebco 公司
甲叉双丙烯酰胺	Bebco 公司
甘氨酸	天津市化学试剂三厂
甲醇	天津市化学试剂三厂
冰乙酸	天津市化学试剂三厂
磷酸	天津市化学试剂三厂
硫酸铵	天津市化学试剂三厂

三、试剂的配制

1. 蛋白酶抑制剂(PMSF)　PMSF 17.4mg 用 1ml 异丙醇溶解为 100mmol/L 的储液,用时用去离子水稀释至 1mmol/L,−20℃ 保存备用。

2. 样品裂解液　5mol/L 尿素 3.0g,2mol/L 硫脲 1.52g,2% CHAPS 0.2g,2% SB3-10 0.2g,65mmol/L DTT 0.098g(现加),0.2%(W/V)bio-lyte 40μl(现加),用去离子水定容到 10ml,−20℃ 保存备用。

3. 测蛋白浓度所需试剂的配制

染色液:考马斯亮蓝 G-250 0.02g,无水乙醇 9.6ml,85% 磷酸 20ml,用去离子水定容到 200ml。

测蛋白裂解液:5mol/L 尿素 0.96g,2% CHAPS 0.08g,Tris 0.0097g,65mmol/L DTT 0.02g,用去离子水定容到 2ml。

1mg/ml BSA:0.001g BSA,用 1ml 裂解液溶解。

0.1mol/L HCl:85% 浓盐酸 8.5μl,用去离子水 991.5μl 溶解。

4. 水化液Ⅲ　5mol/L 尿素 3.0g,2mol/L 硫脲 1.52g,2% CHAPS 0.2g,2% SB3-10 0.2g,1% 溴酚蓝 10μl,用去离子水定容到 10ml,按需要量分装后,于−20℃ 保存备用。

5. 胶条平衡缓冲母液　6mol/L 尿素 36g,2% SDS 2g,1.5mol/L pH8.8 Tris-HCl 25ml,20% 甘油 20ml,用去离子水定容到 100ml,按所用的 IPG 胶条长度分装后,−20℃ 保存备用(7cm 胶条用 IPG 2.5ml,11cm 用 IPG 4ml,17cm 用 IPG 6ml)。

6. 胶条平衡缓冲液Ⅰ　胶条平衡母液 10ml,DTT 0.2g。

7. 胶条平衡缓冲液Ⅱ　胶条平衡母液 10ml,IAA0.25g。

8. 30% 聚丙烯酰胺储液　丙烯酰胺 150g,甲叉双丙烯酰胺 4g,用去离子水定容到 500ml,滤纸过滤后,棕色瓶 4℃ 冰箱保存备用。

9. 1.5mol/L Tris-HCl(pH8.8)　Tris 90.75g,先用去离子水 400ml 溶解后,再用 1mol/L HCl 调 pH 至 8.8,最后再用去离子水定容到 500ml,然后 4℃ 冰箱保存备用。

10. 10% SDS　SDS 10g,用去离子水溶解并定容到 100ml 后,室温保存。

11. 10%APS　APS 0.1g,用去离子水 1ml 溶解后 4℃冰箱保存备用。

12. 10×电泳缓冲液　Tris 30g,甘氨酸 144g,SDS 10g,用去离子水溶解并定容到 1000ml,室温保存。

13. 12%分离胶　1.5mol/L(pH8.8)Tris-HCl 20ml,30% 丙烯酰胺储液 30ml,去离子水 26.4ml,10% SDS 0.8ml,充分混匀并过滤后,再加 10% APS 0.8ml 和 TEMED 32μl。

14. 考染液　硫酸铵 100g,磷酸 100ml,考马斯亮蓝 G-250 1.2g,甲醇 200ml,用去离子水定容到 1000ml。

15. 固定液　甲醇 400ml,冰乙酸 100ml,用去离子水定容到 1000ml。

16. 3.6%水合氯醛　水合氯醛 3.6g,用 0.9% 生理盐水定容至 100ml。

第三节　实 验 步 骤

一、样 品 制 备

SAMP8 和 SAMR1 小鼠 8 月龄和 13 月龄各 5 只(体重 20g±5g),3.6% 水合氯醛(1ml/100g)腹腔麻醉后,迅速断头取脑,在冰上显微分离额叶皮层。将新鲜的额叶皮层放入玻璃匀浆器中,加入提取裂解液(7mol/L 尿素,2mol/L 硫脲,4% CHAPS,1mmol/L PMSF),于冰浴中匀浆至无肉眼可见固状物为止。然后收集匀浆液到 1.5ml 的微型离心管中,加 DNAase(20μg/ml),RNAase(50μg/ml)和 MnCl$_2$(加入量与 DNAase 比例为 1∶1),充分混匀,4℃冰箱静置 30min,15000r/min 4℃离心 1h。移取上清液用 25000r/min 4℃再次离心 30min。然后,收集上清液分装后于−80℃保存备用,Bradford 595 法定量。

二、蛋白浓度定量

定量方法采用 Braford 595 法,首先,将样品蛋白稀释 10 倍(蛋白样品 10μl 用 90μl 去离子水稀释),然后参照下表配制标准蛋白溶液和样品蛋白溶液(表 16-1 和表 16-2)。配制好的标准蛋白溶液和样品蛋白溶液,每管皆为 100μl,然后每管中加入 3.5ml 考马斯亮蓝 G-250 染液,充分混匀后取 1ml 进行 Bradford 595 对蛋白浓度进行定量。根据标准蛋白的 A 值和浓度,制作标准曲线后,对样品蛋白进行定量。

表 16-1　标准蛋白(BSA)浓度的溶液配制

BSA(μg)/100μl	1	5	10	15	20	25	30	40	50
BSA(μl)	1	5	10	15	20	25	30	35	40
裂解液(μl)	49	45	40	35	30	25	20	15	10
0.1mol/L HCl(μl)	10	10	10	10	10	10	10	10	10
H$_2$O(μl)	40	40	40	40	40	40	40	40	40

表 16-2　样品蛋白的配制方法

蛋白(μl)	裂解液(μl)	0.1mol/L HCl(μl)	H_2O(μl)
20	30	10	40

三、第一相等电聚焦(IEF)

(1) 从-20℃冰箱取出水化液及-80℃冰箱取出额叶样品,置室温下溶解。

(2) 上样量 1.2mg,上样总体积 580μl,DTT 0.019g/ml,Bio-Lyte 0.0025μl/ml。充分混匀后,于室温下静置 40min 至 1h,使蛋白尽量完全溶解。然后,以 25000r/min,10℃ 离心 10min。

(3) 从-20℃冰箱取出保存的 IPG 胶条(pH3~10 线性 17cm IPG),放室温下解冻 10min。

(4) 沿着水化盘中槽的边缘至左向右线性加入样品。注意在槽的两端各 1cm 左右不要加样,且中间的样品一定要连贯,不要产生气泡,否则影响到胶条中蛋白质的分布。

(5) 当所有的蛋白质样品都已经加入到水化盘中后,用镊子夹住 IPG 胶条的负极,轻轻去除 IPG 胶条上的保护层,分清胶条 IPG 的正负极,使之对应于水化盘的正负极,将胶面向下置于水化盘中样品溶液上。注意不要使样品溶液到胶条背面的塑料支持膜上,因这些样品溶液不会被胶条吸收,同时不要在胶条下面产生气泡,如果产生气泡,用镊子轻轻提起胶条的另一端,上下移动胶条直到气泡逸出胶条以外。

(6) 用矿物油密封水化盘中加有样品的槽,防止胶条被动水化的过程中液体挥发,水化 13h。

(7) 水化结束后,用去离子水浸湿的滤纸吸去胶条上多余的样品和矿物油。

(8) 把聚焦盘对好正负极放入聚焦仪中,在聚焦盘任意槽的两电极端垫上小纸片,其上用 10μl 去离子水湿润。然后将处理好的 IPG 胶条,胶面向下,放入垫有纸片的槽中,其上覆盖 2~3ml 矿物油,防止液体挥发。注意加矿物油时要连贯,其间不能产生气泡。

(9) 用镊子轻压胶条支持膜,从左到右,使胶条下的气泡逸出。对好正负极,盖上盖子。

(10) 打开聚焦仪电源,设置聚焦程序($I_{极限}$ = 50μA,$T_{聚焦}$ = 17℃)

S1	50V	慢速	30min	除盐
S2	250V	慢速	1h	除盐
S3	500V	快速	1.5h	除盐
S4	1000V	快速	1h	除盐
S5	4000V	线性	3h	升压
S6	10000V	线性	3h	升压
S7	10000V	快速	50000Vh	聚焦
S8	500V	快速	任意	保持

(11) 装玻璃板。取出卡条一对平放于水平台上,取玻璃板大小各一块,大玻璃板在下,小玻璃板在上,二者间两边缘各用一夹条置于其间,为灌胶预留空间。注意两玻璃板保持三边对齐状态。

（12）把装好的玻璃板放在灌胶架上卡紧。

（13）配制 12% 的丙烯酰胺胶 5 块。将配好的凝胶灌入玻璃板夹层间，上部留 1cm 的空间，用去离子水封面，保持胶面平整，聚合 30min。一般在平衡前就把胶灌好备用。

四、平　　衡

聚焦结束的胶条，用去离子水浸湿的滤纸吸去胶条上多余的矿物油，然后立即把胶条转移到水化盘中进行平衡。在平衡缓冲液 I / II 中平衡两次，平衡缓冲液 I 中现加 DTT 0.18g。平衡缓冲液 II 中现加碘乙酰胺 0.225g。两次平衡均在水平摇床上进行，每次 15min。

五、第二相 SDS-PAGE 电泳

（1）用滤纸吸去 SDS-PAGE 胶上多余的水，把灌好胶的玻璃板转移到电泳架上。

（2）转移前 5min 将低熔点琼脂糖凝胶在微波炉上熔解，先将低熔点琼脂糖凝胶转移到 SDS-PAGE 胶上。减少转移 IPG 胶时产生气泡，影响二相电泳。

（3）把平衡好的胶条在滤纸上吸去多余的平衡液后在 1×电泳缓冲液中浸过，迅速转移到 SDS-PAGE 胶上，使二者紧密接触。

（4）待低熔点琼脂糖凝胶凝固后，把电泳架放入电泳槽中，内外槽中灌入 1×电泳缓冲液，内槽灌满，外槽 1/3 即可。

（5）打开电泳槽外接的冷凝循环水装置，设置电泳温度为 4℃。

（6）对好正负极，将电泳槽的电源线接到电泳仪上，打开电源，设置电泳程序。首先用 70V 低电压待溴酚蓝指示剂跑出 IPG 胶条凝成一条直线后，改用 300V 高电压进行电泳直至溴酚蓝指示剂到达玻璃板底边 1cm 时停止电泳。

六、染　　色

（1）电泳结束后，用去离子水清洗 SDS-PAGE 胶两遍，然后进行染色。

（2）固定：固定液 30min 至 2h。

（3）清洗：去离子水清洗 4 次，500ml/块胶，每次 15min。

（4）染色：G-250 考染液 500ml/块胶，染色过夜。

（5）清洗：去离子水清洗 4 次，500ml/块胶，每次 15min。

注：所有染色过程全部在水平摇床上完成。

七、照相、装袋、4℃冰箱保存备用

八、PDQuest software 分析

2-DE 凝胶用 Image Scanner 扫描后，存储为 TIEF 文件，然后使用 PDQuest 7.40 软件进

行图像分析。首先,通过图像编辑,调整所有待分析的 2-DE 图像的大小、方向、亮度和对比度,使之一致,同时,去除图像的背景噪声。图像编辑完后,使用点检测向导,设置点检测参数,包括最小的点、最模糊的点、最大的点和胶的背景,参数设置好后,对图像进行点的自动检测,通过调节灵敏度可以确定最佳的检测效果。此时,再经手工编辑,如增加未被识别的点、删除假点等,使图像达到最理想的效果。点检测时,我们以假手术组 2-DE 凝胶作为参考胶,各个模型组与之匹配,通过点定量寻找各组间的差异点(见实验结果分析)。对于蛋白质表达水平上升、下调 5 倍的点为明显差异点。

第四节　实　验　结　果

　　应用以 IPG IEF 为第一相、均一水平 SDS-PAGE 电泳为第二相的 2-DE 体系,分别获得了 SAMP8 与 SAMR1 小鼠 13 月龄和 8 月龄额叶皮质的 2-DE 蛋白考染图谱(图 16-1,13-SAMP8、13-SAMR1、8-SAMP8、8-SAMR1),然后用 PDQuest 7.40 图像分析软件构建两组不同月龄 SAMP8 和 SAMR1 小鼠额叶蛋白质组匹配差异图谱,在 13 月龄 SAMP8 额叶蛋白质组图谱检测到 705 个蛋白点,在同龄 SAMR1 额叶皮质检测到 621 个蛋白点,而 8 月龄 SAMP8 额叶蛋白质组图谱检测到 579 个蛋白点,同龄 SAMR1 额叶皮质检测到 612 个蛋白点(表 16-3)。蛋白质定量比较分析发现以下主要表达差异。

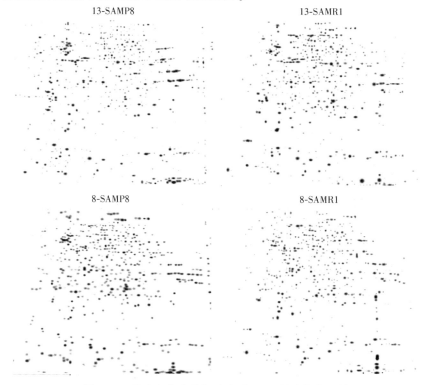

图 16-1　快速老化小鼠额叶皮质 2-DE 凝胶考染图谱
13-SAMP8:13 月龄 SAMP8 小鼠;13-SAMR1:13 月龄 SAMR1 小鼠;
8-SAMP8:8 月龄 SAMP8 小鼠;8-SAMR1:8 月龄 SAMP8 小鼠

表 16-3　快速老化小鼠额叶皮质 8 月龄和 13 月龄蛋白质表达的比较

Gel Name	Replicate Group	Spots	Matched	Match Rate 1	Match Rate 2	Corr Coeff
*13 月龄 SAMP8	not assigned	705	705	100%	100%	1
13 月龄 SAMR1	not assigned	621	289	46%	40%	0.534
8 月龄 SAMP8	not assigned	579	310	53%	43%	0.476
8 月龄 SAMR1	not assigned	612	288	47%	40%	0.415

*参考胶(Master gel)。

1. 13 月龄 SAMP8 和 SAMR1 额叶皮质蛋白质表达存在差异　SAMP8 蛋白质组中有 84 个新增蛋白在 SAMR1 蛋白组中消失,SAMP8 和 SAMR1 额叶皮质共有 36 个蛋白表达显著上下调,其中 18 个蛋白显著上调,18 个蛋白显著下调(表 16-4)。

表 16-4　13 月龄 SAM 小鼠额叶皮质的差异蛋白质

SSP	SAMP8	SAMR1	fold	SSP	SAMP8	SAMR1	fold	SSP	SAMP8	SAMR1	fold
5	902.1	4653	−5.16	4309	934.4	11007.6	−11.78	6303	13750	74724.7	−5.43
104	81779.2	10827.2	+7.55	4411	840.5	11357.9	−13.51	7805	1122.2	15693.7	−13.98
220	10838	1202.9	+9.01	4508	865.5	16244.4	−18.77	3507	59768.4	11948.8	+5.0
413	40106.2	7099.5	+5.65	4513	2699.9	19035.1	−7.05	3710	6471.4	52276.9	−8.08
504	13031.6	484.1	+26.92	5104	52696.8	10470.2	+5.03	3806	4884.2	40662.9	−8.33
1001	21888.2	3918.8	+5.59	5201	7618.2	55267.9	−7.25	3809	7434.3	704.1	+10.56
1203	136595.7	4560.8	+29.95	5202	1095.8	37483.1	−34.21	3908	1449.3	41565.4	−28.68
1304	32515.1	3957.4	+8.22	5301	4088.8	20546.4	−5.03	4103	1282.5	41831	−32.62
1312	10859.2	1637.1	+6.63	3315	1154.4	6281.9	−5.44	7108	18099.7	2361.7	+7.66
2909	9613	1780.8	+5.4	5702	18123.8	415.1	+43.66	7109	63993.2	3498.5	+18.29
3206	6158.1	39816	−6.47	5807	49066.6	7619	+6.44	7117	228821.9	17972.4	+12.73
4305	11275.5	62092.2	−5.51	6106	45468.5	249721.9	−5.49	7202	14782.9	1500.6	+9.85

注:+. 上调;−. 下调。

2. 8 月龄 SAMP8 与 SAMR1 额叶皮质蛋白质表达存在差异　SAMR1 蛋白质组中新增的 33 个蛋白质在 SAMP8 中消失,SAMP8 与 SAMR1 额叶皮质共有 35 个蛋白表达显著上下调,其中 34 个蛋白质表达显著上调,1 个蛋白质表达显著下调(表 16-5)。

表 16-5　8 月龄 SAM 小鼠额叶皮质的差异蛋白质

SSP	SAMP8	SAMR1	fold	SSP	SAMP8	SAMR1	fold	SSP	SAMP8	SAMR1	fold
107	84243.3	5325	+15.82	2402	53547.3	7244	+7.4	6901	65512.1	10097	+6.49
111	45837.8	4695.1	+9.76	2702	49946.9	4174.8	+11.96	7113	223148.5	4648.6	+48.0
505	21327.3	1681.1	+12.69	2809	14506.3	2317.7	+6.26	7303	30239.7	1434.6	+21.08
1205	93498.9	7995	+11.69	3313	46526.1	2691.7	+17.29	8113	63337.8	4666.2	+13.57
1303	11961.8	100960	−8.44	3508	56587.9	2019.9	+28.02	8118	37902.6	4623.6	+8.2
1407	41239.7	140.3	+293.94	4306	21217.2	2482	+8.55	8501	55451.4	6738.9	+8.23
2101	68979.9	5419.2	+12.73	4412	20016.4	937.3	+21.36	8502	31967.5	5632.9	+5.68
2201	39010.9	1019.5	+38.26	5806	14216.7	2118.2	+6.71	8603	26357.6	1629.7	+16.17

续表

SSP	SAMP8	SAMR1	fold	SSP	SAMP8	SAMR1	fold	SSP	SAMP8	SAMR1	fold
9002	36678.8	5924.8	+6.19	4711	24262.3	4261.3	+5.7	5310	29583	5301.6	+5.58
9304	21632.7	1098.7	+19.69	4827	10581.5	1516.8	+6.98	5313	17156.5	3156.9	+5.43
4507	38844.9	4094.8	+9.49	4905	65982	11671.4	+5.65	5404	24958.2	1063.5	+23.47
4508	30277.1	2187.1	+13.84	4917	46908	9361.6	+5.01				

注:+. 上调;−. 下调。

3. 老化过程中 SAMP8 小鼠额叶蛋白变化存在明显的差异　13 月龄新增蛋白 126 个,13 月龄和 8 月龄 SAMP8 小鼠额叶间共有差异表达蛋白 58 个,其中 5 个蛋白表达显著上调,53 个蛋白表达显著下调(表 16-6)。

表 16-6　**SAMP8 小鼠额叶皮质的差异蛋白质**

SSP	13 月龄	8 月龄	fold	SSP	13 月龄	8 月龄	fold	SSP	13 月龄	8 月龄	fold
111	1347.5	45837.8	−34.02	4907	10389.2	78918.2	−7.6	4403	7611.1	38795.3	−5.1
113	1059.1	34872.1	−32.93	4908	5633.4	52310.5	−9.29	4404	1481.6	26145.5	−17.65
213	1908.4	35304.8	−18.5	4918	1728	46621.1	−26.98	4407	5145	25827.2	−5.1
218	2979.4	24337.3	−8.17	5102	10563.1	61513	−5.82	4408	4843	26017.8	−5.37
401	14515.3	2043.6	+7.10	5106	4504.5	23802.7	−5.28	4410	5013.1	25772.4	−5.14
903	3832.9	25730.6	−6.71	5201	7618.2	44445.4	−5.83	4411	840.5	24421.5	−29.06
1303	117539.6	11961.8	+9.83	5308	4772.5	39119.4	−8.2	4413	1965.5	28961.7	−14.74
1901	8388.8	55079.9	−6.57	5311	12345.2	68617.2	−5.56	4508	865.5	30277.1	−34.98
2107	4667.2	26768.7	−5.74	5312	1106	20535.9	−18.57	6009	43104.6	363720.3	−8.44
2304	1610.6	15583	−9.68	5313	2687.1	17156.5	−6.38	6206	5655.1	31683	−5.6
2307	1114.8	13988.3	−12.55	3407	4227.1	30158.6	−7.13	6313	2238.5	17945.9	−8.02
2822	76117.8	12935.4	+5.88	3707	56525.1	10073.1	+5.61	6508	6130.1	45606.4	−7.44
3108	4615.1	33981.6	−7.36	3806	4884.2	24680.9	−5.05	6603	4967.1	29732	−5.99
3307	2423	24957.2	−10.3	3807	1005.6	15529.1	−15.44	6901	11492.5	65512.1	−5.7
3313	6645.5	46526.1	−7.0	3904	1355.4	38106.4	−28.11	8118	6810.8	37902.6	−5.57
3315	1154.4	6029.9	−5.22	3908	1449.3	10635.4	−7.34	8210	5269.9	42770.3	−8.12
3402	3236.7	28505.1	−8.81	3911	5860.6	1131.1	+5.18	8406	2790	39003	−13.98
4513	2699.9	22328.7	−8.27	4306	1909.9	21217.2	−11.11	9002	6970.2	36678.8	−5.26
4827	1802.4	10581.5	−5.87	4310	6079.6	53758.8	−8.84				
4903	10145.2	63711	−6.28	4312	6009.3	42270.1	−7.03				

注:+. 上调;−. 下调。

4. 老化过程中 SAMP8 小鼠额叶蛋白变化存在明显的差异　老年组新增 9 个蛋白,13 月龄和 8 月龄间差异表达蛋白 33 个,其中 19 个蛋白表达明显上调,14 个蛋白表达明显下调(表 16-7)。

表 16-7 SAMR1 小鼠额叶皮质的差异蛋白质

SSP	13 月龄	8 月龄	fold	SSP	13 月龄	8 月龄	fold	SSP	13 月龄	8 月龄	fold
107	92639.4	5325	+17.4	2909	1780.8	17811	-10.0	3313	24058.3	2691.7	+8.94
220	1202.9	7587.2	-6.31	3108	2063.9	20830.4	-10.09	3407	6221.9	36381.9	-5.85
505	16703.8	1681.1	+9.94	5107	3435.7	22102.9	-6.43	3507	11948.8	77539.5	-6.49
603	14952.4	1047.4	+14.28	5402	44854.5	7220	+6.21	3508	38977.8	2019.9	+19.3
705	23592.7	2115.7	+11.15	5606	60773.8	11742.3	+5.18	7108	2361.7	19006.9	-8.05
1205	71717.5	7995	+8.97	5806	26583.8	2118.2	+12.5	7303	46182.6	1434.6	+32.2
2909	1780.8	17811	-10.0	5807	7619	55870.8	-7.33	8113	167569.8	4666.2	+35.9
2702	109313.8	4174.8	+26.18	6106	249721.9	45813.9	+5.45	8203	24102.4	4467.2	+5.4
2103	69650.2	9730.4	+7.16	6311	6135.2	1034.2	+5.93	8210	4098.1	29498.5	-7.2
2404	5500.7	29028.1	-5.277	6407	1524.1	7637.4	-5.01	8501	78868.3	6738.9	+11.7
2405	2717.3	22401.8	-8.244	3301	2646.3	50126.6	-18.94	8603	9773	1629.7	+6.0

注:+. 上调;-. 下调。

第五节 实 验 体 会

（1）样品制备是整个实验成败的关键,因此在样品制备时,根据样品性质的不同,选用具有单一增溶作用的溶液或含多种离液剂、去垢剂和还原剂的复杂混合溶液,目的是保证样品中非共价结合的蛋白质复合物和聚集体完全破坏,成为各个多肽的溶解液,并且溶解方法必须去除可能干扰 2-DE 分离的盐、脂类、多糖和核酸等物质,使样品在电泳过程中继续保持溶解状态。同时,保证样品制备过程相对无菌及 4℃ 的制备环境。

（2）根据样品的复杂性,选择 IPG 胶条的 pH 范围（因为只有 pI 在第一相胶条 pH 范围内的蛋白质,才会在第二相凝胶中出现）。然后,再根据实验目的和分析要求,决定样品的上样量和 IPG 胶条的长度。

（3）预防角蛋白污染的方法包括将单体溶液、样品储液、凝胶缓冲液及电泳缓冲液等用滤纸或硝化纤维膜过滤后储存于干净容器中,用清洁剂彻底地清洗电泳装置,所有的实验操作都戴手套进行等。

（4）含有尿素的水化液和平衡母液在溶解时温度不能超过 30℃,否则会发生蛋白氨甲酰化,使蛋白质 pI 值偏移。

（5）胶条溶胀至少需要 11h,因只有在 IPG 凝胶的孔径已经溶胀充分后,才可以吸收大分子质量蛋白质,否则大分子质量蛋白质无法进入胶条。

（6）等电聚焦溶胀缓冲液和样品溶液中都要加入两性电解质,它能够帮助蛋白质溶解。

（7）如果在等电聚焦过程中,聚焦盘中还有很多的溶液没有被吸收,留在胶条的外面,这样就会在胶条的表面形成并联的电流通路,而在这层溶液中蛋白质不会被聚焦,就会导致蛋白的丢失或是图像拖尾。为了减少形成并联电流通路的可能性,可以先将胶条在溶胀盒中进行溶胀,然后再将溶胀好的胶条转移到聚焦盘中,在转移过程中,要用湿润的滤纸仔细地吸干胶条上多余的液体。

（8）在等电聚焦过程中,若样品含盐量较高,可以采用从低电压开始分步升压的方法进行聚焦,即使最后不能升到最高电压,只要能达到总的伏特小时,也能对样品进行充分聚焦。

（9）平衡过程中,胶条平衡缓冲液Ⅰ和胶条平衡缓冲液Ⅱ都要现配,因为 DTT 和碘乙酰胺在室温的半衰期很短,同时,可以适当对二者进行加量,保证平衡液中有足量的 DTT 和碘乙酰胺。

（10）平衡过程可能导致蛋白丢失为5%~25%,还会使分辨率降低,若平衡30min,蛋白条带变宽40%,所以平衡时间不可过长。如果不经平衡,把等电聚焦凝胶直接放在第二相凝胶上会导致高分子质量蛋白的纹理现象,并且等电聚焦凝胶会粘在 SDS 胶上。缩短平衡时间可以减少扩散,但同时会减少向第二相的转移。所以平衡时间要充足(至少2×10min),但也不要超时(2×15min)。

（11）玻璃板一定要清洗干净,否则在染色时会产生不必要的凝胶背景。

（12）过硫酸铵(APS)要新鲜配制。因40%的过硫酸铵储存于冰箱中只能使用2~3d,低浓度的过硫酸铵溶液只能当天使用。

（13）用琼脂糖封胶面时,温度不能太高,热的琼脂糖会加速平衡缓冲液中尿素的分解。

（14）2-DE 实验涉及的试剂繁多、周期较长,且技术要求很高,每一个细节的成败都可能影响整个实验的最终结果。因此,在实验过程中不但要细心,而且还需耐心。

（15）在使用 PDQuest software 分析 2-DE 图片时没有捷径可走,必须脚踏实地地按要求认真分析,对每一个未检测到的蛋白点,人工进行添加,删除检测到的蛋白假点,严格保证实验真实性。

（16）对实验结果还应具备一定的分析及总结能力,只有这样才会逐渐地进步和成功。

（17）2-DE 费时费力,且所需仪器和试剂较贵,在每次实验开始前应该有一个详细的计划,而不是边做边设计。当然,对计划不周全的实验,应该及时进行调整,以保证最终的实验结果。

（赵　琪　邢如新　游　潮　王廷华　杨金伟）

参 考 文 献

汪家政,范明. 2000. 蛋白质技术手册. 北京:科学出版社,42~46

Cao Jiang, Jia Zheng-yu. 2001. Study of the mankind disease and proteomics. Chinese Journal of laboratory diagnostics, 5(5): 277~279

Dong Lei, Jiang Ning, Zhou Wenxia, et al. 2007. Preliminary Study on Hippocampal Proteomics of Senescence accelerated Mouse. Chemical Journal of Chinese Universities, 28(2):274~277

Giovanni Candiano, Maurizio Bruschi, Luca Musante, et al. 2004. Blue silver: A very sensitive colloidal Coomassie G-250 staining for proteome analysis. Electrophoresis, 25(9), 1327~1333

Han Xiaomin, Xiao Chuanguo, Li bing, et al. 2006. Establishment of Two-dimensional Gel Electrophoresis for Proteomics of Rat Spinal Nerve Tissue. Acta Med Univ Sci Technol Huazhong, 35(4): 538~541

Qi Weiping, Liu Shilian. 2002. Proteomics and Application in Study of Diseases. Shandong Journal of Biomedical Engineering, 21(2): 54~58

Zhang Lihong, Ren Tianhua, Fang Marong, et al. 2007. Aging Patterns of Neuronal Nitric Oxide Synthase in Hip-

pocampus of Senescence Accelerated Mouse. Journal of Sun Yat-Sen University (Medical Sciences), 28(3):
258 ~ 262

Zhang Shiqiang, Liu Ling, Luo Yongxiang, et al. 2005. Difference in proteome maps between injured and normal
rat spinal cord. Acta Med Univ Sci Technol Huazhong, 34(6): 744 ~ 746

Zhang Wei, Zeng Yuanshan, Wang Yang, et al. 2006. Primary study on proteomics about ganoderma lucidium
spores promoting survival and axon regeneration of injured spinal motor neurons in rats. Journal of Chinese Inte-
grative Medicine, 4(3):298 ~ 302

Zou Qinghua, Zhang Jianzhong. 2003. Technique of proteomics and their applications. Letters in biotechnology,
14(3):0210 ~ 0214

第十七章　针刺促进脊髓可塑性的蛋白质组银染色技术与差异蛋白的质谱鉴定

第一节　实　验　原　理

　　脊髓损伤(spinal cord injury, SCI)是一种严重威胁人类健康的疾病,可致病人瘫痪、生活不能自理,给家庭、国家、社会带来沉重负担。过去认为,成年哺乳动物中枢神经系统(central nervous system, CNS)受损伤后难以再生,甚至不能再生。1958 年,Liu 和 Chambers 用溃变银染法观察到备用根动物保留 L_7 背根的中枢终末在脊髓内能以侧支出芽方式代偿邻近去传入而溃变的神经终末,从而开辟了哺乳动物脊髓可塑性研究的先河。至今,已有大量文献报道损伤脊髓具有可塑性,而寻找促进损伤脊髓修复的方法也是备受关注的问题。

　　针刺是我国传统医学的一颗璀璨明珠,它在一定程度上促进损伤脊髓的功能部分恢复,机制可能涉及细胞和分子水平多种蛋白和基因的表达变化。由于众多疾病的发生、发展最终都涉及多个蛋白质及其复合物结构、功能的改变与相互作用,因此从系统生物学的角度,用蛋白质组学技术阐明针刺促进脊髓可塑性的机制,就显得尤为必要。本实验用蛋白质组学银染色技术显示针刺促进脊髓可塑性中的差异蛋白质。

第二节　实验所需设备、试剂及其配制

一、实　验　仪　器

灌胶模具	BIO-RAD 公司
等电聚焦仪	BIO-RAD 公司
电泳仪	BIO-RAD 公司
电泳槽	BIO-RAD 公司
POWER PAC300 电源	BIO-RAD 公司
PDQuest 7.40 分析软件	BIO-RAD 公司
冷凝水循环仪(Thermo)	BIO-RAD 公司
Image Scanner 扫描仪(Amersham Pharmacia Biotech)	BIO-RAD 公司
蛋白核酸分析仪(Amersham Bioscience)	BIO-RAD 公司
HB-EDT 型穴位诊治仪	成都航天产业开发有限责任公司

二、实 验 试 剂

线性 IPG 胶条(pH 3 ~ 10)	Bio-Rad 公司
Bio-Lyte	Bio-Rad 公司
矿物油	Bio-Rad 公司
低熔点琼脂糖封胶液	Bio-Rad 公司
3-[(3-胆酰胺丙基)-二乙胺]-丙磺酸(CHAPS)	Amresco 公司
硫脲	Amresco 公司
考马斯亮蓝 G-250	Amresco 公司
碘乙酰胺(IAA)	Sigma 公司
SB3-10	Sigma 公司
RNA 酶	Sigma 公司
DNA 酶	Sigma 公司
$N,N,N'N'$-四甲基乙二胺(TEMED)	Sigma 公司
十二烷基磺酸钠(SDS)	Sigma 公司
甘油	Sigma 公司
过硫酸铵(Ap)	Sigma 公司
二硫苏糖醇(DTT)	Bebco 公司
苯甲基磺酰氟(PMSF)	Bebco 公司
EDTANa$_2$	Bebco 公司
三羟甲基氨基甲烷(Tris)	Bebco 公司
尿素	Bebco 公司
丙烯酰胺	Bebco 公司
甲叉双丙烯酰胺	Bebco 公司
甘氨酸	天津市化学试剂三厂
甲醇	天津市化学试剂三厂
冰乙酸	天津市化学试剂三厂
磷酸	天津市化学试剂三厂
硫酸铵	天津市化学试剂三厂

三、主要试剂的配制

1. 蛋白酶抑制剂(PMSF) PMSF 17.4mg 用 1ml 异丙醇溶解为 100mmol/L 的储液,用时用去离子水稀释至 1mmol/L,-20℃保存备用。

2. 样品裂解液 5mol/L 尿素 3.0g,2mol/L 硫脲 1.52g,2% CHAPS 0.2g,2% SB3-10 0.2g,65mmol/L DTT 0.098g (现加),0.2% (*W/V*) bio-lyte 40μl (现加),用去离子水定容到 10ml,-20℃保存备用。

3. 测蛋白浓度所需试剂的配制

染色液：考马斯亮蓝 G-250 0.02g，无水乙醇 9.6ml，85% 磷酸 20ml，用去离子水定容到 200ml。

测蛋白裂解液：5mol/L 尿素 0.96g，2% CHAPS 0.08g，Tris 0.0097g，65mmol/L DTT 0.02g，用去离子水定容到 2ml。

1mg/ml BSA：0.001g BSA，用 1ml 裂解液溶解。

0.1mol/L HCl：85% 浓盐酸 8.5μl，用去离子水 991.5μl 溶解。

4. 水化液Ⅲ　5mol/L 尿素 3.0g，2mol/L 硫脲 1.52g，2% CHAPS 0.2g，2% SB3-10 0.2g，1% 溴酚蓝 10μl，用去离子水定容到 10ml，按需要量分装后，于−20℃保存备用。

5. 胶条平衡缓冲母液　6mol/L 尿素 36g，2% SDS 2g，1.5mol/L(pH 8.8)Tris-HCl 25ml，20% 甘油 20ml，用去离子水定容到 100ml，按所用的 IPG 胶条长度分装后，−20℃保存备用。(7cm 胶条用 IPG 2.5ml，11cm 用 IPG 4ml，17cm 用 IPG 6ml)。

6. 胶条平衡缓冲液Ⅰ　胶条平衡母液 10ml，DTT 0.2g。

7. 胶条平衡缓冲液Ⅱ　胶条平衡母液 10ml，IAA 0.25g。

8. 30%聚丙烯酰胺储液　丙烯酰胺 150g，甲叉双丙烯酰胺 4g，用去离子水定容到 500ml，滤纸过滤后，棕色瓶 4℃冰箱保存备用。

9. 1.5mol/L Tris-HCl(pH 8.8)　Tris 90.75g，先用去离子水 400ml 溶解后，再用 1mol/L HCl 调 pH 至 8.8，最后再用去离子水定容到 500ml，然后 4℃冰箱保存备用。

10. 10%SDS　SDS 10g，用去离子水溶解并定容到 100ml 后，室温保存。

11. 10%APS　APS 0.1g，用去离子水 1ml 溶解后 4℃冰箱保存备用。

12. 10×电泳缓冲液　Tris 30g，甘氨酸 144g，SDS 10g，用去离子水溶解并定容到 1000ml，室温保存。

13. 12%分离胶　1.5mol/L(pH 8.8)Tris-HCl 20ml，30% 丙烯酰胺储液 30ml，去离子水 26.4ml，10% SDS 0.8ml，充分混匀并过滤后，再加 10% APS 0.8ml 和 TEMED 32μl。

14. 考染液　硫酸铵 100g，磷酸 100ml，考马斯亮蓝 G-250 1.2g，甲醇 200ml，用去离子水定容到 1000ml。

15. 固定液　甲醇 400ml，冰乙酸 100ml，用去离子水定容到 1000ml。

16. 3.6%水合氯醛　水合氯醛 3.6g，用 0.9% 生理盐水定容至 100ml。

第三节　实　验　步　骤

一、动物模型及针刺

10 只大鼠经 2% 戊巴比妥钠溶液 0.2ml/100g 腹膜腔注射麻醉后，无菌条件下行双侧腰骶背根部分切除术(保留 L_5 背根为备用根，切除 L_1 ～ L_4、L_6 背根节)。其中 5 只部分背根切除大鼠作为对照组，另 5 只大鼠进行针刺。穴位的选择参照本实验室方法，即"足三里"和"悬钟"、"伏兔"和"三阴交"两组穴位。具体解剖位置是：足三里，腓骨小头前下方 0.5cm 处肌沟中；悬钟，外踝尖上 0.5cm、近腓骨前缘处；三阴交，内踝尖上 0.5cm，胫骨内侧缘后方;伏兔,髂前上棘与髌底外侧端连线的中下 1/3 交界处,约髌底上 1.5cm。动物于术后次日开始针刺。每天针刺一组穴位,两组穴位交替进行,接通 HB-EDT 型穴位诊治仪,频率 80 次/min,针刺 30min,15min 时交换正负电极。针刺 15 天后处死动物。

二、蛋白样品制备

预冷去离子水冲洗新鲜大鼠脊髓组织($T_2 \sim L_2$)中的血液,分左右两侧,按一侧样品加入 1ml 裂解液,PMSF10μl,匀浆 2min,加 DNase 、RNase(50μg/ml)混匀,组织悬液 12000r/min 离心 30min,吸取离心上清。Bradford 法定量蛋白质浓度。

蛋白质含量测定:将蛋白质定量标(albuminstandard)梯度稀释后用考马斯亮蓝 G-250 染色,波长 595nm 测定吸收度,做标准曲线,样品稀释 100 倍测定浓度。

三、双相凝胶电泳

1. 等电聚焦(isoelectric focusing, IEF) 在水化上样缓冲液中加样品蛋白 150μg(总体积 230μl),加 DTT 0.0044g,Bio-Lyte 1μl 室温充分混匀 1h 后,沿水化槽的边缘从左至右线形加入。将固相梯度的干胶条(11cm,pH3 ~ 10)胶面向下浸入水化槽中,静置 1h 后覆盖矿物油,20℃泡胀 11 ~ 16h(一般不超过 14h 为宜)。IEF 程序设置:50V 慢速 2h,250V 慢速 1h,1000V 快速 1h,6000V 线性 2h,6000V 快速 30 000Vh,500V 快速 30min。

2. 胶条的平衡 重泡胀和等电聚焦结束后,胶条先后分别放入平衡液 I(含 DTT)及 II(含 IAA)中,于摇床各摇振 15min。

3. SDS-聚丙烯酰胺凝胶电泳 将平衡后的胶条置于预先灌制的 12% 的 SDS-聚丙烯酰胺凝胶上,用含溴酚蓝的低熔点琼脂糖封胶,在 4℃水循环条件下,70V 电泳 20min,然后 300V 电泳,直至溴酚蓝前沿到达距玻璃板下缘 0.5cm 为止。

四、显色、成像、分析

取出 SDS-聚丙烯酰胺凝胶经硝酸银染色(快速银染),扫描成像,用 PDQuest 软件分析。

五、蛋白组比较与鉴定

两组样品同时进行双相电泳,染色,扫描成像,连续四次重复,将不同批次间的图像进行比较分析;获得四次重复性实验凝胶的蛋白点匹配率和重复率;比较实验组和对照组的匹配率找出共同的差异点;人工挖取差异大于 2 倍的蛋白点,进行肽质量指纹图谱分析。

六、数据库检索

通过 Mascot 软件(http://www. matrixscience. com/cgi/search-form)进行查询。检索条件:

肽质量指纹图谱中的肽片段相对分子质量限制在 700 ~ 2000 范围,肽片段相对分子质量最大容许误差为±0. 2,每个肽允许有 1 个不完全裂解位点,物种来源选择褐(沟)鼠类,最少匹配肽段数为 4,表观相对分子质量的误差范围为±20% ,表观等电点的误差范围为±0. 5pH。

第四节　实　验　结　果

一、部分去背根大鼠与针刺大鼠的脊髓双相凝胶电泳图谱比较

提取部分去背根术与针刺大鼠脊髓(14d)的总蛋白,经 pH 梯度 3 ~ 10 等电聚焦分离后的双相凝胶电泳结果见图 17-1,两组图的蛋白斑点分布模式基本一致,组间匹配性较好,四次重复性试验结果经 PDQuest 分析软件分析,获得对照手术组和针刺组凝胶上的蛋白点分别为 738±43 和 877±25。任意选取同一样品组中的一块凝胶定位为参考胶,进行四次重复性实验凝胶的蛋白点匹配,实验组和对照组的匹配率分别为 83. 1% 和 84. 0% 。蛋白点的位置重复性也较好,在 IEF 方向上的偏差分别为(0. 973+0. 140)mm 和(0. 916+0. 382)mm;在 SDS-PAGE 方向上为(1. 345+0. 468)mm 和(1. 439+0. 227)mm。

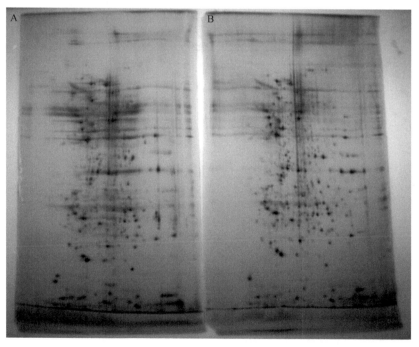

图 17-1　去背根大鼠与针刺大鼠脊髓双相凝胶电泳图谱
A. 手术组;B. 针刺组

二、双相凝胶电泳蛋白表达的差异分析与鉴定

比较四次针刺组和对照手术组的双相凝胶电泳图谱,经 PDQuest 双相凝胶电泳分析软

件测定 A 值,筛选共同的差异蛋白。选取两个差异比较明显的蛋白点,经胶内胰酶消化,进行肽质量指纹图谱测定。获得的肽质量指纹图谱以酶自动降解峰进行校正。图 17-2 为所测蛋白点的肽质量指纹图谱(peptide mass finger,PMF)。经 Mascot 软件查询 SWISS-PROT 蛋白数据库,检索查询得知两个差异蛋白点为相似巢蛋白-2(similar to nidogen 2 protein),由 136 个氨基酸组成,分子质量为 14.852kDa,等电点为 5.21。另一差异蛋白点为 alpha B-晶体蛋白(alpha B-crystallin),由 174 个氨基酸组成,分子质量(Mw)为 19.945kDa,等电点(pI)为 6.84,针刺组两蛋白表达均明显上调大于 2 倍。

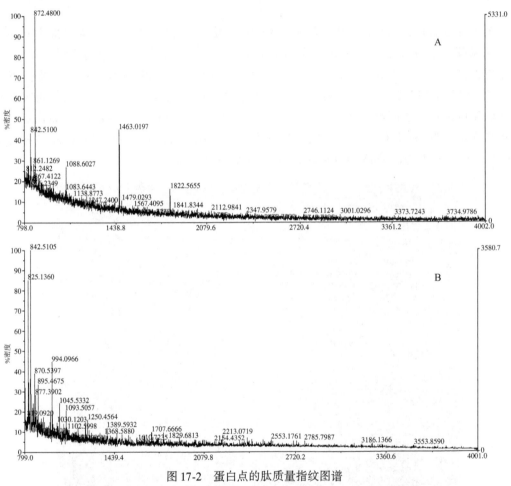

图 17-2 蛋白点的肽质量指纹图谱

A. 去背根手术组;B. 针刺组

第五节 实验结果分析

针灸被国际公认对脊髓损伤的治疗有一定效果,能促进损伤脊髓的功能部分修复。近几年,临床上应用电针治疗,对脑卒中、帕金森病、老年性痴呆、脊髓损伤等中枢神经损伤疾病已取得一定疗效。一些实验证实,针刺刺激备用根支配区的穴位,不仅能促进完好背根节经纤维的侧支出芽和突触重建,同时脊髓Ⅱ板层和背核组织提取液在培养中促进神经突起生长的作用明显增强,即针刺促进脊髓可塑性可能与针刺改变了脊髓内神经营养因子(neurotrophic factors,NTF)的含量及活性相关。现已证明,针刺促进脊髓可塑性至少涉及胶质源性神经营养因子(glia derived neurotrophic factor,GDNF)、神经肽、生长相关蛋白 GAP43、合成代谢酶、NT-3、细胞即刻早期基因 c-fos、c-jun 等多种因子的变化。然而,从 Medline 检索,至今未见用蛋白组技术研究针刺促进脊髓可塑性的蛋白表达变化的报道。本实验用蛋白质组学技术探讨针刺备用背根大鼠模型中脊髓的蛋白表达谱,初步筛选出与针刺促进脊髓可塑性有关的两种重要蛋白质,即巢蛋白和 alpha B-晶体蛋白。其表达在针刺后均明显增加,说明两蛋白可能与针刺促进脊髓可塑性有关。

　　巢蛋白(nestin)是一种属于第Ⅵ族中间丝的细胞骨架蛋白,首先被发现表达于胚胎神经干细胞,参与神经干细胞向神经前体细胞的分化及神经联系的建立。以往的研究表明,在正常的中枢神经系统内,巢蛋白只在多潜能的神经外胚层细胞表达,且通常为一过性表达,随组织分化成熟逐渐消失,因而巢蛋白常被视为神经前体细胞的标志物。自 Urban Lendahl 发现 CNS 干细胞表达 nestin 以来,其功能还涉及细胞骨架蛋白的连接作用,中间丝蛋白的聚合和解聚的磷酸化调节,参与有丝分裂过程中细胞骨架蛋白的重排和参与细胞形态的重塑等。根据这些文献推测,针刺后脊髓内巢蛋白表达上调可能提示,针刺后巢蛋白可能在脊髓可塑性中发挥积极作用,可能通过调动机体的内源性干细胞系统,促进损伤脊髓内的神经前体细胞增殖,或者直接发挥 nestin 的促进神经可塑性功能作用。

　　alpha B-晶体蛋白(alpha-crystallin)与微小热休克蛋白序列同源,属于小分子热激蛋白(small HSP,sHSP 或 d-HSP)家族,具有分子伴侣(molecular chaperone)活性,在蛋白质变性过程中可识别和结合蛋白质,保护酶的活性或抑制蛋白质的热凝聚,早期文献发现其与白内障的发病密切相关。现已清楚,alpha B-晶体蛋白不仅广泛表达于多种组织细胞中如晶状体、横纹肌、脑、肺、肾、肝、骨组织,而且具有稳定细胞骨架蛋白和骨架网络,保护酶活性,阻断凋亡信号转导,帮助细胞抵抗缺氧、高温、高渗、放射线以及药物等因素诱导的凋亡等作用,参与高尔基体的形成、核内染色体的装配、剪切和神经细胞分裂,抑制血小板聚集、维持神经细胞结构、形态的稳定,帮助神经细胞存活等功能。因此,alpha B-晶体蛋白对细胞内蛋白质质量和数量的稳定(蛋白质质控)和细胞内环境的稳定起着十分重要的作用。本实验发现 alpha B-晶体蛋白表达上调,分析可能为针刺促进脊髓在应激下过度表达 alpha B-晶体蛋白,其可能与抗细胞凋亡,保护酶的失活,防止脊髓继续过度损伤,维持脊髓组织细胞所必需的蛋白质构象,促进受损脊髓神经功能恢复有关。

　　综上,本实验首次报道巢蛋白和 alpha B-晶体蛋白在针刺促进脊髓可塑性中表达上调。由于两蛋白涉及神经细胞增殖、分化和促进神经修复,因此可能针刺在促进神经可塑性中发挥作用,将是今后研究的新方向。

(阎　凌　王廷华　张　丽)

参 考 文 献

成道友 . 2001. 电针加推拿分期治疗外伤性截瘫 27 例临床观察 . 针灸临床杂志,17(3):20

堪宏鸣,吴良芳,保天然,等.2000.针刺对去部分背根猫脊髓和背根节 NGF 及 NGF mRNA 的影响.神经解剖学杂志,16(4):319~322

倪晓东,罗述谦.2004.脑功能成像与针灸疗效机制.中国临床康复,8(4):718~719

阮奕文,王传恩,童健尔,等.1999.大脑皮质机械性损伤诱导 nestin 表达和神经前体细胞增殖.中山医科大学学报,20:171~173

吴永刚,韩晶,孟维滨.1995.针刺对大鼠脊髓损伤早期治疗作用的研究.上海针灸杂志,14(4):182~183

严宏,惠延年.2000.α 晶体蛋白分子伴侣活性在白内障发病中作用的研究进展.眼科学报,16(2):91~99

严宏,惠延年,范建国,等.2003.老化过程中 α 晶体蛋白分子伴侣活性的变化.眼科学报,19(4):239~243

严宏,惠延年,李明勇,等.2004.α 晶状体蛋白分子伴娘功能的初步研究.中华眼科杂志,40(8):559~560

应赛霞,程介士.1994.c-fos 蛋白在沙鼠全脑缺血后再灌注时海马中的表达及其与电针抗脑缺血关系的探讨.上海医科大学学报,2(14):311

张新胜,周雪,吴良芳,等.1998.电针刺激对脊髓背角组织中神经营养活性物质的影响.华西医大学报,29(3):264~268

朱粹青,唐崇仁,陆世铎,等.1998.针刺对部分背根切断后大鼠脊髓背角生长相关蛋白 GAP43 表达的影响.针刺研究,23(2):131~134

Brus-Ramer M, Carmel JB, Chakrabarty S, et al. 2007. Electrical stimulation of spared corticospinal axons augments connections with ipsilateral spinal motor circuits after injury. J Neurosci,27(50):13793~13801

Chen J, Qi JG, Zhang W, et al. 2007. Electro-acupuncture induced NGF, BDNF and NT-3 expression in spared L6 dorsal root ganglion in cats subjected to removal of adjacent ganglia. Neurosci Res,59(4):399~405

Dahlstrand J, Collins VP, Lendahl U. 1992. Expression of dass VI intermediate filament nestin in human central nervous system tumor. Cancer Res,52:5334~5341

Feng J, Smith DL, Smith JB. 2000. Human lens beta crystallin solubility. J Biol Chem,275(16):11585~11593

Frederiksen K, McKay RDG. 1988. Proliferation and diferentiation of rat neuroepithefial precursor cells in vivo. J Neurosci,8:1144~1151

Frisen J, Johansson CB, Torok C, et al. 1995. Rapid, widspread, and longlasting induction of nestin contributes to the generation of glial scar tissue after CNS injury. J Cell Biol,131:453~464

Huang MC, Chang PT, Tsai MJ, et al. 2007. Sensory and motor recovery after repairing transected cervical roots. Surg Neurol,68:S17~24; discussion S24

Jing XH, Cai H, Shi H, et al. 2007. Effect of acupuncture on learning-memory ability in diabetic rats with concomitant cerebral ischemia-reperfusion injury. Zhen Ci Yan Jiu,32(2):105~110

Kaas JH. 2000. The reorganization of somatosensory and motor cortex after peripheral nerve or spinal cord injury in primates. Prog Brain Res,128:173~179

Kyriakatos A, El Manira A. 2007. Long-term plasticity of the spinal locomotor circuitry mediated by endocannabinoid and nitric oxide signaling. J Neurosci,27(46):12664~12674

Larry L. Benowity. 1991. The expression of GAP43 in relation to neuronal growth and plasticity: when, where, how and why? Progress in Brain Research,89:69

LIU CN, CHAMBERS WW. 1958. Intraspinal sprouting of dorsal root axons; development of new collaterals and preterminals following partial denervation of the spinal cord in the cat. AMA Arch Neurol Psychiatry, 79(1):46~61

Liu T, Donahue KC, Hu J, et al. 2007. Identification of differentially expressed proteins in experimental autoimmune encephalomyelitis（EAE）by proteomic analysis of the spinal cord. J Proteome Res,6(7):2565~2575

M aslov AY. Barone TA. Plunker ill,et al. 2004. Neural stem cell detection, characterization, and agerelated changes in the subventricular zone of mice. J Neurosci,24(7):1726~1733

Menet V, Prieto M, Privat A,et al. 2003. Axonal plasticity and functional recovery after spinal cord injury in mice deficient in both glial fibrillary acidic protein and vimentin genes. Proc Natl Acad Sci USA,100(15):8999~9004

Rossignol S, Bouyer L, Barthélemy D, et al. 2002. Recovery of locomotion in the cat following spinal cord lesions. Brain Res Brain Res Rev,40(1~3):257~266

Shan S, Qi-Liang MY, Hong C,et al. 2007. Is functional state of spinal microglia involved in the anti-allodynic and anti-hyperalgesic effects of electroacupuncture in rat model of monoarthritis? Neurobiol Dis,26(3):558~568

Tim Tinghua Wang, WL Yuan, QKe,et al. 2006. Effects of electro-acupuncture on the expression of c-jun and c-fos in DRG and associated spinal laminae following removal of adjacent DRG in cats. Neuroscience, 140:1169~1176

Tim Tinghua Wang, Yuan Yuan, Yan Kang,et al. 2005. Effects of acupuncture on the expression of glial cell line-derived neurotrophic factor（GDNF）and basic fibroblast growth factor（FGF-2/bFGF）in the left sixth lumbar dorsal root ganglion following removal of adjacent dorsal root ganglia. Neuroscience Letters,382(3):236~241

Tohyama T,Lee VM,Rorke LB,et al. 1992. Nestin expression in embryonic human neuroepithelium and in human neuroepithelial tumor cells. Laboratory Investigation,66:303~313

Uchida K, Baba H, Maezawa Y,et al. 2003. Increased expression of neurotrophins and their receptors in the mechanically compressed spinal cord of the spinal hyperostotic mouse（twy/twy）. Acta Neuropathol,106(1):29 ~36

Wen T, Fan X, Li M,et al. 2006. Changes of metallothionein 1 and 3 mRNA levels with age in brain of senescence-accelerated mice and the effects of acupuncture. Am J Chin Med,34(3):435~447

Xing GG, Liu FY, Qu XX,et al. 2007. Long-term synaptic plasticity in the spinal dorsal horn and its modulation by electroacupuncture in rats with neuropathic pain. Exp Neurol,208(2):323~332

Yan H, Harding JJ. 2003. The molecular chaperone, αcrystallin, protects against loss of antigenicity and activity of esterase caused by sugars, sugar phosphate and a steroid. Biol Chem,384(8):1185~1194

Yan H, Hui YN. 2000. The recent progress on the role of alpha- crystallin as a molecular chaperone in cataractogenesis. Eye Sci,16(2):91~96

Yan H, Hui YN, Fan JG, et al. 2003. Change of alpha- crystallin acting as molecular chaperone activity with aging. Eye Sci,19(4):239~243

Yan H, Hui YN, Li MY,et al. 2004. Primarily study of alpha- crystallin acting as molecular chaperone. Chin J Ophthalmol,40(8):559~560

Zhou HL, Zhang LS, Kang Y,et al. 2008. Effects of electro-acupuncture on CNTF expression in spared dorsal root ganglion and the associated spinal lamina Ⅱ and nucleus dorsalis following adjacent dorsal root ganglionectomies in cats. Neuropeptides,42(1):95~106

第十八章 Western blot 技术检测 SCT 大鼠肌肉 TPM4 蛋白水平

第一节 实验原理与目的

随着生物学技术的不断发展与成熟,作为分子生物学三大主流技术之一的 Western blot 已越来越广泛应用于医学、遗传学和考古学等学科领域。作为一种半定量技术,其整个实验流程的质控非常重要。Western blot 中文一般称为蛋白质印迹。它是分子生物学、生物化学和免疫遗传学中常用的一种实验方法。其基本核心原理是通过酶标特异性抗体对凝胶电泳处理过的细胞或生物组织样品进行识别,然后通过与底物结合的酶促化学反应呈色来显示蛋白样品中目的蛋白的含量,然后根据着色位置和着色深度获得特定蛋白质在所分析细胞或组织中表达情况的信息,来对目标蛋白半定量检测的方法。

在聚丙烯酰胺凝胶电泳中,被检测物是蛋白质;"探针"是抗体;"显色"是与酶标二抗发生化学呈色反应。具体过程是经过 PAGE 分离的蛋白质样品,转移到固相载体(例如硝酸纤维素薄膜)上,固相载体以非共价键形式吸附蛋白质,且能保持电泳分离的多肽类型及其生物学活性不变。然后再以固相载体上的蛋白质或多肽作为抗原,与对应的抗体起免疫反应,最后与酶或放射性核素标记的第二抗体起反应,经过底物显色或放射自显影以检测电泳分离的特异性目的基因表达的蛋白成分。

脊髓横断损伤是脊髓损伤中一种较为严重的类型,随着世界各国经济水平的发展,车祸、高空坠落伤等日益增多,脊髓损伤发生率呈现逐年增高的趋势。脊髓损伤是脊柱损伤最严重的并发症,可导致神经通路中断、神经元受损和继发性脊髓损伤。由于神经组织结构的特殊性以及损伤导致的一系列病理变化,使得脊髓再生和功能恢复非常困难。各国神经科学家正在努力不懈地攻克这一医学上的难题,以造福人类。脊髓损伤不仅会给患者本人带来身体和心理的严重伤害,还会对整个社会造成巨大的经济负担。因此,针对脊髓损伤的预防、治疗和康复已成为当今医学界的一大课题。

在神经行为改变及病理生理方面,脊髓发生急性横断损伤时,病灶节段水平以下呈现弛缓性瘫痪、感觉和肌张力消失,不能维持正常体温,大便滞留,膀胱不能排空以及血压下降等,总称为脊髓休克。损伤一至数周后,脊髓反射始见恢复,如肌力增强和深反射亢进,对皮肤的损害性刺激可出现有保护性屈反射。数月后,比较复杂的肌反射逐渐恢复,内脏反射活动,如血压上升、发汗、排便和排尿反射也能部分恢复。膀胱功能障碍一般分为三个阶段,脊髓横断后,由于膀胱逼尿肌瘫痪而使膀胱括约肌痉挛,出现尿潴留;2~3 周以后,由于逼尿肌日益肥厚,膀胱内压胜过外括约肌的阻力,出现溢出性尿失禁;到第三阶段可能因腹壁肌挛缩,增加膀胱外压而出现自动排尿。至今,导致脊髓损伤及其功能部分修复的机制不清楚,开展脊髓损伤修复机制研究,为寻找有效的治疗策略奠定基础,有重要的科学意义和现实价值。

原肌球蛋白4(tropomyosin-4,TPM4),是细肌丝中与肌动蛋白的结合蛋白,分子质量为70kDa,长为41nm,由两条平行的各35kDa的多肽链组成 α 螺旋构型,每条原肌球蛋白首尾相接形成一条连续的链同肌动蛋白细肌丝结合,正好位于双螺旋的沟中。每一条原肌球蛋白有7个肌动蛋白结合位点,因此 Tm 同肌动蛋白细肌丝中7个肌动蛋白亚基结合。

在之前的蛋白组实验中,已经发现大白鼠脊髓全横断损伤后 TPM4 的变化是有差异的,故本实验进一步通过 Western blot 技术验证脊髓横断损伤大鼠肌肉中 TPM4 的变化。

第二节　实验设备、试剂及其配制

一、所需设备

所需实验设备见表18-1。

表 18-1　所需实验设备

仪器名称	型号	生产厂家	用途
纯水设备	DZG-303A	艾柯	配置溶液
高温干燥箱	101-3BS	上海跃进	匀浆器等耐高温物品干燥
电磁炉	MK823EBF-PW	美的	变性蛋白加热
制冰机	SIM-F140	SANYO	匀浆及转膜保持低温环境
电热自动灭菌锅	MLS-3020	SANYO	移液枪头、匀浆器灭菌
微量电子天平	BSA124S-CW	Sartorius	称取固体试剂
精密 pH 仪	PHS-4C$^+$型	成都世纪方舟	电泳液、转膜液 pH 调节
5ml 玻璃匀浆器	5ml	上海玻璃仪器厂	匀浆组织提取蛋白
10μl、200μl、1000μl 移液枪	1648965	Eppendorf	精确量取液体
高速冰冻离心机	CF-16RX	Thermo	匀浆后分离蛋白
漩涡混匀器	HYQ-2121A	CRYSTAL	混匀液体
垂直电泳仪	DYY-6C	北京六一	SDS-PAGE 电泳分离蛋白
湿式转膜器	IEC1010	BIO-RAD	将胶中蛋白转印到膜上
电源设备	DYCZ-400	BIO-RAD	电泳以及转印提供电源
塑料薄膜封口机	FR-200	上海麦尔多	封闭,孵育 PVDF 膜
水平钟摆式摇床	TS-8	麒麟贝尔	封闭,孵育和洗 PVDF 膜
凝胶成像分析仪	ET9970616AA	BIO-RAD	采集信号
超声波细胞粉碎机	BILON96-Ⅱ	北京比朗	打碎样品中 DNA 链

注意事项:

(1) 高温干燥箱点击"SET"键设置温度为55℃,请勿过夜开机以免失火。

(2) 电热自动灭菌锅分别点击"TEMP"和"TIMER"键设置 121℃、15min。使用前注意加入蒸馏水没过锅底,并且出水的塑料壶蒸馏水应在"LOW"和"HIGH"之间。

(3) 微量电子天平称量前使用底座的升降转钮将水平泡调至中心,使得天平水平。

（4）pH 仪每周使用 pH4.0、pH7.0、pH9.0 标准液标定。使用前后均用蒸馏水冲洗电极。

（5）移液枪吸取液体时按到第一档,推出液体时按到第二档(最底)。使用完毕调回最大量程处。

（6）电泳和转膜仪使用时注意正负极连接正确。

（7）超声仪探头冲洗顺序:酒精、蒸馏水、使用、酒精、蒸馏水。

二、所 需 试 剂

实验所需试剂见表 18-2。

表 18-2　实验所需试剂

试剂名称	贮存条件	型号或属性	生产厂家	试剂用途
组织蛋白裂解液	-20℃	P0013C	碧云天	裂解组织提取蛋白
蛋白酶抑制剂	4℃	04693116001	Roche	抑制蛋白酶,以防蛋白被降解
ECL 显色液	4℃	KGP1122	南京凯基	与二抗反应,产生光信号由凝胶成像系统检测
第一抗体(TPM4)	-20℃	兔源	天津三箭	以抗原抗体反应与目的蛋白结合
第二抗体	-20℃	山羊抗兔	北京中杉金桥等	以抗原抗体反应与第一抗体结合
甲醇	室温	GB/T683-2006	成都科龙	激发 PVDF 膜正电位,促进变性后带负电的蛋白与膜结合
Tween-20	室温	06/2012	Solarbio	用于配置 TBST,洗脱 PVF 膜上非特异蛋白
脱脂奶粉	室温	GF230103090003	完达山	用于配制封闭液,将 PVDF 膜上除抗体结合位点外封闭
Tris 碱	室温	HT8060	Solarbio	配制电泳液、转膜液
蛋白上样缓冲液(5×)	-20℃	P0015	Fermentas	使用时加入蛋白样品稀释为 1×
蛋白 marker	-20℃	26616	Fermentas	电泳时作为参考标准
甘氨酸	室温	DH 149-1	北京鼎国	配制电泳液、转膜液
SDS	室温	2011/03	Biosharp	配制电泳液、PAGE 胶
浓 HCl	室温	GB622-1989	成都欣海兴	调溶液 pH
NaCl	室温	GB1266-2006	天津博迪	测定蛋白浓度时稀释样品蛋白
BCA 显色液	室温	P0009-2	碧云天	测定蛋白浓度
过硫酸铵	室温	0468	Amresco	促进 PAGE 胶交联凝固
丙烯酰胺	室温	0341-500	Amresco	配制 PAGE 胶
双叉丙烯酰胺	室温	0172	Biosharp	配制 PAGE 胶
TEMED	室温	T8133	Sigma	配制 PAGE 胶,促进交联凝固
BSA	-20℃	Biotech	Wolsen	配制蛋白标准品绘制标准曲线

三、试 剂 配 制

1. 蛋白酶抑制剂　鸡尾酒片 1 片,双蒸水 1.0ml。

配制方法:准备 1.5ml PCR EP 管一只,小心用消过毒的镊子把鸡尾酒片 1 片移置离心管中,用1000μl 移液枪吸取双蒸水 1.0ml 注入 EP 管,可用涡旋混匀器混匀。

保存条件:-20℃保存。

用途:保护蛋白质,碾磨组织时,与蛋白裂解液混合于匀浆器中使用。

2.10% SDS SDS 10g ,双蒸水至 100ml。

配制方法:①称量 SDS 10g,取一张干净滤纸置于天平上调零后,边左手持 SDS 瓶子右手叩击左手腕部加样于滤纸上边读数,接近所需刻度时注意抖动幅度应该减小以减小误差。②准备干净广口瓶一只,小心把称量好的 SDS 移置广口瓶中,用 250ml 量筒取来 110ml 双蒸水,倒入 100ml 于广口瓶用玻棒搅匀。

保存条件:常温保存,其间若出现沉淀,水浴溶化后仍可使用。

用途:配制 SDS-PAGE 胶之分离胶与浓缩胶。

3.10% 过硫酸铵(AP) 过硫酸铵 0.1g,双蒸水 1.0ml。

配制方法:①称量 APS 0.1g,取一张干净滤纸置于天平上调零后,边左手持 APS 瓶子右手叩击左手腕部加样于滤纸上边读数,接近所需刻度时注意抖动幅度应该减小以减小误差。②准备 PCR EP 管 1.5ml 一只,小心把称量好的 APS 移置离心管中,用 1000μl 移液枪吸取双蒸水 1.0ml 注入 EP 管,可用涡旋混匀器混匀。

保存条件:溶解后,分装于 PCR 离心管中,-20℃保存。

用途:配制 SDS-PAGE 胶之分离胶与浓缩胶。

4.1.5mol/L Tris-HCl(pH8.8) Tris(MW121.14)90.75g,双蒸水 400ml。

配制方法:①称量 Tris 碱 90.75g,取一张干净滤纸置于天平上调零后,边左手持 Tris 碱瓶子右手叩击左手腕部加样于滤纸上边读数,接近所需刻度时注意抖动幅度应该减小以减小误差。②准备干净广口瓶一只,小心把称量好的 Tris 移置广口瓶中,用 1mol/L HCl 调节 pH 至 8.8。用 500ml 量筒取 410ml 双蒸水,倒入 400ml 于广口瓶中定容用玻棒搅匀。

保存条件:4℃保存。

用途:配制 SDS-PAGE 胶之分离胶。

5.0.5mol/L Tris-HCl(pH6.8) Tris(MW121.14)12g,双蒸水 120ml。

配制方法:①称量 Tris 碱 12g,取一张干净滤纸置于天平上调零后,边左手持 Tris 碱瓶子右手叩击左手腕部加样于滤纸上边读数,接近所需刻度时注意抖动幅度应该减小以减小误差。②准备干净广口瓶一只,小心把称量好的 Tris 移置广口瓶中,用 1mol/L HCl 调节 pH 至 6.8。用 250ml 量筒取 130ml 双蒸水,倒入 120ml 于广口瓶中定容用玻棒搅匀。

保存条件:4℃保存。

用途:配制 SDS-PAGE 胶之浓缩胶。

6.30% Acr/Bic(29:1) 丙烯酰胺(Acr)150g,甲叉双丙烯酰胺(Bic)4g,双蒸水至 500ml。

配制方法:①称量 Acr 150g,取一张干净滤纸置于天平上调零后,边左手持 Acr 瓶子右手叩击左手腕部加样于滤纸上边读数,接近所需刻度时注意抖动幅度应该减小以减小误差。②同理,取 Bic 4g。③准备干净广口瓶一只,小心把称量好的 Acr 和 Bic 移置广口瓶中。用 1000ml 量筒取 510ml 双蒸水,倒入 500ml 于广口瓶中定容用玻棒搅匀。

保存条件:滤纸过滤后,棕色瓶 4℃保存。使用时室温静置 30min 且无沉淀。

用途:配制 SDS-PAGE 胶之浓缩胶。

7. G250 考马斯亮蓝溶液 考马斯亮蓝 G250 100mg,95% 乙醇 50ml,磷酸 100ml,双蒸水 750ml。

配制方法:①称量考马斯亮蓝 G250 100mg,取一张干净滤纸置于天平上调零后,边左手持考马斯亮蓝 G250 瓶子右手叩击左手腕部加样于滤纸上边读数,接近所需刻度时注意抖动幅度应该减小以减小误差。②准备干净广口瓶一只,小心把称量好的考马斯亮蓝 G250 移置广口瓶中。③用 100ml 量筒取 95% 乙醇 60ml,倒入广口瓶 50ml。④用 250ml 量筒取磷酸 110ml,倒入广口瓶 100ml。⑤用 1000ml 量筒取双蒸水 750ml,倒入广口瓶 750ml 并用玻棒搅匀。

保存条件:4℃保存。

用途:电泳后染色 PAGE 胶来确定电泳效果。

8. 100mg/ml 牛血清白蛋白(BSA) BSA 0.1g,生理盐水 1ml。

配制方法:①称量 BSA0.1g,取一张干净滤纸置于天平上调零后,边左手持 BSA 瓶子右手叩击左手腕部加样于滤纸上边读数,接近所需刻度时注意抖动幅度应该减小以减小误差。②准备 PCR EP 管 1.5ml 一只,小心把称量好的 BSA 移置离心管中,用 1000μl 移液枪吸取生理盐水 1.0ml 注入 EP 管,可用涡旋混匀器混匀。

保存条件:−20℃保存。

用途:绘制标准曲线时使用。

9. 电泳液缓冲液 Tris(Mw121.14)3.03g,甘氨酸(Mw75.07)18.77g,SDS1g,双蒸水定容至 1000ml。

配制方法:①称量 Tris(Mw121.14)3.03g:取一张干净滤纸置于天平上调零后,边左手持 Tris 瓶子右手叩击左手腕部加样于滤纸上边读数,接近所需刻度时注意抖动幅度应该减小以减小误差。②同理称量甘氨酸(Mw75.07)18.77g,SDS 1g。③准备干净广口瓶一只,小心把称量好的 Tris、甘氨酸、SDS 移置广口瓶中。④用 1000ml 量筒取双蒸水倒入广口瓶定容至 1000ml,用玻棒搅匀。

保存条件:4℃保存。

用途:电泳时加于电泳槽中,导电的作用。

10. 湿转移缓冲液 Tris(Mw121.14)3.03g,甘氨酸(Mw75.07)18.77g,甲醇 100ml,双蒸水定容至 1000ml。

配制方法:①称量 Tris(Mw121.14)3.03g,取一张干净滤纸置于天平上调零后,边左手持 Tris 瓶子右手叩击左手腕部加样于滤纸上边读数,接近所需刻度时注意抖动幅度应该减小以减小误差。②同理称量甘氨酸(Mw75.07)18.77g。③准备干净广口瓶一只,小心把称量好的 Tris、甘氨酸移至广口瓶中。④用 250ml 量筒取 210ml 99.9% 甲醇,倒入广口瓶中 200ml。⑤用 1000ml 量筒取双蒸水倒入广口瓶定容至 1000ml,用玻棒搅匀。

保存条件:4℃保存。

用途:转膜时加入转膜槽,有导电作用。

11. TBS 缓冲液(10×) Tris 24g,NaCl 88g,双蒸水至 1000ml。

配制方法:①称量 Tris 碱 24g,取一张干净滤纸置于天平上调零后,边左手持 Tris 碱瓶子右手叩击左手腕部加样于滤纸上边读数,接近所需刻度时注意抖动幅度应该减小以减小误差。②同理称重 88gNaCl。③准备干净广口瓶一只,小心把称量好的 Tris 移置广口瓶中,用 1mol/L HCl 调节 pH 至 7.6。用 1000ml 量筒取双蒸水,倒入广口瓶中定容 1000ml 用玻棒搅匀。

保存条件:常温保存。

用途:配制抗体稀释液以及 TBST,用前稀释到 1×。

12. TBST 缓冲液 Tween 20 1ml, TBS 1000ml。

配制方法:①准备干净广口瓶一只,用 1000μl 的移液枪取 1000μl 的 Tween 20。②用 1000ml 量筒取来双蒸水,倒入广口瓶中定容至 1000ml 用玻棒搅匀。

保存条件:常温保存。

用途:洗膜。

13. 封闭液 脱脂奶粉 5g,TBST 100ml。

配制方法:①称量脱脂奶粉 5g,取一张干净滤纸置于天平上调零后,边左手持脱脂奶粉袋子右手叩击左手腕部加样于滤纸上边读数,接近所需刻度时注意抖动幅度应该减小以减小误差。②准备干净广口瓶一只,小心把称量好的奶粉移置广口瓶中。③用 1000ml 量筒取双蒸水,倒入广口瓶中定容 1000ml 用玻棒搅匀。

保存条件:4℃保存。

用途:占据背景位点,保证一抗与蛋白质的特异性结合。

14. 抗体稀释 Western blot 的一抗、二抗均用 1×TBS 稀释至合适浓度使用,如果背景过高则使用含 5% 脱脂牛奶的 TBST,减小非特异性结合。

第三节　实　验　步　骤

实验步骤流程图见图 18-1。

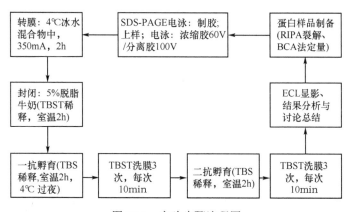

图 18-1　实验步骤流程图

一、蛋白样品处理

(1) 肌肉组织称重,切小块放入 EP 管中。

(2) 配置含抑制剂的蛋白质抽提试剂(抽提试剂与鸡尾酒片比例为 50ml RIPA 抽提试

剂加 1 片蛋白酶抑制剂鸡尾酒片)。

(3)每 250mg 组织加入 1ml 预冷蛋白抽提试剂,冰盒中匀浆,至无肉眼可见组织块。冰浴 30min,每 10min 颠倒混匀一次。

(4)用超声波细胞粉碎机,每次 5s,间隔 8s,共 5 次(仪器使用前和使用后均用 75% 酒精和双蒸水清洗)。

(5)裂解液于预冷的离心机中 12000r/min 离心 15min。上清液使用 200μl 移液枪立刻转移入新的离心管中。取 2μl 进行蛋白质定量。剩余蛋白进行如下第 6 步。

(6)每 80μl 蛋白液加入 20μl 上样缓冲液(5×),混匀后沸水浴 10~15min,-80℃保存。

二、蛋白质定量

用 BCA 法进行蛋白定量。BCA 法是一种较新的、更敏感的蛋白测试法。要分析的蛋白在碱性溶液里与 Cu^{2+} 反应产生 Cu^+,后者与 BCA 形成螯合物,形成紫色化合物,吸收峰在 562 nm 波长。此化合物与蛋白浓度的线性关系极强,反应后形成的化合物非常稳定。

步骤如下:

(一)配制 BCA 工作液

(1)96 孔板每孔需配制 200μl 的 BCA 工作液。

(2)以 50 份 BCA 试剂 A 加 1 份 BCA 试剂 B(50∶1,试剂 A∶试剂 B)的比例混合以配制 BCA 工作液。

(二)显色反应

(1)配制梯度稀释为 20、10、5、4、3、2、1、0.5 和 0μg/ml 的 BSA 标准品。

(2)分别吸取 2μl 标准品到 96 孔板的对应孔中。并加入 18 μl NaCl。

(3)分别吸取 2μl 待测样品(未变性蛋白)至微孔板对应孔中,并加入 18μl NaCl。空白对照加 20μl NaCl 溶液。

(4)每孔加入 200μl BCA 工作液,震板 30s 以彻底混合均匀。

(5)盖好微孔板,37℃温育 30min。

(6)冷却至室温。

(7)测量 562 nm 附近(540~590 nm 皆可以使用)的各孔吸收值。

(8)测得的每个标准孔和待测样品孔的吸收值分别减去空白孔平均光吸收值。

(9)以校正过的 BSA 标准蛋白 562 nm 测量值对其浓度(μg/ml)做图绘制标准曲线。使用标准曲线定量待测样品蛋白浓度。然后与待测蛋白比较。通过测量吸光度来确定蛋白浓度。

三、PAGE 胶配制

凝胶中聚丙烯酰胺浓度可以是均一浓度或是梯度浓度。最常用的聚丙烯酰胺浓度是 10%。SDS-PAGE 凝胶通常为 1.0~1.5 mm 厚;然而,蛋白质印迹最好使用更薄的胶(≤1

mm)。SDS 是一种离子型去污剂,它能打开蛋白质分子之间的氢键和疏水键,使蛋白质变性成为松散的线状。同时,大多数蛋白质的每一个氨基酸都能与固定量的 SDS 相结合,形成 SDS 复合物。由于 SDS 解离后带有很强的负电荷,致使 SDS-蛋白质复合物都带上了相同密度的负电荷,其电量大大超过了蛋白质原有的电量,基本掩盖了不同蛋白质之间原有的电量差异。另一方面 SDS 与蛋白质结合后,改变了蛋白质原有构象,使所有蛋白质水溶液中的形状都近似椭圆柱形。因此蛋白质在凝胶中的迁移率主要取决于它自身的分子质量大小。

（1）将凝胶玻璃板清洗干净,用双蒸水浸泡后,用吹风机吹干板面,加胶条组装玻璃板,组装好凝胶装置。

（2）配制 15% 分离胶,配方见后附中内容。分别选合适的加样枪于干净的小烧杯中加样。注意:30% 丙烯酰胺溶液有神经毒性,操作时需戴好手套;10% 过硫酸铵和 TEMED 应在其他溶液加完后再加,且加后需轻轻摇晃烧杯,直至灌胶结束,以免灌胶前胶已凝固;每加完一种溶液,重新换一个枪头。用加样枪或注射器将配制好的溶液缓慢加入到装配好的板中至分离胶高度为 6cm 左右,预留 1.5cm 高度配制浓缩胶。每板分离胶溶液上覆盖双蒸水,放置 1h 左右至聚合完全。注意:加入双蒸水时,加样枪或注射器头应垂直于内侧板面缓慢注射,避免双蒸水将胶面冲歪。

（3）聚合完全后倾去双蒸水,滤纸擦干预留部分的板面,注意:擦干时应小心,避免滤纸碰到分离胶面;若倾去双蒸水后分离胶面不平整,则应倒掉重新制备分离胶。

（4）配制 6% 浓缩胶,配方见后附中内容。配制方法同分离胶。用加样枪或注射器将浓缩胶加入板中至顶端,小心插入梳子,注意不要产生气泡。浓缩聚合 1h 左右。

四、电　　泳

将所有已经变性煮沸过的肌肉蛋白样品调至等浓度,充分混合沉淀加蛋白上样缓冲液后直接上样最好,剩余溶液(溶于 1× 上样缓冲液)可以低温储存,-80℃ 一个月,-20℃ 一周,4℃ 1～2 天。

（1）去掉胶条,转换玻璃板方向,放入电泳槽。加入电泳缓冲液至两侧都浸入缓冲液中。拔去梳子。注意:拔梳子时应小心,避免将梳齿一并拔掉;若梳齿歪斜,应用细针调整;上样前应将胶板下的气泡赶走。

（2）所有蛋白样品调至等浓度后上样,样品两侧的泳道用等体积的 1× 上样缓冲液,Marker 也用 1× 上样缓冲液调整至与样品等体积。标清加样顺序。

（3）初始电压为 60V 开始跑胶,待所有样品在浓缩胶下端形成一条线时,加大电压至 100V,在溴酚蓝泳动至距胶下缘 1cm 以上结束,约需 2h。

五、转　　膜

（1）电泳结束后,将胶板从电泳槽上取下,从胶板左右两边的凹槽慢慢将胶板撬开(动作应轻柔以免将凝胶损坏)。依照 Marker 的指示,保留目的蛋白所在的凝胶区域,将其余区域切掉。

（2）用剪刀将需要大小的 PVDF 膜小心剪下,并在右上角剪去一角作为标记(裁剪过程中注意不要用手直接触碰到 PVDF 膜),放入 99.5% 的甲醇溶液中浸泡 1min 以激发膜的正电位。之后将 PVDF 膜转移到转膜液中。注意操作过程中要戴手套。

（3）在转膜液中按照转移夹黑色面(负极)、泡沫、滤纸、凝胶、转印膜、滤纸、泡沫、转移夹白色面(正极)的顺序组装好转移夹层,注意转印膜和凝胶之间不能留有气泡(如出现气泡可用干净镊子或玻璃棒驱赶)。

（4）将黑色电极引线(-)插入转移装置的阴极插孔,红色阳极引线(+)插入阳极插孔。

（5）连接阳极和阴极引线至对应的电源输出端,红色接红色,黑色接黑色。

（6）转膜装置置于冰水中,保证转膜过程始终处于低温状态,可获得更加恒定的高电压。打开电源,设定电流 350mA,进行转膜 2h。

（7）转膜完成后,从槽中取出转移夹。

（8）用镊子小心打开转移叠层。

（9）在双蒸水中漂洗 PVDF 膜,转膜后的凝胶可用考马斯亮蓝染液染色 4h,清水漂洗后观察转膜情况,如可染出的蛋白条带较明显,则转膜不完全,如不能染出蛋白质条带说明转膜完全。

六、封闭及杂交

1. 封闭 将膜从电转槽中取出,TBS 稍加漂洗,蛋白面向上浸没于封闭液中置于水平钟摆式摇床上缓慢摇荡 2h。

2. 一抗孵育 选择 TPM4 和 β-tubulin 的一抗。使用塑料封口机制作薄膜口袋,比 PVDF 膜稍大即可。再加入 TBS 稀释的抗体并封口(稀释比例：TPM4 抗体稀释比例 1∶500；β-tubulin 抗体稀释比例 1∶1000)。4℃过夜。

3. 洗涤 一抗孵育结束后,取出 PVDF 膜置于 TBST 液中,在水平钟摆式摇床上快速漂洗 3 次,每次 10min。

4. 二抗孵育 根据一抗来源选择合适的二抗,根据鉴定方法选择 HRP 或 AP 标记的抗体。重新制作薄膜口袋,比 PVDF 膜稍大即可,加入 TBS 稀释的抗体封口(稀释比例：TPM4 抗兔∶TBS 溶液 =1∶5000；β-tubulin 抗鼠∶TBS 溶液 =1∶10000)。置于水平钟摆式摇床上,室温轻摇 2h。

5. 洗涤 二抗孵育结束后,同样取出 PVDF 膜置于 TBST 液中,在水平钟罢式摇床上快速漂洗 3 次,每次 10min。

七、显　影

HRP-ECL 发光法：

将 A、B 发光液按比例稀释混合。膜用去离子水稍加漂洗,于凝胶成像仪采集图像信息。注意蛋白面向上加入发光液。打开软件界面如图 18-2。

点击 basic,如图 18-3,单击 file-ChemiDocXRS。

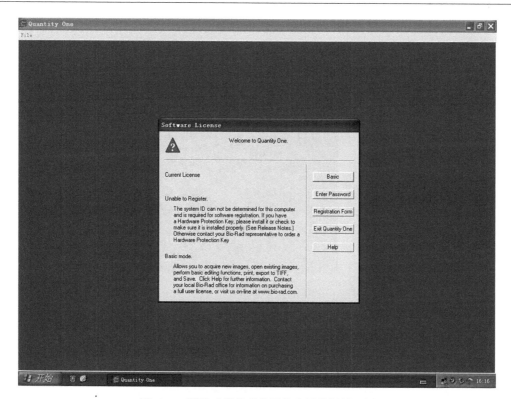

图 18-2　凝胶成像仪采集图像定量分析界面图

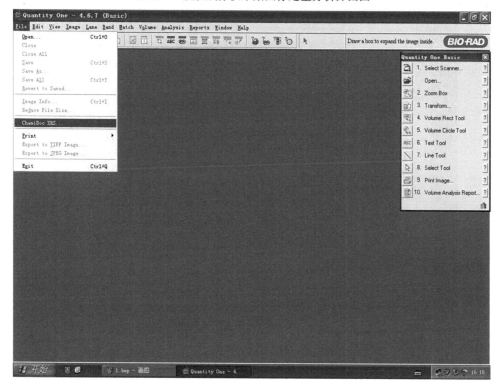

图 18-3　凝胶成像仪采集图像定量分析单击 file-ChemiDocXRS 图示

打开如图 18-4 界面,单击 Select。

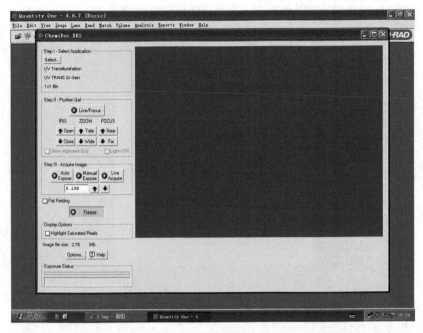

图 18-4　凝胶成像仪采集图像定量分析单击 Select 图示

选择 Chemi Hi Sensitivity,见图 18-5。

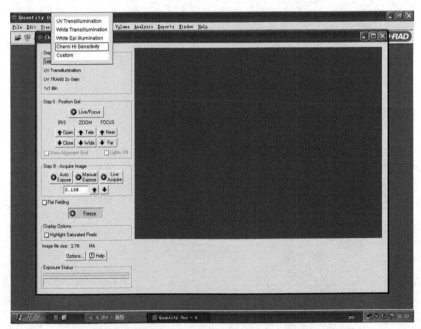

图 18-5　凝胶成像仪采集图像定量分析单击 Chemi Hi Sensitivity 图示

点击 Live Acquire,得到如图 18-6 界面,设置共采集 20 张图片,每两张间隔 20s,共 400s。点击 OK。

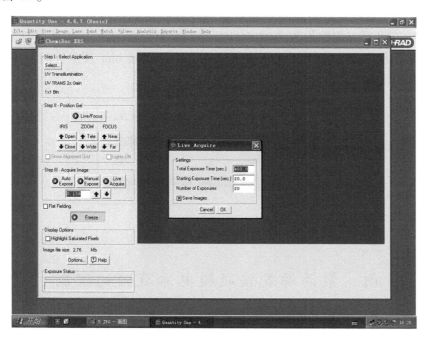

图 18-6　凝胶成像仪采集图像定量分析单击 Live Acquire 图示

打开如图 18-7 界面选择图片保存位置,保存图片。

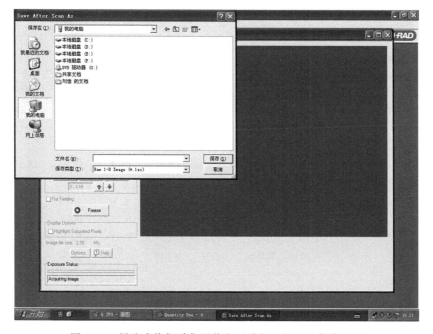

图 18-7　凝胶成像仪采集图像定量分析选择图片保存图示

八、结 果 分 析

在 28kDa 处可见一阳性条带,与 TPM4 分子质量相对应。实验结果所得内参条带清晰整齐,可知此特异。TPM4 的条带也清楚可行,可知 Western blot 技术检测 SCT 大鼠肌肉 TPM4 有变化(图 18-8)。

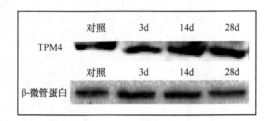

图 18-8 结果对照

附 聚丙烯酰胺凝胶电泳凝胶的配制

聚丙烯酰胺凝胶电泳凝胶的配制见表 18-3、表 18-4。

表 18-3 配制 Tris-甘氨酸 SDS-PAGE 聚丙烯酰胺凝胶电泳分离胶所用溶液

溶液成分	不同体积(ml)凝胶液中各成分所需体积(ml)							
	5	10	15	20	25	30	40	50
6%								
水	2.6	5.3	7.9	10.6	13.2	15.9	21.2	26.5
30% 丙烯酰胺溶液	1	2	3	4	5	6	8	10
1.5mol/L Tris (pH8.8)	1.3	2.5	3.8	5	6.3	7.5	10	12.5
10% SDS	0.05	0.1	0.15	0.2	0.25	0.3	0.4	0.5
10% 过硫酸铵	0.05	0.1	0.15	0.2	0.25	0.3	0.4	0.5
TEMED	0.004	0.008	0.012	0.016	0.02	0.024	0.032	0.04
8%								
水	2.3	4.6	6.9	9.3	11.5	13.9	18.5	23.2
30% 丙烯酰胺溶液	1.3	2.7	4	5.3	6.7	8	10.7	13.3
1.5mol/L Tris (pH8.8)	1.3	2.5	3.8	5	6.3	7.5	10	12.5
10% SDS	0.05	0.1	0.15	0.2	0.25	0.3	0.4	0.5
10% 过硫酸铵	0.05	0.1	0.15	0.2	0.25	0.3	0.4	0.5
TEMED	0.003	0.006	0.009	0.012	0.015	0.018	0.024	0.03
10%								
水	1.9	4	5.9	7.9	9.9	11.9	15.9	19.8
30% 丙烯酰胺溶液	1.7	3.3	5	6.7	8.3	10	13.3	16.7
1.5mol/L Tris (pH8.8)	1.3	2.5	3.8	5	6.3	7.5	10	12.5
10% SDS	0.05	0.1	0.15	0.2	0.25	0.3	0.4	0.5

续表

溶液成分	不同体积(ml)凝胶液中各成分所需体积(ml)							
	5	10	15	20	25	30	40	50
10% 过硫酸铵	0.05	0.1	0.15	0.2	0.25	0.3	0.4	0.5
TEMED	0.002	0.004	0.006	0.008	0.01	0.012	0.016	0.02
12%								
水	1.6	3.3	4.9	6.6	8.2	9.9	13.2	16.5
30% 丙烯酰胺溶液	2	4	6	8	10	12	16	20
1.5mol/L Tris (pH8.8)	1.3	2.5	3.8	5	6.3	7.5	10	12.5
10% SDS	0.05	0.1	0.15	0.2	0.25	0.3	0.4	0.5
10% 过硫酸铵	0.05	0.1	0.15	0.2	0.25	0.3	0.4	0.5
TEMED	0.002	0.004	0.006	0.008	0.01	0.012	0.016	0.02
15%								
水	1.1	2.3	3.4	4.6	5.7	6.9	9.2	11.5
30% 丙烯酰胺溶液	2.5	5	7.5	10	12.5	15	20	25
1.5 mol/L Tris (pH8.8)	1.3	2.5	3.8	5	6.3	7.5	10	12.5
10% SDS	0.05	0.1	0.15	0.2	0.25	0.3	0.4	0.5
10% 过硫酸铵	0.05	0.1	0.15	0.2	0.25	0.3	0.4	0.5
TEMED	0.002	0.004	0.006	0.008	0.01	0.012	0.016	0.02

表 18-4　配制 Tris-甘氨酸 SDS-PAGE 聚丙烯酰胺凝胶电泳 5% 积层胶所用溶液

溶液成分	不同体积(ml)凝胶液中各成分所需体积(ml)							
	1	2	3	4	5	6	8	10
6%								
水	0.68	1.4	2.1	2.7	3.4	4.1	5.5	6.8
30% 丙烯酰胺溶液	0.17	0.33	0.5	0.67	0.83	1	1.3	1.7
1.5 mol/L Tris (pH8.8)	0.13	0.25	0.38	0.5	0.63	0.75	0	1.25
10% SDS	0.01	0.02	0.03	0.04	0.05	0.06	0.08	0.1
10% 过硫酸铵	0.01	0.02	0.03	0.04	0.05	0.06	0.08	0.1
TEMED	0.001	0.002	0.003	0.004	0.005	0.006	0.008	0.01

第四节　注意事项与心得体会

（1）如果将凹板和平板的方向装反（平板在内,凹板在外）,将无法直接电泳,需要再次移动玻璃。

（2）向下压楔形板时不要用力过大,压紧即可,用力过大容易损坏玻璃板。

（3）在放入电泳槽准备加样和电泳前,应防止两侧楔形板松动。

（4）玻璃板应清洗干净,否则表面的油污会造成分离胶与浓缩胶界面的不平整。

（5）分离胶浓度选择:低浓度胶对大分子质量蛋白质分离效果好;高浓度胶对小分子质

量蛋白质分离效果好。

（6）TEMED 是促进聚丙烯酰胺聚合的加速剂,加速效果随试剂保存时间而变化,对于陈旧试剂,可适当多加;事实上,配制分离胶时每块胶板按 2 滴加入,效果也不错。

（7）丙烯酰胺和甲叉双丙烯酰胺都是神经毒性剂,对皮肤有刺激作用。但在形成凝胶后则无毒性。操作时应戴橡胶或塑料手套,尽量避免接触皮肤,并注意实验后洗手。

（8）条带模糊,则样品部分变性或部分降解。优化蛋白提取过程,完全变性蛋白质。

（9）蛋白带呈条状,样品中阳离子过高;样品中含 DNA、脂类、多肽等污染物;样品沉淀;上样量过高。透析、过滤、离心等去除阳离子、污染物、沉淀等的干扰,减少上样量。

（10）蛋白带呈"微笑"状,各泳道间蛋白含量差异太大导致电场不均;上样量过大导致不完全堆积;浓缩胶或分离胶表面不平,凝胶聚合不完全。测定蛋白含量使得各孔一致;上样量适当;制胶表面平整。

（11）转膜时,注意在转移膜和凝胶之间不能滞留气泡。

（12）注意正负极性,不要把凝胶装反,以及不能把上盖装反,也不要把电源插反。

（13）注意保持转移温度,温度过高会影响转移效果。

（刘　蔚　王廷华　张云辉）

参 考 文 献

李进领,杨晓华,李明,等.2006.骨髓基质干细胞不同移植方式治疗脊髓损伤的实验研究.昆明医学院学报,06:30~33

罗伟,赵匡彦,王廷华.2004.神经干细胞移植与脊髓损伤修复.中华创伤杂志,09:1

王廷华,刘进.2012.深入认识 BDNF 在脑、脊髓损伤修复中的作用,加强转化医学研究.四川大学学报(医学版),02:1

王昭君,刘佳,习杨彦彬,等.2007.大鼠脊髓全横断后相关部位的 BDNF 表达.昆明医学院学报,06:100~102

杨静娴.2004.原肌球蛋白的分子生物学研究进展.大连医科大学学报,02:1

殷露玮,王廷华,李力燕.2009.SD 大鼠脊髓全横断损伤后神经细胞凋亡的研究.昆明医学院学报,01:1

Guven K, Gunning P, Fath T. Bioarchitecture. 2011. TPM3 and TPM4 gene products segregate to the postsynaptic region of central nervous system synapses. Bioarchitecture,1(6):284~289

Liu M, Wu X, Tong M. 2013. Effects of ultra-early stage hyperbaric oxygenation on the hind limb bone mineral density in rats after complete spinal cord transection. Undersea Hyperb Med,40(1):15~22

第十九章 ELISA 双抗夹心法测定小鼠海马 BDNF 表达量

在生命活动过程中,蛋白是执行功能的主要载体,因此开展蛋白水平测定具有重要价值。目前测定具体目标蛋白含量的方法主要是 Western blot 技术。然而,在实际操作中,若组织蛋白浓度过低或针对分子质量在 30kDa 以下的小分子,Western blot 检测常常难以达到满意效果。此时,ELISA 技术则显示出较大的优越性。因此,在 Western blot 技术难以达到检测低峰度或者小分子质量蛋白要求的情况下,ELISA 技术常常是可以考虑的替代方法。本实验以 BDNF 低表达小鼠皮质为研究样本,介绍 ELISA 双抗夹心法测定皮质 BDNF 含量的 ELISA 技术。

第一节 仪器与设备

(1)酶标仪。

(2)恒温水浴箱。

(3)试管。

(4)枪式移液管。

(5)加样枪。

(6)BCA 试剂盒(碧云天):试剂 A,100ml;试剂 B,3ml;牛血清白蛋白浓度为 5mg/ml。

(7)BCA 工作液:试剂 A:试剂 B=50:1。

(8)蛋白质标准液:用结晶牛血清白蛋白根据其纯度取 10μl 原液加 90μl 生理盐水稀释至 0.5mg/ml 的蛋白质标准液(纯度可经凯氏定氮法测定蛋白质含量而确定)。

(9)待测样品:用生理盐水稀释 10 倍。

第二节 实 验 方 法

一、样 本 获 取

取 BDNF 低表达小鼠及野生型对照小鼠各 3 只,用 3.6% 水合氯醛按 1ml/100g 腹腔麻醉后仰卧固定在木板上,用经高压蒸汽消毒的剪子、止血钳等手术器械剪开胸腔暴露心脏,右心耳处剪一缺口,立即用 30ml 左右的生理盐水从左心尖处注射灌注直到从心脏中流出清亮的液体为止。再把小鼠固定于俯卧位,剪开头部皮肤,剔除肌肉和筋膜。从枕骨大孔处开口打开颅骨,暴露大脑,将脑完整取出,剥离出海马,置于冰带上,用预冷的 0.1 MPBS 冲洗。-80℃冰箱保存备检。

二、蛋白质提取、样品总蛋白含量测定

1. 配制蛋白裂解液 RIPA 裂解液(中)5ml 溶解鸡尾酒片;10mg/ml PMSF:1ml 异丙醇中加入 10mg PMSF。

2. RIPA 裂解液(中)裂解组织 取海马组织加入消毒匀浆器进行提取。先融解 RIPA 裂解液,加入鸡尾酒片混匀。取适当量的裂解液,在使用前数分钟内加入 PMSF,使 PMSF 的最终浓度为 1mmol/L,即裂解液与 PMSF 比为 100∶1。按照每 20mg 海马组织加入 200μl 裂解液的比例加入裂解液。冰浴下用消毒玻璃匀浆器匀浆,直至充分裂解。充分裂解后,15000g 离心 15min,取上清,将上清液转移入 0.5ml 的 Eppendorf 管中,分装后置 −80℃ 冰箱保存备用。

3. 样品总蛋白 BCA 含量测定 BCA(bicinchoninic acid)法是近来广为应用的蛋白定量方法。其原理与 Lowery 法蛋白定量相似,即在碱性环境下蛋白质与 Cu^{2+} 络合并将 Cu^{2+} 还原成 Cu^+。

BCA 与 Cu^+ 结合形成稳定的紫蓝色复合物,在 562nm 处有高的光吸收值并与蛋白质浓度成正比,据此可测定蛋白质浓度。与 Lowery 法相比,BCA 蛋白测定方法灵敏度高,操作简单,试剂及其形成的颜色复合物稳定性俱佳,并且受干扰物质的影响小。与 Bradford 法相比,BCA 法的显著优点是不受去垢剂的影响。

4. 标准曲线的绘制 取试管 8 支、编号,按表 19-1 操作。

表 19-1 所需试剂

	1	2	3	4	5	6	7	8	待测管
蛋白标准液(0.5mg/ml)	0	1	2	4	8	12	16	20	—
生理盐水(μl)	20	19	18	16	12	8	4	0	—
待测样品(μl)	—	—	—	—	—	—	—	—	—
BCA 工作液(μl)	200	200	200	200	200	200	200	200	

BCA 标准曲线测定数据,绘制标准曲线,见表 19-2、图 19-1。

表 19-2 测得的数据

	1	2	3	4	5	6	7	8
标准品的浓度(μg/μl)	0	25	50	100	200	300	400	500
标准品的吸光	0.13	0.17	0.21	0.26	0.38	0.47	0.57	0.61

线性拟合方程为:$y = 2.43 + 9.33x$

以测定管吸光度值,查找标准曲线,求出待测血清中蛋白质浓度(mg/ml)再乘以稀释倍数 10,即为蛋白的最终浓度。

由于蛋白的浓度较大,10 倍的稀释度远远超过标准曲线的测定范围,因此还应该加大稀释倍数进行再一步测定。

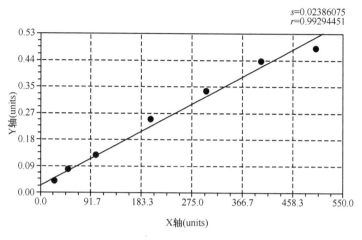

图 19-1　绘制的标准曲线

三、ELISA 实验步骤

（一）试剂准备

1. 标准品的稀释原则　配制 2 瓶,每瓶临用前以样品稀释液稀释至 1.5ml,盖好后静置 10min 以上,然后反复颠倒/搓动以助溶解,其浓度为 10000 pg/ml,做系列倍比稀释后,分别稀释为 250pg/ml、250pg/ml、125pg/ml、62.5pg/ml、31.2pg/ml、15.63pg/ml、7.820pg/ml,样品稀释液直接作为标准浓度 0pg/ml,临用前 15min 内配制。

　　如配制 250pg/ml 标准品:取 50μl(不要少于 0.5ml) 10000pg/ml 的上述标准品加入含 0.5ml 样品稀释液的 Eppendorf 管中,混匀即可,其余浓度依此类推。取 8 只 Eppendorf 管分别从 0～7 进行标记,1 号管加入 950μl 的样品稀释液,其余各管都加入 250μl 的样品稀释液。之后在 1 号管中加入 50μl 10000pg/ml 的标准样品稀释液,剩余的 2～7 号管都加入 250μl 倍比稀释的标准液,0 号管中不加标准样品溶液,做系列倍比稀释后,即取 1 号管中的溶液加入有 250μl 稀释液的 2 号管中,依此类推进行倍比稀释,使稀释后的浓度为 250pg/ml、250pg/ml、125pg/ml、62.5pg/ml、31.2pg/ml、15.63pg/ml、7.820pg/ml,样品稀释液直接作为标准浓度 0 pg/ml,临用前 15min 内配制。

2. 生物素化鼠抗人 BDNF 单克隆抗体配制　在使用前用含有样本稀释液稀释生物素基化的抗体到 1∶1 000。根据(每孔 100μl)预计本实验所需的总量配制量为 46×0.1ml+0.3ml=4.9ml。以 1μl 生物素化鼠抗人 BDNF 单克隆抗体加 999μl 样本稀释液的比例配制,轻轻混匀,在使用前 1h 内配制。即可取 5.3μl 原液和 49×99.9μl=4.9951ml 样本稀释液。

3. 抗生物素蛋白链菌素酶联复合物配制　在使用前样本稀释液稀释的酶标抗体稀释 1∶1000。现配现用,配制方法和用量同上。

4. TMB 底物显色液配制　在使用前用根据(每孔 100μl)预计本实验所需的总量直接取原液 46×0.1ml+0.3ml=4.9 ml。

5. 终止液配制　在使用前根据(每孔 100μl)预计本实验所需的总量直接取原液 46×

0.1ml+0.3ml=4.9ml。

6. 洗液配制　在使用前根据(每孔 250μl×4×3)预计本实验所需的总量配制量为 46×3ml+12ml=150ml,即可取 15ml 原液加入 135ml 单蒸水。

(二) 实验步骤

(1) 加样:以海马总蛋白浓度为参照,确定总体上样量为 1.5 mg/ml,求得上样蛋白量=120μl-原液上样体积(X),见表 19-3。

表 19-3　上样蛋白量

海马	蛋白总浓度(mg/ml)	加样体积	补液体积
WT	3.23	55.72755	64.27245
WT	2.53	71.14625	48.85375
WT	3.4	52.94118	67.05882
MB	2.43	74.07407	45.92593
MB	2.51	71.71315	48.28685
MB	2.19	82.19178	37.80822

取三排酶标反应板,第一排加入 100μl 标准品,从左到右依次为 0~7 号管,其中 0 号管为空白孔,2~7 为标准孔第二排和第三排分别依序加入 100μl 脊髓 WT(1~4)、MB9(1~4)、MB39(1~4)、MB34(1~4)、CB51(1~4)和 CB26(1~4)以后依次是海马组织的 WT、MB39、MB34、MB9、(加样顺序同表 19-3)。空白孔加样品稀释液 100μl,注意不要有气泡,加样将样品加于酶标板孔底部,尽量不触及孔壁,轻轻晃动混匀,酶标板加上保鲜膜,放入湿盒中于 22:20 放入 4℃冰箱孵育过夜。

(2) 次日 10:30 取出湿盒置于室温 30min 使其温度与室温平衡。在此段时间内配制洗液,准备滤纸和吸水纸。

(3) 取出酶标板,倒出板内液体,甩干和倒扣用力拍打,最后用 250μl 洗液清洗 4 次,方法同前。洗完之后每孔加生物素标记抗体工作液 100μl(在使用前 1h 内配制),摇床上室温孵育 2.5h(此时 11:20)。

(4) 温育完成后于 14:00 取出,弃去孔内液体,甩干,洗板 4 次,每次浸泡 1~2min,每孔 250μl,甩干。

(5) 每孔加辣根过氧化物酶标记亲和素工作液(同生物素标记抗体工作液) 100μl,摇床上室温孵育 1h(此时 14:30)。

(6) 温育 60min 后于 15:30 取出,弃去孔内液体,甩干,洗板 4 次,每次浸泡 1~2min,每孔 250μl,甩干。

(7) 依序每孔加底物溶液 100μl,室温避光显色孵育 15min 内(待 1 号管 250pg/ml 的孔变为深蓝色,此时肉眼可见标准品的前 3~4 孔有明显的梯度蓝色,后 3~4 孔梯度不明显,即可终止)。

(8) 依序每孔加终止溶液 100μl,终止反应(此时蓝色立转黄色)。终止液的加入顺序应尽量与底物液的加入顺序相同。为了保证实验结果的准确性,底物反应时间到后应尽快加入终止液。

（9）用酶联仪在 450nm 波长依序测量各孔的吸光度（A）值。在加终止液后立即进行检测。

（10）以标准品浓度为横坐标,校正吸光度为纵坐标作标准曲线,根据可取的标准曲线计算出样品稀释液所含的 BDNF 量。

第三节　实　验　结　果

海马 BDNF 水平测定:海马野生型和低表达组 BDNF 吸光度值和蛋白浓度见表 19-4 和表 19-5 中显示,野生型海马 BDNF 含量平均在 200 pg/ml 以上,而低表达小鼠海马只有 160pg/ml 左右。

表 19-4　海马 ELISA 结果

	1	2	3	1	2	3	4
MB34 的吸光度	0.15	0.12	0.11				
MB34 的浓度（pg/ml）	222.94	156.55	143.26	0.7063	0.497	0.3211	0.2963
WT 的吸光度	0.12	0.19	0.15				
WT 的浓度（pg/ml）	156.93	282.57	218.32				

统计分析显示,低表达小鼠 BDNF 蛋白抑制率在 17 左右。

表 19-5　BDNF 海马浓度数据统计表（均值±标准差）

组别	每组只数	均值±标准差	抑制率
MB34	3	174.25±42.68	17.7%
野生型	3	211.63±53.53	

第四节　结果分析与经验体会

（1）本实验中,通过 ELISA 检测,我们确定了海马 BDNF 含量。结果显示:低表达组小鼠海马 BDNF 水平比对照的野生型小鼠低 17% 左右。说明低表达小鼠海马 BDNF 有所下调。至于这种下调是否影响功能尚需进一步研究。本实验建立了海马 BDNF 表达的 ELISA 检测技术,为今后应用该技术检测低峰度蛋白或小分子蛋白奠定了基础。

（2）要做好标准蛋白之间的倍比稀释,根据标准曲线判断结果的可信度。

（3）蛋白提取过程要快,在冰上操作,尽量避免蛋白降解。

（4）试验中要检测加样排枪各道量程是否精确,保证加样准确,避免因加样差异带来误差。

（5）各孔漂洗液体、时间等应保持一致,以保证实验条件的均一性。

（6）为保证实验结果有效性,每次实验务必使用新的标准品溶液。

（赵　娅　王廷华）